国|际|环|境|设|计|精|品|教|程

Residential Design

住宅设计

[日]铃木敏彦 [日]松下希和 [日]中山繁信/编著
朱波 郑祎峰 宋瑞波 陈兵/译

U0244081

CONTENTS
目 录

1 预备知识

2 物品与空间的形状

3 大师的家具与室内装饰

4 人体尺寸与空间大小

5 室内环境设计

6 住宅的设计重点

7 集合住宅设计重点

8 住在美丽的街区

1 预备知识

1 何谓建筑设计

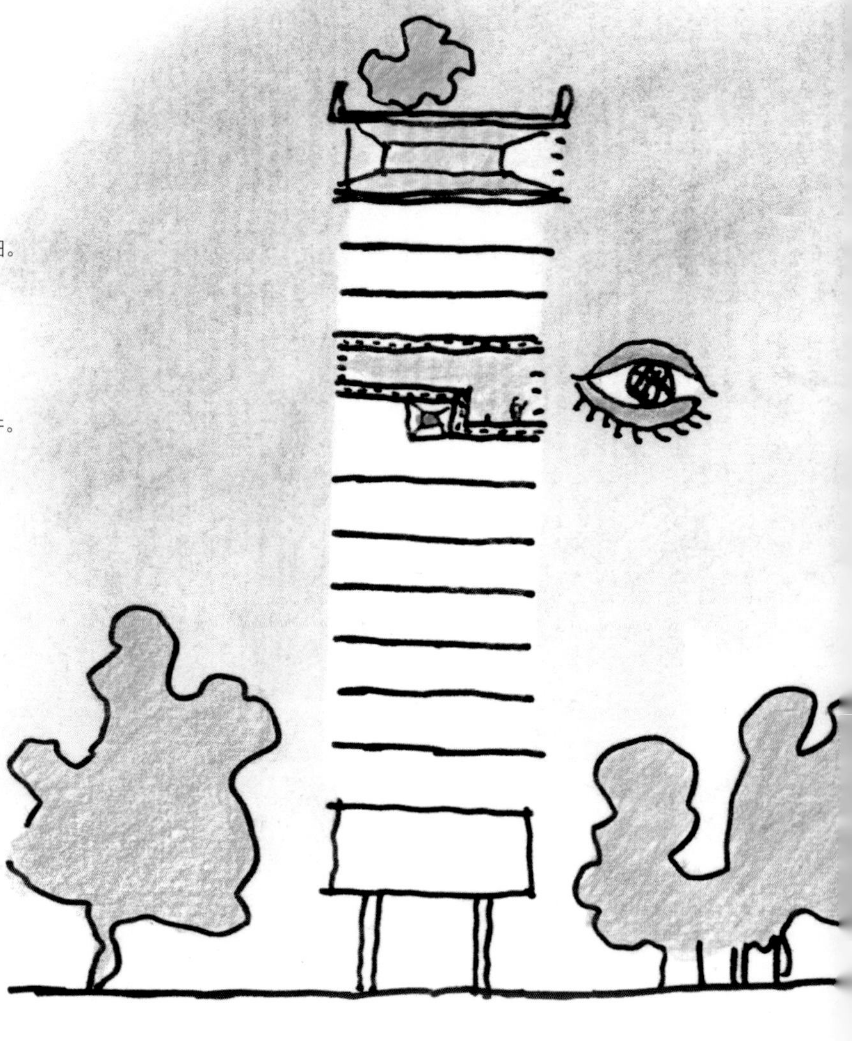

柯布西耶在这张图中所表现的建筑策划包含以下内容

1）一个人站在与地面隔开的地板上。
2）他的眼前有着整面的落地窗，正对着太阳。
3）宽阔的空间在他眼前一览无遗。
4）地上种有树木和草坪。
5）头顶上有完全防水的天花板。
6）住房的入口均面向建筑内部的通道。
7）住房均沿着建筑内部的通道排列布置。
8）建设人工土地，所有住户都满足以上条件。

本书是贯穿传统的家具、室内、建筑、城市规划这些行业领域，综合学习各类建筑设计（策划）相关理论的教材。我们特别邀请的教师队伍，是现代设计中七位著名的现代建筑大师，每位建筑大师的设计并不限于家具、室内、建筑、城市规划的某一个领域，而是所有领域，他们从各个角度全方位地对“建筑”做出了统筹策划。

所谓“建筑”，并不是简单地盖房子、建造结构物体，而是要营造出一个场所，让我们的生活变得更有活力。而这一场所，就存在于通过建筑的集合与排列所形成的城市中，在隔断墙及家具隔断所形成的空间中，在由物品围起来的室内空间中。所以对于建筑师来说，要像研究建筑的形状和朝向一样，对隔断墙及家具的形状和布置也进行认真策划。

在设计较发达的国家中，早期的学科安排与我国有所不同，家具设计、室内设计、建筑设计、城市规划这些学科都不属于同一个系，比如大学的建筑设计学科中没有室内设计，室内设计被安排在美术大学的工业设计中。事实上当我们需要策划“建

筑”这一综合物体时，是需要将这些专业整合在一起的。近年来，我国建立了“建筑学”体系，这让建筑设计从理工科这一框架中脱颖而出，开始走向综合性学科，这是学科划分迈出的、值得纪念的第一步。而这本书，正是为“建筑学”这一学科所安排的教材。

上图是柯布西耶手绘的一张概念图，用来表现他的建筑策划方案。在设计过程中，无论是针对城市还是室内空间，柯布西耶对大小不同的各种尺度都运用得恰如其分。比如在城市中，有太阳、树木，有分离的车道与行人道；高层集合住宅从地面直升而起，而地面上围绕高层大楼有着自由来往的人群，房顶上有着带游泳池的屋顶花园；一个人站在与地面隔开的地板上，他的眼前有着整面的落地窗，宽阔的空间在他眼前一览无遗。每家住户都拥有含建筑内部通道在内的上下两层，充分保证了东西方向的光照和眺望视角。正如这幅画展示给我们的，这一策划综合考虑了建筑的内部空间和外部空间的分割与联系。

② 从七位大师的作品中学习建筑设计的基础知识

虽然世界上有不少值得尊敬的建筑师，但这七位大师与其他建筑师不同的地方，在于他们的设计方向不仅局限于家具、室内、建筑、照明和城市规划这些领域，甚至还包括刀叉器皿这些餐桌用品的设计。在设计中，如果连如此小的细节都能策划到，说明这些建筑师对人们的日常生活进行了详尽的观察。现在，他们设计的家具、室内装饰用品及产品依然作为商品在销售，为我们的生活作出持续的贡献。

我们按照大师们出生的年份顺序来对他们进行逐个介绍。最早的一位是1867年出生在美国的弗兰克・劳埃德・赖特，大约在他出生20年后，第二代的三位大师才诞生于世，他们分别是1886年出生在德国的密斯・凡・德・罗、1887年出生在瑞士的勒・柯布西耶以及1888年出生在荷兰的格里特・托马斯・里特维尔德。之后又隔了10年，第三代大师问世。1898年阿尔瓦・阿尔托在芬兰出生，1901年简・普鲁威在法国出生，然后是1902年阿诺・雅各布森在丹麦出生。

这些大师们彼此间是相互影响的。密斯的作品受赖特的影响很大，而雅各布森最尊敬的建筑师是密斯。另外，里特维尔德和阿尔托、柯布西耶之间曾有过很多交流，而柯布西耶对普鲁威的作品曾赞不绝口。

接下来，我们再来看看这几位大师的作品。

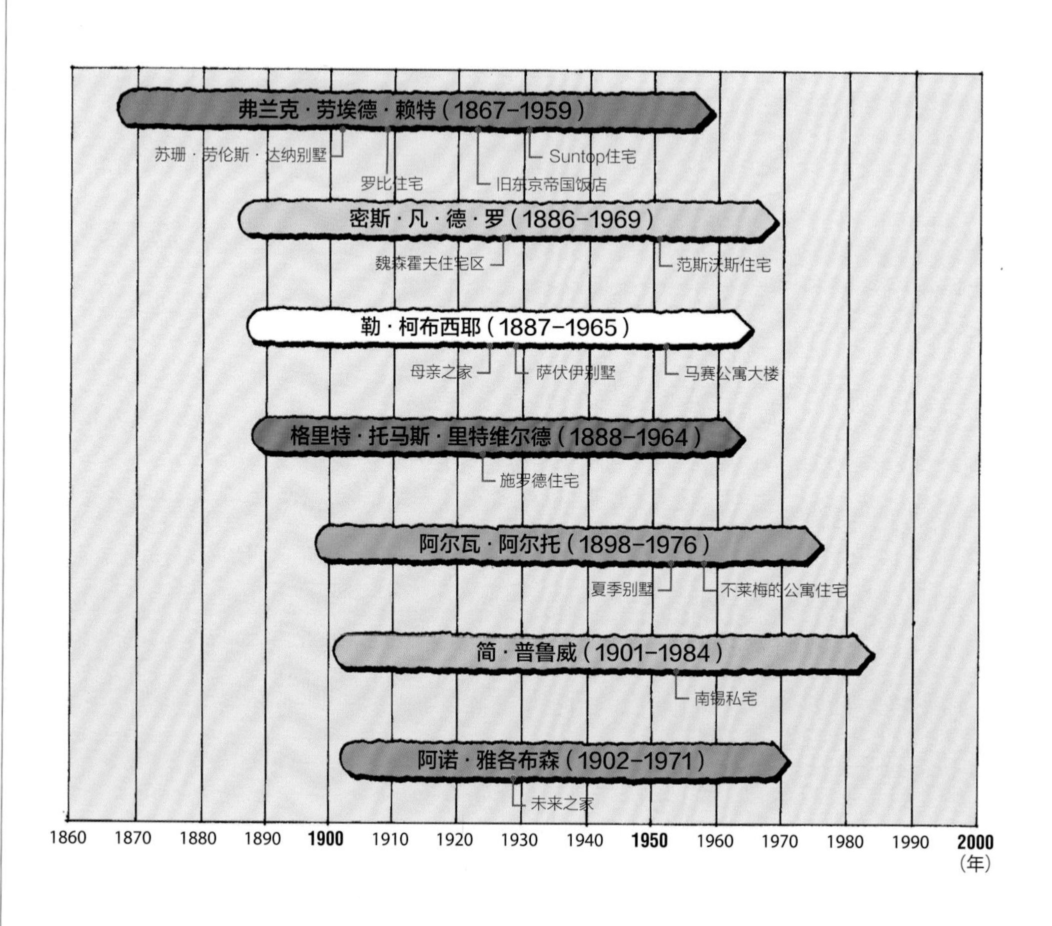

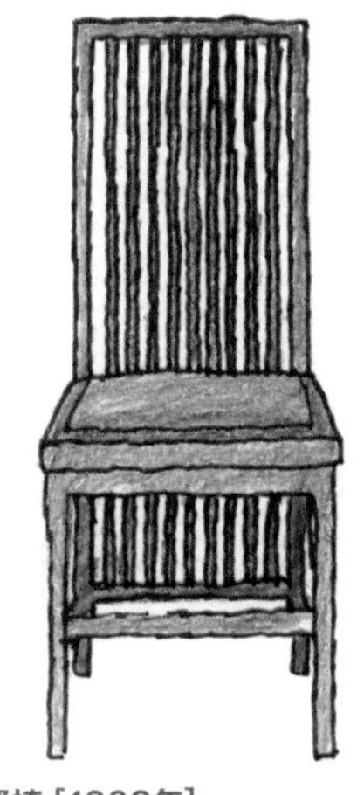

餐椅 [1908年]

围绕餐桌摆放的椅子。带有高高后背的椅子，在草原式住宅的流动空间中隔出一家人就餐的场所。

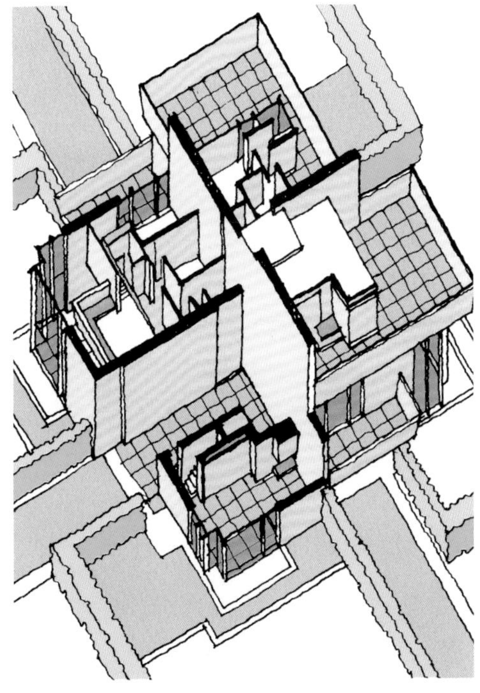

Suntop 住宅 [1931年]

四栋联排住宅以天井手法让各层之间具有空间连续感，饭厅和厨房没有用墙壁隔开，而是用家具（架子、柜子）隔开。

1 | Frank Lloyd Wright

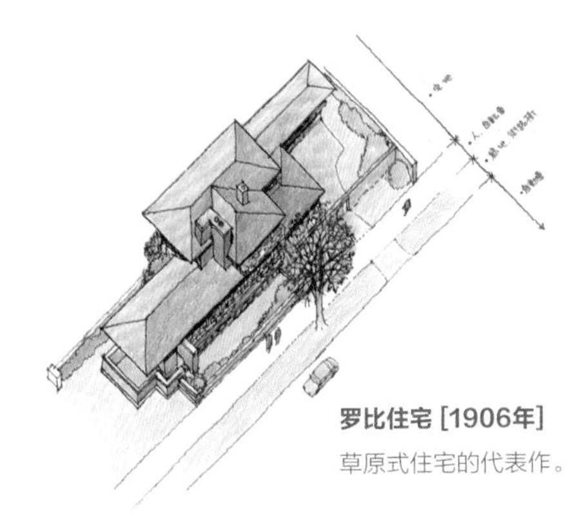

罗比住宅 [1906年]

草原式住宅的代表作。

弗兰克·劳埃德·赖特

[1867–1959]
国籍：美国
出生：1867年，威斯康星州的里奇兰中心
辞世：1959年（享年92岁），亚利桑那州凤凰城
本书中提到的作品：
建筑：苏珊·劳伦斯·达纳别墅（1902）/ CE罗伯茨的四栋集合住宅（1903）/ 罗比住宅（1906）/ Suntop 住宅（1931）/ 雅各布住宅（1936）/ 洛伦·波普住宅（1939）/ 流水别墅（1935）
家具、产品：餐椅（1908）/ 塔里埃森1（1925）/ 塔里埃森3（1925）

赖特在阿德勒与沙利文工作室工作后，于1893年开办了自己的工作室。他在早期住宅设计中确立的草原式住宅特点，就是将房间之间的隔断采用不完全隔开，让空间之间互有联系的设计方式。在这一时期，他的代表作罗比住宅（1906）强调了空间构成的水平连续。自1910年德国的瓦斯穆特出版公司出版了《赖特作品选辑》以后，草原式住宅风格从芝加哥郊外迅速普及到欧洲各大城市，并对本书中提到的众多建筑大师产生了极大的影响。

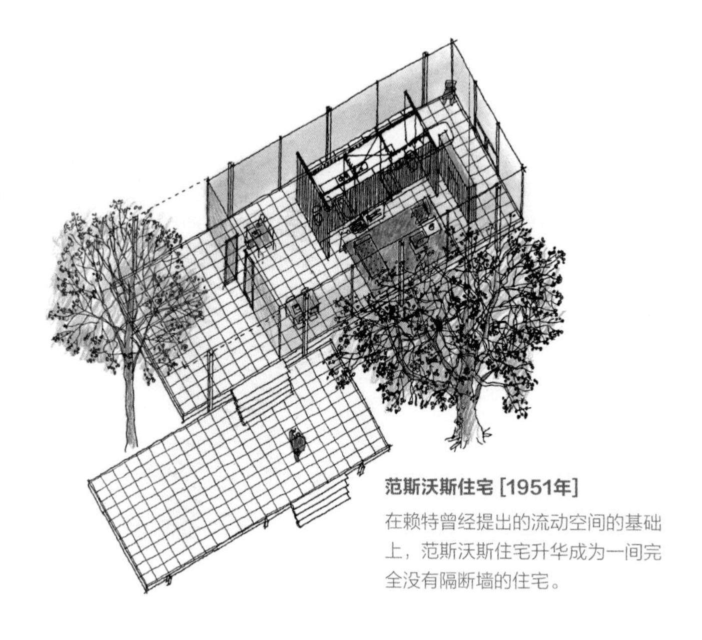

范斯沃斯住宅 [1951年]

在赖特曾经提出的流动空间的基础上，范斯沃斯住宅升华成为一间完全没有隔断墙的住宅。

巴塞罗那椅 [1929年]

为巴塞罗那国际博览会的德国馆（巴塞罗那馆）设计的椅子。

2 Mies van der Rohe

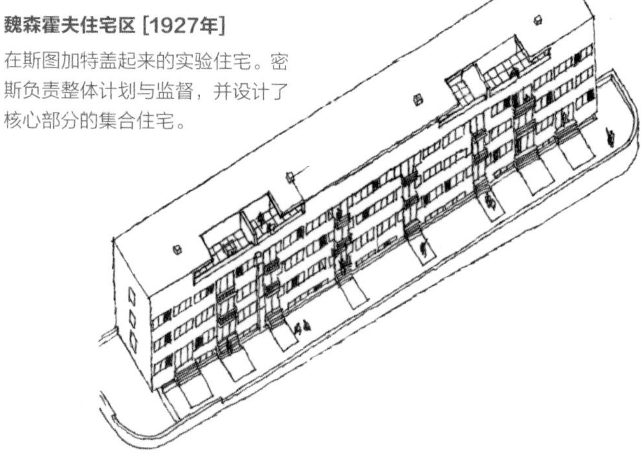

魏森霍夫住宅区 [1927年]

在斯图加特盖起来的实验住宅。密斯负责整体计划与监督，并设计了核心部分的集合住宅。

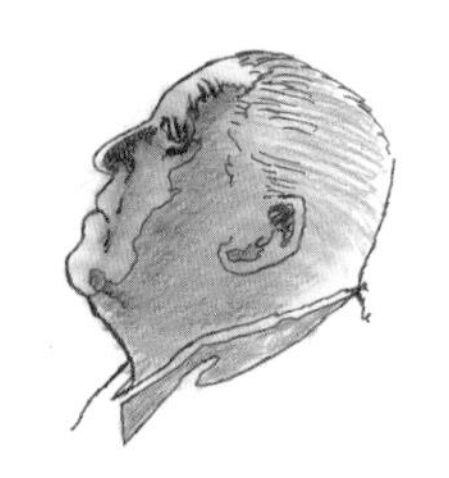

密斯 · 凡 · 德 · 罗

[1886–1969]

国籍：德国、美国

出生：1886年，德国亚琛

辞世：1969年（享年83岁），美国芝加哥

本书中提到的作品：

建筑：魏森霍夫住宅区（1927）/ 图根哈特别墅（1930）/ 克劳斯公寓（1930）/ 范斯沃斯住宅（1951）/ 湖滨公寓（1951）/

家具、产品：巴塞罗那椅（1929）/ 巴塞罗那桌（1929）/ 可调节躺椅（1930）/ 吸顶灯（1930）/ 图根哈特椅（1930）/ 咖啡桌（1930）/ 沙发床（1930）

密斯是在建筑师彼得 · 贝伦斯的工作室学习的建筑设计。柯布西耶也曾在这家工作室呆过一段时间。密斯在此学习之后，于1912年成立了自己的工作室，并于1927年在斯图加特住宅展中作为德意志制造联盟会长担任策划。1929年，他为巴塞罗那馆设计了巴塞罗那椅。1930年他开始担任包豪斯的第三任校长，但在1933年由于纳粹关闭了包豪斯而被迫逃亡美国。1938年密斯开始担任伊利诺伊斯理工大学建筑学科的教授。1951年，他的著名作品范斯沃斯住宅竣工。

3 | Le Corbusier

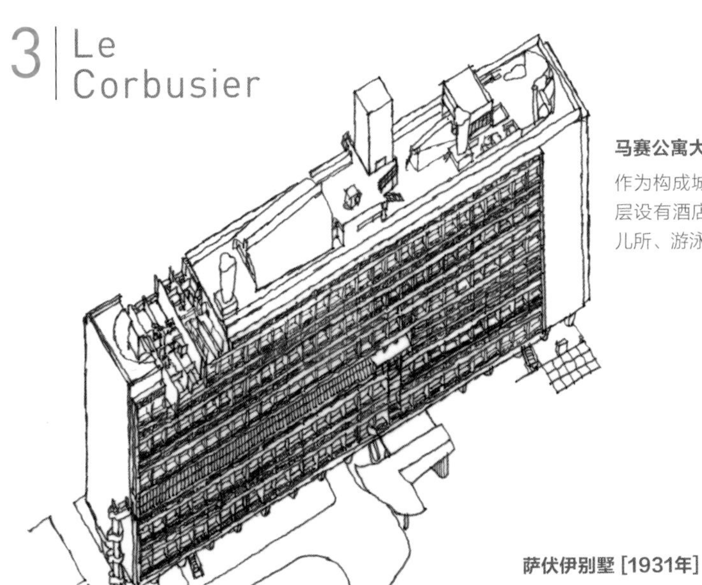

马赛公寓大楼 [1952年]

作为构成城市单位的住居而设计。建筑物的中层设有酒店、商店、邮局、办公室，楼顶是托儿所、游泳池、跑步操场。

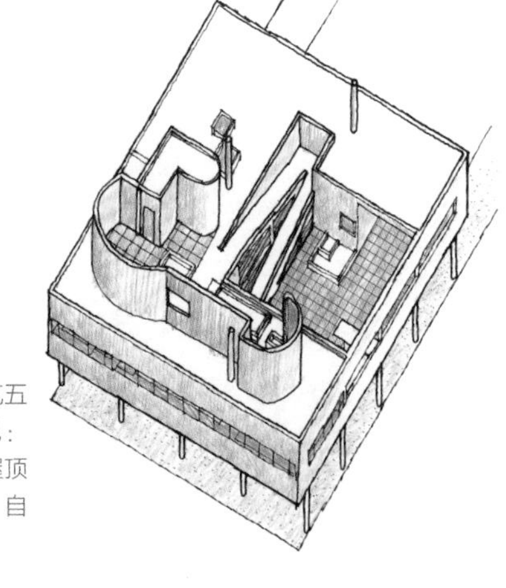

萨伏伊别墅 [1931年]

柯布西耶自己提倡的新建筑五点在萨伏伊别墅得以实现：1）底层的独立支柱；2）屋顶花园；3）自由平面；4）自由立面；5）横向长窗。

LC4柯布西耶躺椅 [1928年]

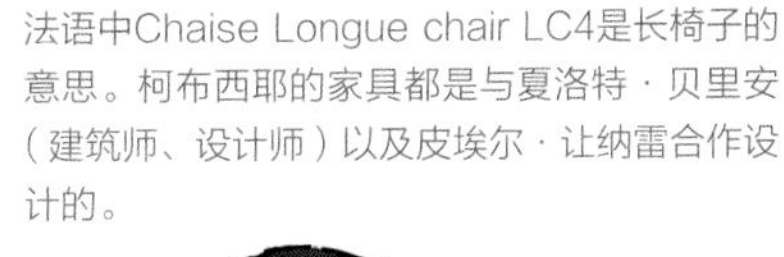

法语中Chaise Longue chair LC4是长椅子的意思。柯布西耶的家具都是与夏洛特·贝里安（建筑师、设计师）以及皮埃尔·让纳雷合作设计的。

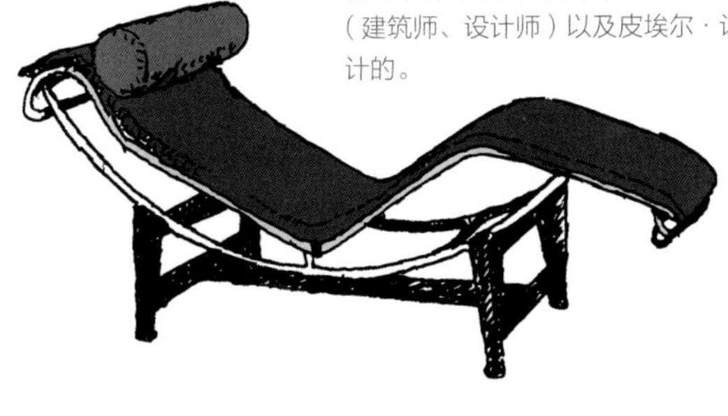

勒·柯布西耶

[1887-1965]
国籍：瑞士、法国
出生：1887年，瑞士拉绍德封
辞世：1965年（享年77岁），法国罗克布吕讷-卡普马丹
本书中提到的作品：
建筑：母亲之家（1925）/ 拉罗歇别墅（1925）/ 产权式独幢住宅（1925）/ 斯坦别墅（1927）/ 雪铁龙住宅（1927）/ 法国秋季艺术沙龙的“生活用品展”（1929）/ 萨伏伊别墅（1931）/ 马赛公寓大楼（1952）/ 卡普马丹度假小屋（1952）/ 朗香教堂（1955）/ 迦太基别墅第一方案 / 勒·柯布西耶中心（1966）/ 昌迪加尔城市规划（1969）
家具、产品：LC2沙发（1928）/ LC4躺椅（1928）/ LC1扶手椅（1928）/ LC6餐桌（1929）/ LC7转椅（1929）/ 储物柜（1925）

柯布西耶是在巴黎的奥古斯特·贝瑞工作室以及德国的贝伦斯工作室学习的建筑实操业务。1922年，柯布西耶与同在贝瑞工作室工作的堂弟皮埃尔·让纳雷一起开办了自己的工作室。1928年，他发表了以躺椅为首的钢管材料的功能性家具系列。1929年，他负责策划法国秋季艺术沙龙的“生活用品展”，向人们展示了家具作为“室内构件”的新概念。1931年，萨伏伊别墅竣工，在这里他实践了自己提出的新建筑五点。1952年，柯布西耶负责马赛公寓大楼的设计并投入施工。

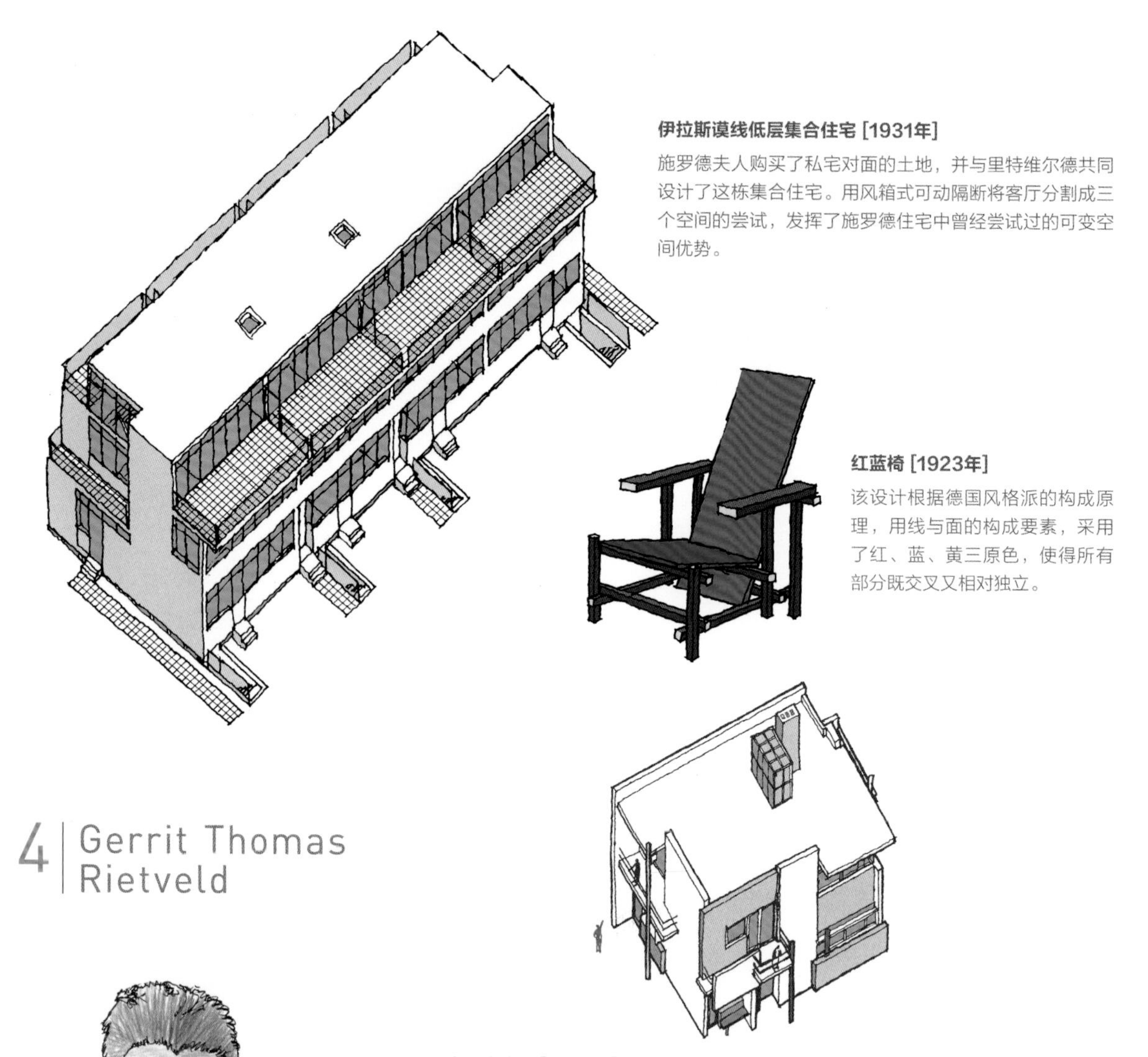

伊拉斯谟线低层集合住宅 [1931年]

施罗德夫人购买了私宅对面的土地，并与里特维尔德共同设计了这栋集合住宅。用风箱式可动隔断将客厅分割成三个空间的尝试，发挥了施罗德住宅中曾经尝试过的可变空间优势。

红蓝椅 [1923年]

该设计根据德国风格派的构成原理，用线与面的构成要素，采用了红、蓝、黄三原色，使得所有部分既交叉又相对独立。

施罗德住宅 [1924年]

根据房主施罗德夫人鲜明的理念与德国风格派的构成原理，打造了独特的空间，并且在室内中心位置放置红蓝椅。

4 Gerrit Thomas Rietveld

格里特 · 托马斯 · 里特维尔德

[1888–1964]

国籍：荷兰

出生：1888年，荷兰乌得勒支

辞世：1964年（享年76岁），荷兰乌得勒支

本书中提到的作品：

建筑：施罗德住宅（1924）/ 伊拉斯谟线低层集合住宅（1931）

家具、产品：吊灯（1920）/ 红蓝椅（1923）/ 柏林椅（1923）/ 军用野营椅（1923）/ 军用野营桌（1923）

里特维尔德于1917年成为独立的家具设计师，同时创办了自己的家具工作室。1919年他认识了建筑师特奥 · 凡 · 杜斯伯格并加入了德国风格派小组。“风格派”是杜斯伯格于1917年创刊的杂志名称，同时也是风格派运动小组的名称。活动特征是以无色和蓝、红、黄三原色作为色彩，采用非对称性以及各元素的独立性构成线或面的表现方式。在里特维尔德结识了杜斯伯格后，他的作品风格发生了变革。1923年，作品红蓝椅公诸于世。1924年，施罗德住宅竣工。1925年，里特维尔德正式作为建筑师成立了自己的设计工作室。

夏季别墅 [1953年]

由于在这栋别墅的设计中尝试了不同的砖瓦种类和拼花方式，也被叫做实验住宅。

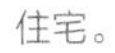

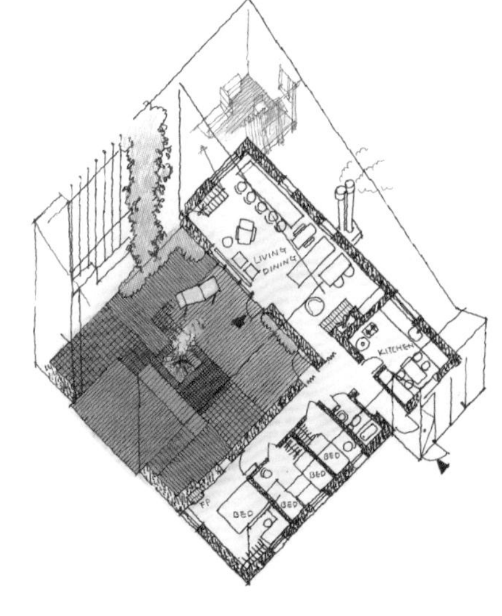

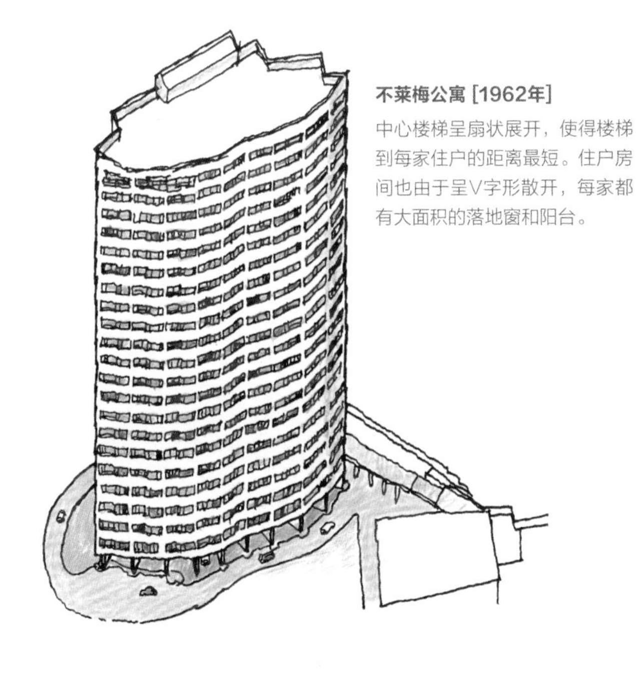

不莱梅公寓 [1962年]

中心楼梯呈扇状展开，使得楼梯到每家住户的距离最短。住户房间也由于呈V字形散开，每家都有大面积的落地窗和阳台。

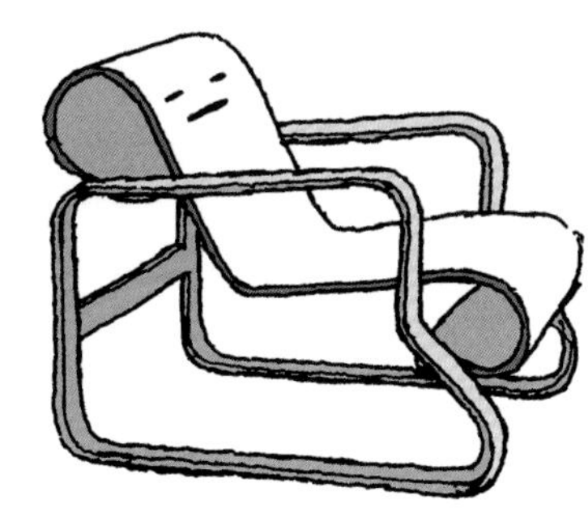

阿代克41号椅 [1932年]

这是为帕伊米奥结核病疗养院（1933年）设计的家具。首次采用了芬兰当地特有的桦木制成的三合板，用于制作座面和椅腿。这种板材曾被认为不适合用于制作家具。

5 | Alvar Aalto

阿尔瓦 · 阿尔托

[1898–1976]

国籍：芬兰

出生：1898年，芬兰库奥尔塔内小镇

辞世：1976年（享年78岁），芬兰赫尔辛基

本书中提到的作品：

建筑：帕伊米奥结核病疗养院（1933）/ 维堡图书馆（1935）/ 夏季别墅（1953）/ 私宅（1954）/ 卡雷别墅（1959）/ 不莱梅的公寓住宅（1962）/赫尔辛基理工大学图书馆（1969）/ 沃斯堡教区中心（1962）

家具、产品：阿代克41号（1932）/ 阿代克112号（1933）/ 阿代克402号（1933）/ 阿代克400号（1935）/ Goldbell （1937）/ Beehive（1950）/ 桌子X800 （1950）/ 大门门把手（1955）/ 楼梯扶手（1956）/ 阿代克BILBERRY（照明，1950年后期）

阿尔托在赫尔辛基理工大学完成建筑专业学习后，于1923年成立了自己的建筑设计工作室，并在成立工作室的第二年就在帕伊米奥结核病疗养院设计竞赛中获得了一等奖。以此获奖为契机，阿尔托利用当地的木材开发了阿代克41号椅。阿尔托对室内设计和家具设计怀有很深的感情，他在1935年自己设计并制作了家具和灯具，而且成立了专业的销售公司，起名阿代克。在1946年至1948年期间，他任美国麻省理工学院客座教授，并设计了学院的宿舍和面包房。他设计的夏季别墅于1953年竣工，不莱梅公寓于1962年竣工。

莫顿集合住宅 [1952年]

这是为满足战后住宅需求而建造的14栋A字形支脚（代替支柱）结构的简易住宅。普鲁威的建筑作品既是工业的，又是工艺的，空间感十分丰富。

椅子 [1950年]

因普鲁威不喜欢当时普及的钢管椅腿，这一设计是用金属薄板弯曲而成，椅腿的结构极具特征。这一独特形状在他此后的建筑中也经常作为柱子出现。

6 | Jean Prouvé

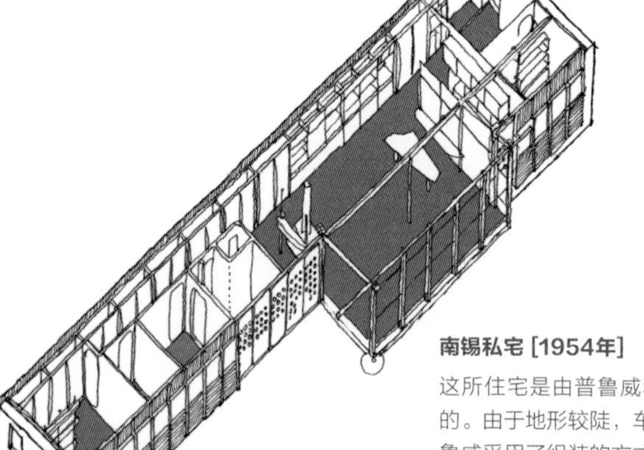

南锡私宅 [1954年]

这所住宅是由普鲁威和他的家人亲自动手搭建的。由于地形较陡，车辆无法开到建筑工地，普鲁威采用了组装的方式（主要是标准化墙板和独特的轻钢结构），在工地上搭建而成。室内的家具和照明均为普鲁威本人设计。

简・普鲁威

[1901–1984]
国籍：法国
出生：1901年，法国巴黎
辞世：1984年（享年82岁），法国南锡
本书中提到的作品：
建筑：莫顿集合住宅（1952）/ 医疗保险局（1952）/ 南锡私宅（1954）
家具、产品：西黛扶手椅（1933）/ 接待椅（1942）/ 咖啡桌（1940-1945）/ 餐椅（1950）/ 餐桌（1950）/ 秋千吊灯（1950）/ 圆规脚办公桌（1958）

普鲁威在铁匠艾弥尔・罗伯特的工作室接受了工艺技术训练，之后于1923年，在南锡成立了他自己的第一个工作室。他从1929年开始制作家具，并在同一年与马莱・史蒂文斯、柯布西耶、夏洛特・贝里安一起创办了UAM（现代艺术家联盟）。1944年，普鲁威担任南锡市长。1947年，他在梅瑟维尔开了一家工厂。1950年，普鲁威负责设计并组织制作了马赛公寓大楼的金属地板结构、楼梯、厨房以及样板房的家具。1952年，普鲁威设计了工业化量产住宅，即莫顿集合住宅，而后在1954年设计了南锡私宅。

苏赫姆集合住宅 [1950年]

这一设计使用了传统的北欧砖瓦，雅各布森自己也居住在这里，并且在这里安置了自己的设计所。这组住宅的墙壁改变了以往具有现代感的白色，采用了北欧的传统素材。我们从这一点上可以看到雅各布森与阿尔托在设计理念上的共通之处。

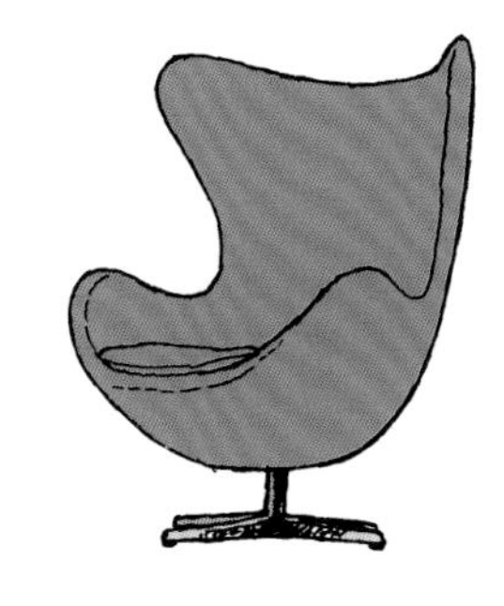

蛋椅 [1958年]

蛋椅在作为家具的同时，还具有隔断建筑空间的作用。当人坐在这把椅子上时，头部两侧被头枕包围，全身似被蛋壳包围。由于蛋椅能够形成私人空间，即使将其放在宽敞的酒店大堂中，也能让人身心放松。

7 Arne Jacobsen

未来之家 [1929年]

这一设计充满了崭新的创意。无论是私家车、小船还是私人飞机，从陆、海、空三个渠道都可进入这个建筑，而且门厅的脚垫可以像电动吸尘器一样吸走鞋底的灰尘等。在这套住宅中，许多室内装饰的小物件上都充满了对未来的设想。

阿诺·雅各布森

[1902-1971]
国籍：丹麦
出生：1902年，丹麦哥本哈根
辞世：1971年（享年69岁），丹麦哥本哈根
本书中提到的作品：
建筑：未来之家（1929）/ 苏赫姆集合住宅（1950）/ SAS皇家酒店（1960）
家具、产品：3000系列（1956）/ AJ皇家（1957）/ 蛋椅（1958）/ 天鹅椅（1958）/ AJ桌灯（1958）/ AJ客厅灯（1958）/ 玻璃器皿 / AJ台灯 / 刀叉 / 把手 / 钟 / 客房化妆台

雅各布森是在丹麦皇家艺术学院学习的建筑，1927年毕业后就职于哥本哈根的市建筑局。1929年，雅各布森与弗莱明·拉森共同参加了名为“未来之家”的竞赛，获得优秀奖，这次胜出使他一夜成名。他继而成立了自己的工作室。在1950年，他设计的苏赫姆集合住宅竣工。1956年，他就任母校皇家艺术学院的教授。1960年，他设计的丹麦第一栋高层建筑SAS皇家酒店竣工。蛋椅（1958年）是雅各布森为SAS皇家酒店大堂设计的装饰性家具，现在依然被摆放在酒店中（现酒店名为皇家雷迪森布鲁酒店）供客人使用。

建筑设计在建筑工程中的定位

1

接受委托

建筑设计是从房主委托设计开始。对房主来说，置办住宅是一生中花费最多的购物。在最初和设计师的沟通中，如果设计师没有缜密的逻辑性和可靠性，那么房主大概是不会请这位设计师做设计方案的。如果想获得房主的信任，需要的就是设计师专业的建筑计划知识、理论以及建筑师本人的实践经验。

需要的知识：建筑计划、建筑史

2

设计方案

通过理解房主的需求，同时与房主经过充分沟通后，建筑师要决定设计的方向，并与房主达成一致。首先，需要掌握建房用地的地形条件，并能够将自己的方案通俗易懂地传达给房主。其次，在整理好建房条件之后，了解什么是可以做的，什么是不能做的，与房主在设计条件上达成一致，最终确定设计方向。

需要的知识：建筑计划、建筑法规、建筑制图

实际的建筑现场需要建筑计划、建筑史、建筑法规、建筑结构、建筑设备、环境工学、建筑施工、建筑预算、建筑制图等各类专业知识和技术。其中，建筑计划主要负责策划和方案的设计。在这里，我们以一栋住宅为例来看看建筑整套工程都包括哪些步骤。

5

签订合同、开始施工

施工合同由施工单位与房主之间签订，设计师要负责监督施工单位的施工情况。一个完善的设计施工程序首先需要明确房主、设计师、施工单位之间的关系。其次，三方共同确认施工进度计划，开始进入施工准备、开工仪式等。

需要的知识：建筑施工、建筑设备

施工设计

在施工设计过程中，需要制作实际施工时所需要的所有设计图纸。为了计算出施工的总成本，需要将正确的尺寸、材料、结构、设备都放在图纸中。并且，需要办理法律审批手续。

需要的知识：建筑计划、建筑法规、建筑结构、建筑设备、环境工学、建筑制图

报价、选择施工单位

在报价阶段，需要利用材料单价、施工单价以及施工面积计算出总成本。所以在报价阶段，需要使用准确的图纸，由此计算出施工面积。在选择施工单位时，先多选几家委托对方报价，设计师替房主针对报价的正当性进行审查，然后根据施工单位的实力和特点建议房主选择哪家单位。

需要的知识：建筑预算、建筑施工、建筑制图

6

7

竣工检查

施工按照准备工程、结构工程（骨架）、供排水卫生系统工程、电气系统工程、最终工程（内外装修）、设备工程（安装）、外围工程（指楼房周围的建房用地）的顺序进行。设计师要监督整套工程的进度和质量，保证工程按照合同及图纸顺利进行。

需要的知识：建筑施工、建筑结构、建筑设备

交房

工程结束后，设计师对工程进行检查，并办理监管部门的审查手续，然后才算工程竣工，可以交房。

需要的知识：建筑施工、建筑法规

COLUMN

柯布西耶与新建筑五点

勒·柯布西耶是建筑界的反叛人物。他在萨伏伊别墅（1931年竣工）中所证实的“新建筑五点”完全打破了传统建筑的概念。这五个原则由底层的架空支柱、屋顶花园、自由平面、自由立面、横向长窗组成，全部都与以往的建筑概念（西欧传统的组合式建筑）完全相反，使支柱应建在地面层这一概念被冲破。他让支柱独立浮在地面上。屋顶花园则代替了传统的屋顶，将屋顶作为另一个平台加以利用。自由平面指的是平面从墙壁和承重的功能中得到解放，将以往用墙围成的平面变为没有隔断的流动空间。自由立面则是将外壁从承重角色中解放出来，改为可以自由开口的方式。这一做法使得传统的外观墙面样式被打破。最后的横向长窗则是改变了原来的砖瓦结构形成的纵向开口，而变为横向开口，让空间均衡且充满明媚的阳光。

这样大胆的建议是如何实现的呢？柯布西耶在1914年发表了钢筋水泥建造的“多米诺结构”。多米诺结构是将水泥板均衡配置，只用钢筋支撑，各层用楼梯连接的结构。这样墙壁便从结构承重中摆脱出来，形成了自由的平面和立面。当然，窗户这些开口位置也变得更加自由，建筑的某个整面可以采用大面积落地窗。以此理论为根据，柯布西耶17年后在他的作品萨伏伊别墅中实现了这些假设。

在此以后，建筑的建造和设计方式发生了巨大的变化。萨伏伊别墅被赞誉为名作的理由在于：它不仅是一栋拥有居住功能的优秀住宅，还是现代建筑的革新理念被实践后所结出的果实。

（铃木敏彦）

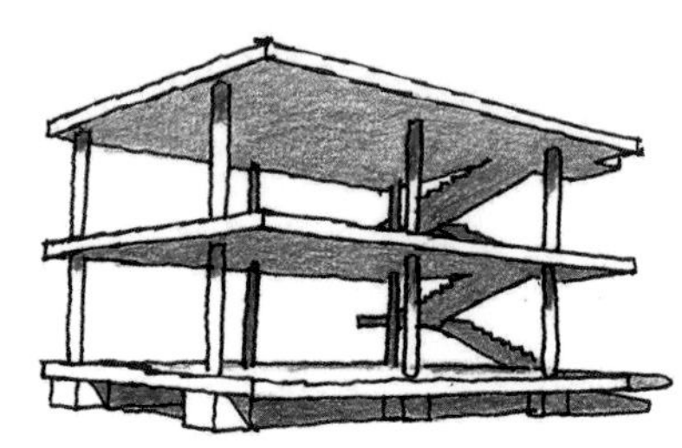

多米诺结构

萨伏伊别墅

2 物品与空间的形状

① 构成形状的基本要素：点、线、面、体积

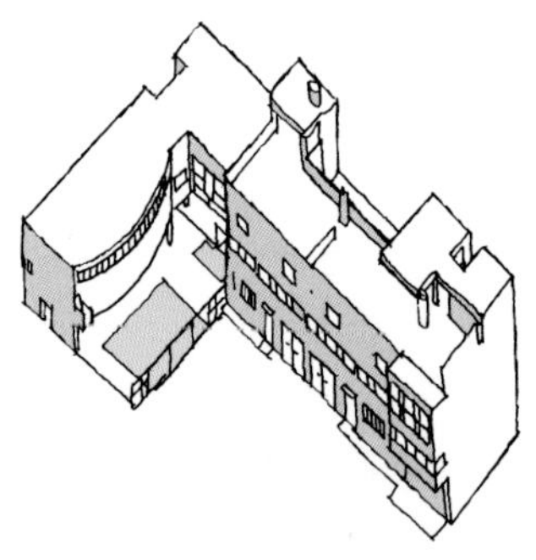

拉罗歇·让纳雷别墅 [1925年]

柯布西耶在这张草图上写着“非常容易”。虽然平面图的线和轮廓看上去很复杂，但内部空间以不同的体积相连接，外部的凹凸直接反映内部的空间。随后再赋予线所围成的面一定的高度，就形成了建筑体积。

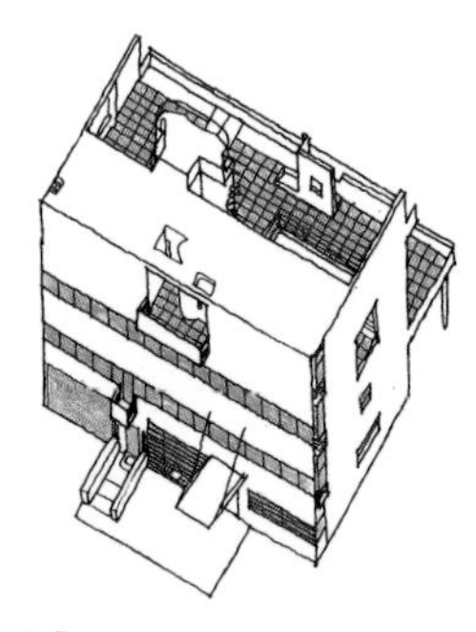

斯坦因别墅 [1927年]

柯布西耶认为这个形状“很难”。虽然外表看上去只是矩形的线围成的平面形状，但不同形状的房间想要刚刚好被放到轮廓中却并没有那么容易。在赋予这个平面一定的高度以后，就成为一个纯粹的长方体。

形体可以用点、线、面、体积来表示。

点，代表一个位置，两点相连就是线，用线围起来的就是面，给平面指定一定的高度就形成了体积。我们按照建筑、室内、物品这三个尺度分别来看看点、线、面和体积。

点，代表空间中的任一位置。在建筑尺度中，点代表平面上的柱子的位置，将这些点排列起来就成为了一排柱子。室内尺度中，点代表房间中家具的布置，比如椅子的位置、钟的位置都可以被抽象为点。最后，从物品的尺度来看，点用来代表地面上或桌子上摆放的物品的位置。

线，显示物品的轮廓。在建筑尺度中，线代表平面图上墙壁的形状和位置。在室内尺度中，线代表最终完成品的界限。在物品尺度中，线则代表不同素材之间的界限。

面，划定了三维空间的体积。建筑尺度中的面，有地面、墙壁、房顶这三种。这三个面围起来就形成了内部空间。室内尺度中的面包括地板、隔断墙、天花板。物品的面包括桌子或椅子的座面、电视的平面等。

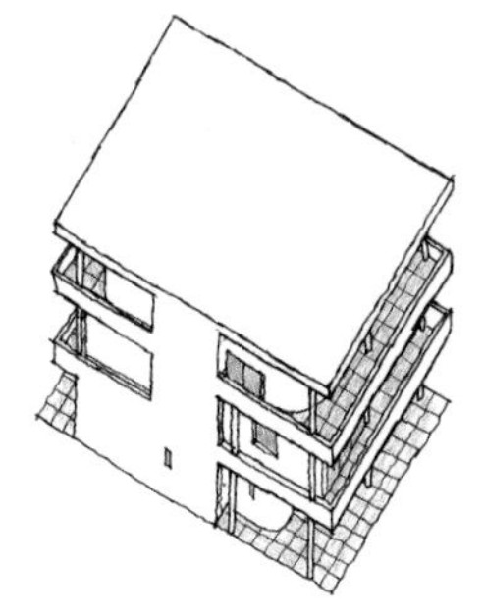

迦太基别墅 [第一套方案]

平均布置的点代表柱子的位置。绕开这些点的线，则是墙壁。用线围成的面，代表室内。各层的墙壁可以在不同的位置，构成十分自由。

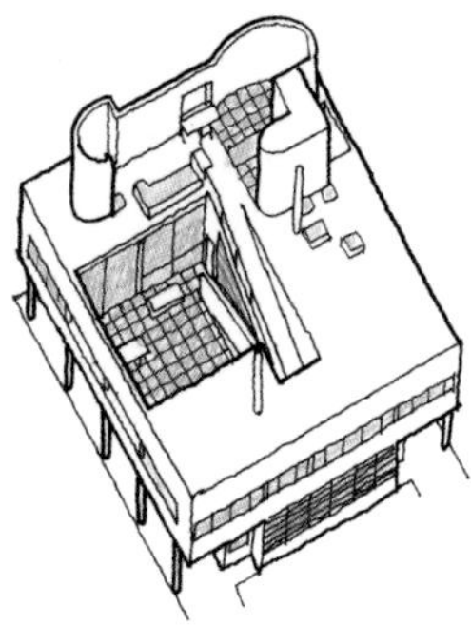

萨伏伊别墅 [1931年]

正方形中的分割线代表将内外分开的墙壁。画斜线的部分代表室内，白色的面代表外部的露台。露台也被外围的墙壁所包围，由此营造出一种既是内部也是外部的空间感受。

体积具有长、宽、高三个参数。建筑体积指的是建筑的外观整体形状，或者是内部空间形状。室内体积指的是各房间的横向断面形状。物品的体积可以让人联想到拿起它的感觉和重量。

上图是柯布西耶的四种住宅草图。

2 以人为本的空间形状、大小、规模

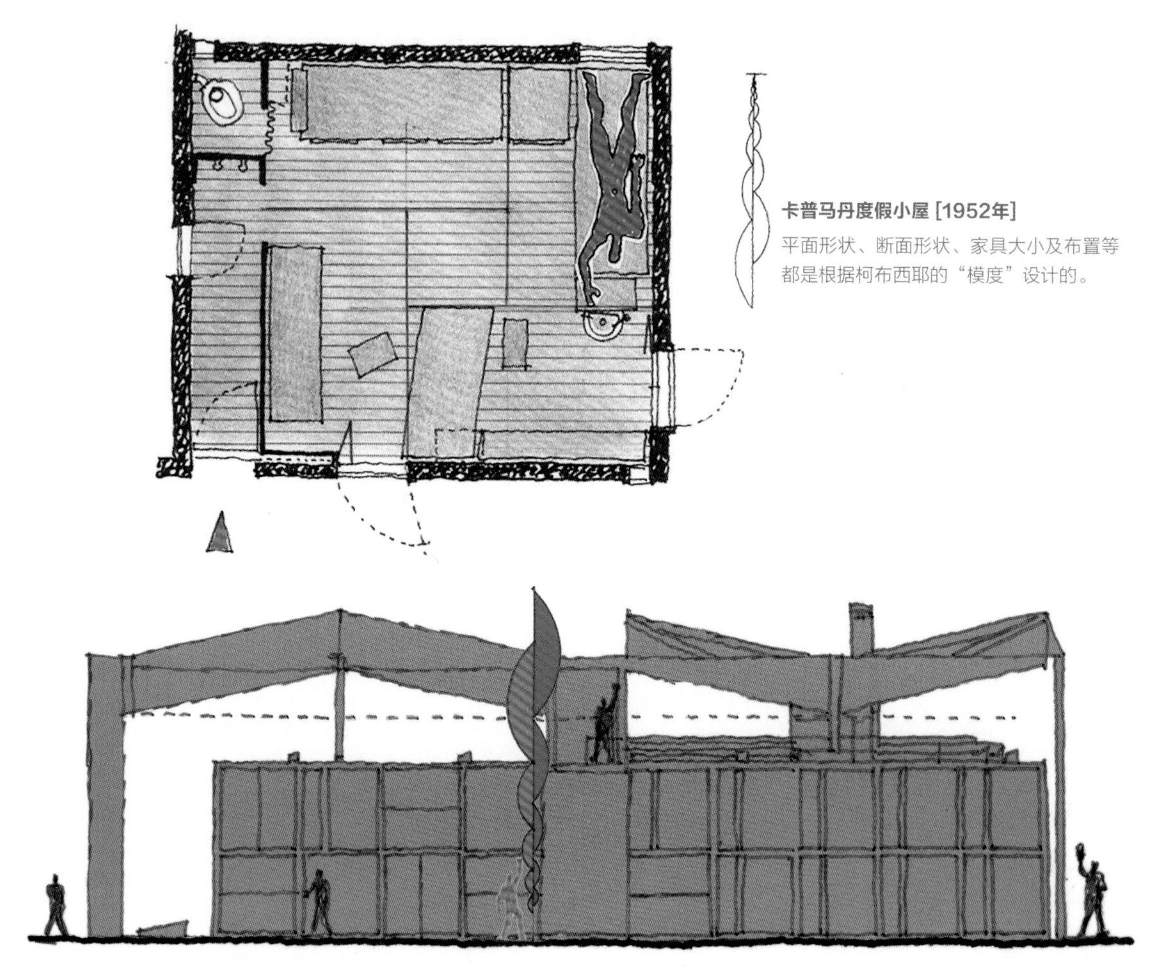

卡普马丹度假小屋 [1952年]

平面形状、断面形状、家具大小及布置等都是根据柯布西耶的“模度”设计的。

勒·柯布西耶中心 [1967年]

采用人伸手时的高度226cm作为“模度”，建成立方体的钢管架，构成了建筑整体。

物品及空间的形状、大小、规模如何才能有秩序地被整理、分类、构成呢？答案就是：依据人体尺寸。人体尺寸是最符合人感觉的空间尺寸。以人的身体大小为标准来考虑，就可以知道符合人使用的空间规模和物品大小。

比如，在设计1/500的城市规模时，需要设计1/1的家具部分是很困难的。但是只要脑子里浮现出在城市中行走的人、人坐在椅子上的姿势、手的大小、视线的高度等等这些人体尺寸，家具的形象也容易清晰地浮现出来。也就是说，设计家具的时候，需要将城市尺寸切换成产品设计时的尺寸。

柯布西耶非常重视人体尺寸，提出了根据黄金比例制定人的“模度”的观点。用他的话说：“模度就是根据人体和数学决定尺寸的工具。”具体来说，假设人的身高为183cm，伸手后的高度为226cm，以这两个数字为标准，计算出人坐下时的高度、放平手的高度、支起肘的高度等各种人体姿势应有的高度，并与黄金比例相结合。后期给大家

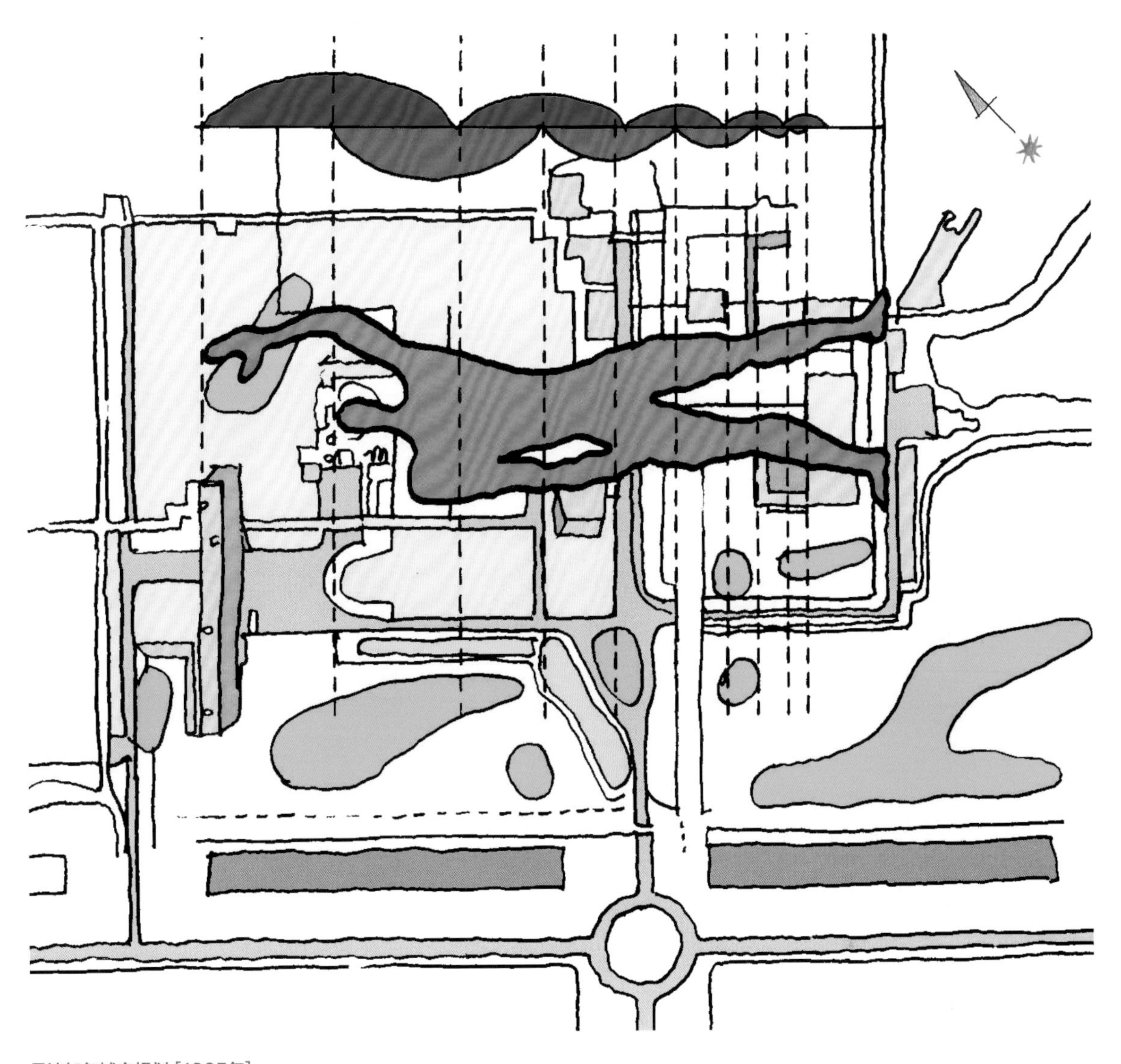

昌迪加尔城市规划 [1965年]

将人体身高183cm这一“模度”扩大为城市空间尺寸的600m，街道和中心设施的布置均与“模度”相呼应。

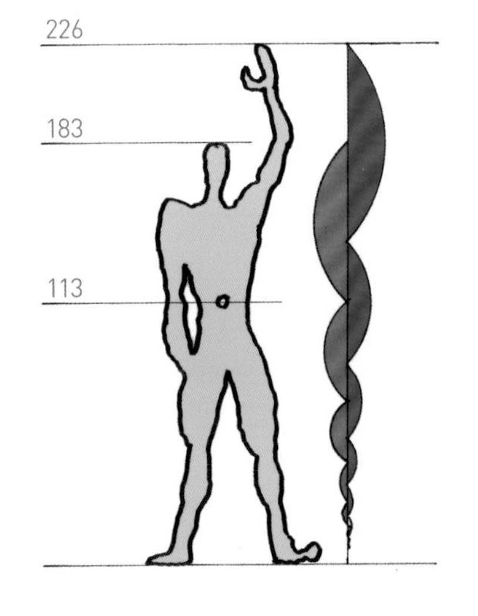

柯布西耶的模度

看的柯布西耶的作品中，无论是一间小屋还是城市规划，全部都是根据“模度”决定的。柯布西耶对“模度”的执着，似乎代表着他在向人们宣言：“我的建筑空间都是适合人体尺寸的。”

③ 颜色、光线、质地决定建筑呈现的状态

朗香教堂 [1955年]

教堂由向外张开的、由水泥浇筑的屋顶，原浆质感的白色沙粒墙壁，墙壁上不规则地被打开的无数小窗构成。这些小窗从外面看显得过小，甚至让人感到极不平衡，但窗户内部的尺寸都比外部尺寸大一圈，这些方形隧道般的窗口断面同样用原浆质感的沙粒完成，这一质地给教堂内部带来了特殊的光环效果。

颜色和质地都是在光线下才发生作用的元素，它们都会受到材料表面性质的影响。

因为人喜爱的颜色各有不同，选择颜色不是一件容易的事。当建筑师为房主建议色彩的时候，应该先确定大致方向，如颜色是暖色还是冷色、厚重还是轻快等，然后再确定更容易让对方接受的主色调颜色。即使是天生不具备极好的色彩品位、对颜色没有什么自信的人，只要了解了颜色给人的固定印象，以及补色系或同色系组合这些理论，就会很快决定主色调。

光线是让物品的形状、颜色、质地以及在空间中的存在感，全都反映到人的视觉中的主要因素。所有形状都会因为对光线的设计而产生变化。建筑会在白天通过自然光、在夜间通过照明反射出内外空间的形态。照明根据使用方式通常又分为直接光线与间接光线、整体照明和局部照明、点光源和面光源等。建筑师通过对这些方式的组合，来设计空间的形状和空间呈现在人们视觉中的形状。

质地指的是素材表面固有的性质。在建筑中，主要是指墙壁或地板等施工完成后的状态。表面的

朗香教堂的内部

光线透过这些小窗上镶嵌的彩色玻璃，在窗口内部形成漂亮的色差。从昏暗的教堂内部看上去，许多发亮的四方形光框都浮在空间中。这些窗口的断面长度、形状、位置也是柯布西耶根据他的“模度”细心设计的。所以说，设计光线，并不只是设计采光部分，也包括光线射入后的反射部分。

凹凸结构可以用粗糙、光滑、发亮、花哨、锐利等词来表达。平滑的质地给人的感觉是能够反射光线，看得见倒影。虽然不易弄脏，但一旦有了污点反而更加显眼，而粗糙的平面即使弄脏了也不会太显眼。这是因为凹凸不平的表面可以将光线扩散，使得颜色的变化不会那么容易被看出来。

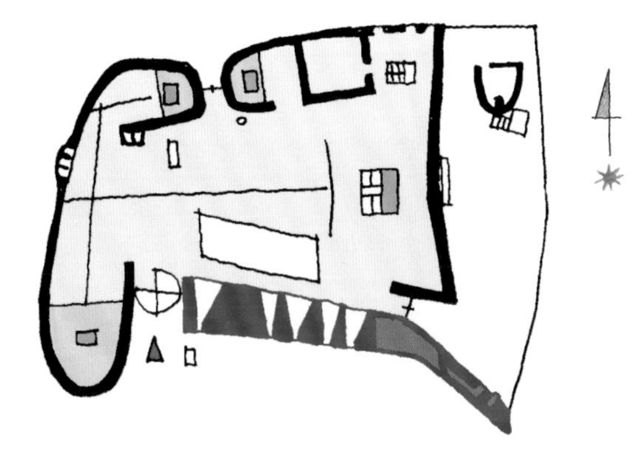

朗香教堂 平面图

COLUMN

简·普鲁威与雪铁龙2CV

我这辈子最想上的课是简·普鲁威在CNAM（法国国立工艺学院）教授的课程。据说从1948年到1971年，每周两次晚上开办的这一课程，聚集了数百名建筑学专业的学生们。他的课堂就好像是一所简·普鲁威学院。每堂课上，普鲁威都把结构、材料、连接部分的设计和技术的细节在黑板上画出来，将自己的经验，特别是生产和施工现场亲身学到的实用知识毫不吝惜地教授给学生们。我手上就有一本汇集了他热情洋溢的讲解内容和手绘草图的讲义录，草图立体地表现了结构和构件的细节，图中有不少引申线，写着对此部分的批注。

这本讲义录中，最引人注目的是与飞机和汽车相关的草图。其中关于1948年发表的雪铁龙2CV的记载特别多，底盘、车轮的轮毂、单体壳车身等详细图解用他非凡的绘画技能被表现出来，草图本身就极具魅力。当时无论是建筑师、画家还是作家，都在自己的作品中表现过对被人们狂热赞美的汽车社会或机械社会的未来畅想，但普鲁威的表现稍有不同。因为只有他，在自己的工厂里利用铁板弯曲技术、焊接技术、冲压机床，实际制作出了像2CV那样的家具和建筑。2CV的车身是由薄金属板弯曲加工而成的、车门是用波浪形板加工、并且用螺纹增加强度，同时采用防水玻璃（在住宅中用于制作储物家具）等，这些在普鲁威的实验住宅中都得到了应用。例如，被称作单体壳型的墙壁与放射状房顶连成一体的形状，和2CV发动机罩打开时的形状几乎一样。

2CV并不是时尚的车型，也没有豪华装备，但是它具有较高的合理性和经济性，充满智慧，而且金属加工细节达到了手工工艺标准。直到现在它还拥有铁杆车迷，偶尔在欧洲的大街上还能看到它奔跑的身影。而普鲁威的建筑，正与2CV车的打造过程是一模一样的。

（铃木敏彦）

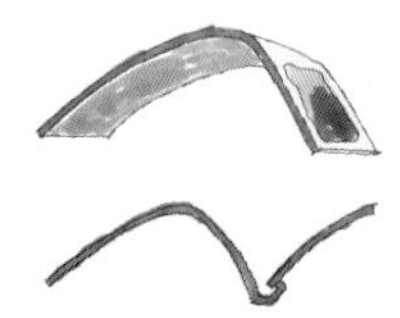

雪铁龙2CV是1948年到1990年生产的车型，是法国的大众车。2CV的意思是“两个马力”

3 大师的家具与室内装饰

1 家具与室内装饰决定空间质量

家具、室内装饰是构成室内设计的重要元素。除了椅子、桌子等家具以外，元素中还包括照明装置、挂钟、家电，以及楼梯、门把手、饮食器皿等。实际上，这些室内元素和它们的布置决定了室内空间的品质。让我们来看看本书介绍的七位建筑设计大师所设计的室内元素。

柯布西耶认为："要改变现代住宅的平面设计，首先要解决家具问题。"他还认为："如果不解决这一问题的话，想要追求现代理念是不可能的。"他革新了家具的传统概念，把家具这一名称改为室内构件（Equipment）。所谓室内构件，是指生活中具有将所需各类元素分类整理功能的家具。后来，柯布西耶制作了具有代表性的标准储物柜系列，命名为"卡杰・斯丹达"。

上图是1929年法国秋季艺术沙龙上，柯布西耶与让纳雷、贝里安一起策划的"生活用品展"印象图，其特点是在宽敞的室内自由地摆放着各类室内构件。房间左侧是用卡杰・斯丹达构成的一面墙，

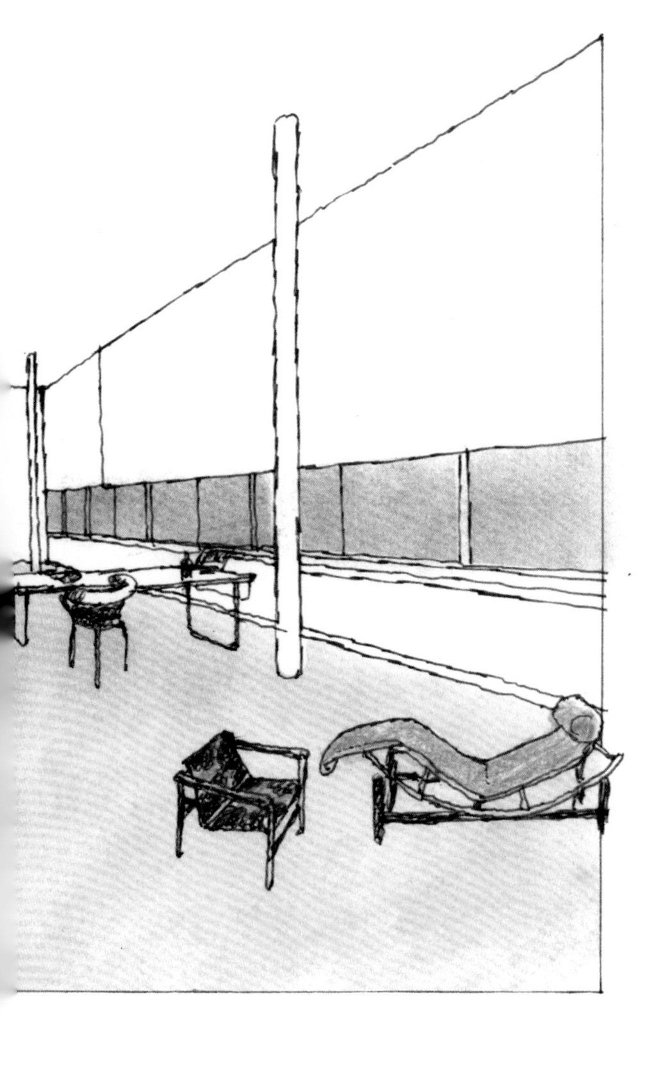

法国秋季艺术沙龙的“生活用品展”[1929年]

1928年，柯布西耶的工作室里迎来了家具设计师贝里安，从此开始正式进军家具设计市场。在1929年的“生活用品展”上，柯布西耶和他的伙伴一起将家具定位为室内构件，向人们建议了一种崭新的生活方式。柯布西耶设计的大部分家具都是在这一展览上公开的。1937年贝里安离开工作室以后，柯布西耶也不再做家具设计。不过1947年柯布西耶在设计马赛公寓大楼项目的时候，曾再次委托贝里安为此大楼设计了全部的家具和室内用品。

除了具有储物功能以外，还有分割空间的功能。桌椅构成用餐的空间，安乐椅则构成休闲放松的空间。这一设计是室内构件在室内空间中改变户型、分割空间的最佳范例。

对柯布西耶来说，室内构件是生活的工具，设计上应特别重视它的使用功能。大家可以想象一下，在以过分修饰的洛可可风格家具为主流的时代，柯布西耶的由钢管和玻璃构成的桌子以及可以改变为各种角度的躺椅，完全象征了一个新的时代即将来临！除此之外，他还有一个重要的突破便是卡杰・斯丹达储物柜，这是用标准尺寸单位自由组合成的家具，同时具有隔断墙的空间分割功能。柯布西耶在构思室内设计时，这种空间的自由度是他最为重视的。

② 用来分割空间：赖特的家具与室内装饰

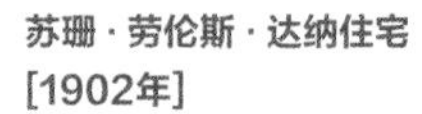
苏珊·劳伦斯·达纳住宅
[1902年]

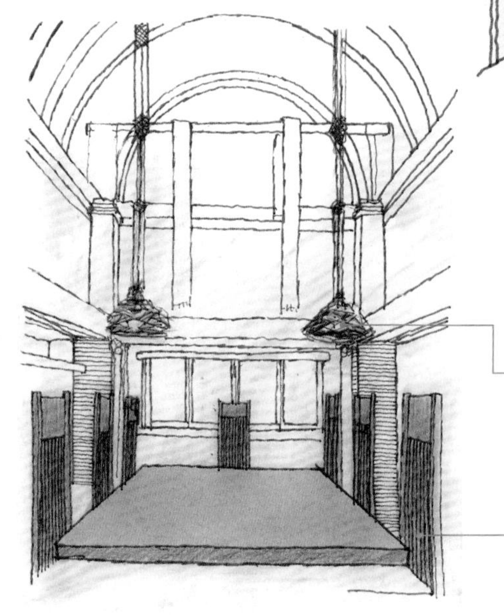

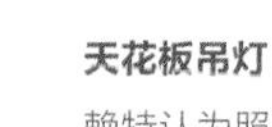
天花板吊灯

赖特认为照明器具是构成室内的重要元素之一。细观赖特设计的每一个建筑，其构成建筑的几何主题，同样被应用在照明的外形和结构支撑部分。

赖特打破了以走廊连接房间的古典住宅形式。他没有用墙壁将空间隔成房间，而是让一个空间逐渐变化到另一个空间，形成了独特的草原式住宅样式。由于室内是一种整体的流动空间，赖特设计的家具都同时具有分割空间的功能。比如他考虑用高背椅围起餐桌，营造家人就餐的场景，并从中有了新的发现，即在一间空旷的室内只用家具分割空间，以此构成户型。从此，家具和空间之间有了新的关系。

让我们来看看1902年竣工的苏珊·劳伦斯·达纳住宅。这家住宅的饭厅只是在高高天花板下的一块类似走廊空间的正中央摆放了餐桌和高背椅，这里就成了就餐空间。餐桌正中央上方的吊灯拉近了餐桌和天花板之间的距离感。赖特运用高背椅打破平面空间，用天花板吊灯调整高度，这些元素使过于空旷的房间成为一处刚好适合人们就餐的舒适空间。

从饭厅延伸过去是画廊，这里的室内元素也

沙发

沙发的靠背将沙发座面围起，就像一道竖起的矮墙，在没有隔断的流动空间中围出一处安静的场所。

折叠桌

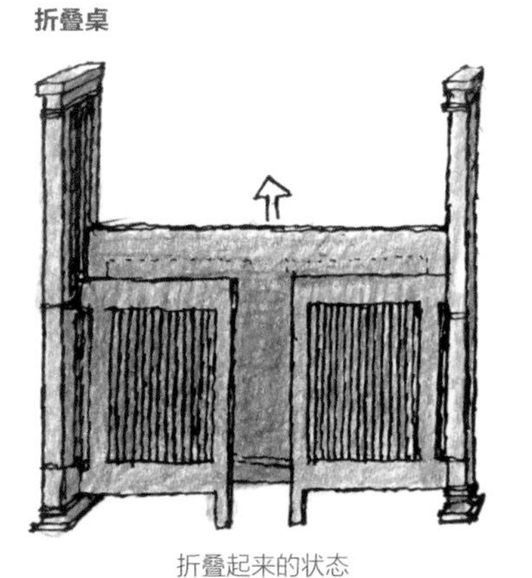

折叠起来的状态

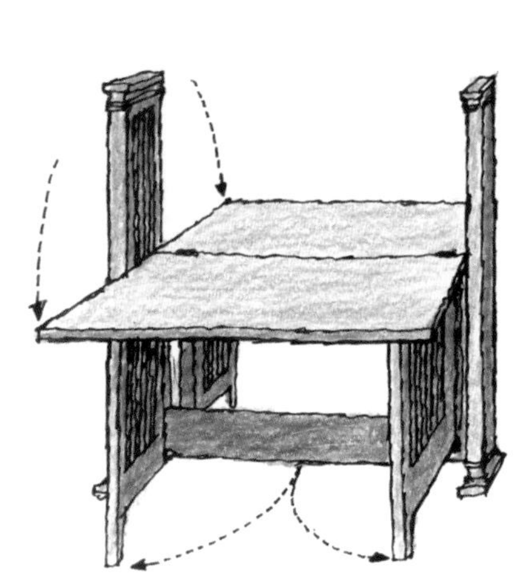

桌板撑起，成为餐桌的状态。折叠的桌脚被打开，支撑桌板。

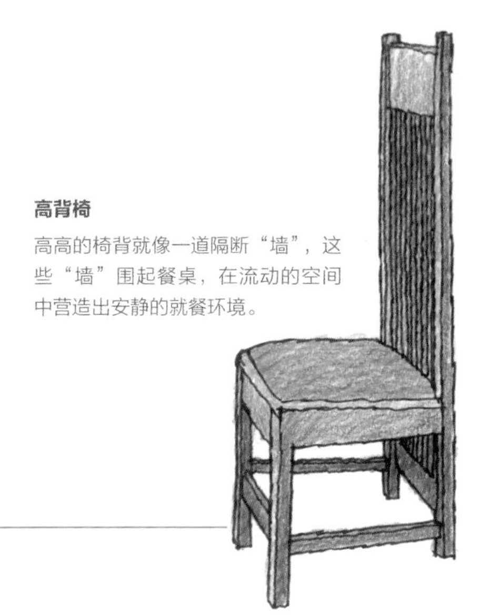

高背椅

高高的椅背就像一道隔断“墙”，这些“墙”围起餐桌，在流动的空间中营造出安静的就餐环境。

承担了重要的作用。这里放着高背沙发和两个折叠桌，这些家具在流动的空间中围成了各种领域。沙发的靠背三面围绕座面，不仅形成了一处安静放松的环境，也划定了沙发前方的空间定位。折叠桌在折叠状态下是一道低矮的隔断墙，用于围起沙发前方的空间，打开后则成为展示用的桌子，这样围起的空间消失了，领域便得到了扩展。

从这个范例中我们可以看到，在现代建筑的室内空间中，家具和产品都拥有了构建户型的功能。

赖特所尝试的家具和室内空间的新关系，给此后的六位建筑家都产生了巨大的影响。

3 家具决定用途：密斯的空间设计方式

范斯沃斯住宅 [1951年]

赖特在罗比住宅（1906年）中尝试了“不用墙隔出房间，而是让空间与空间之间缓慢过渡并连接，形成一个流动的空间”，密斯也是从这一想法中获得了灵感的建筑师之一。密斯将这一概念发展扩大，将流动空间升华到了一个完全没有隔断的大空间。他设计的范斯沃斯住宅（1951年）就是对这一概念的实践。中央核心部分是用水处（用水处指厨房、浴室、厕所等接了水道管的地方），周围既没有隔断也没有门，只能看到室内放置的、用于生活的家具，这才能让人想象出这是一间住宅。如果同样的位置放上办公家具，这里同样可以成为一间办公室。

这样的空间可以满足任何功能需求，因为它只是一个空旷的大箱子。因此，密斯把这栋房子又叫做通用空间：空间的用途根据里面放置的家具来定义。密斯将家具这一元素定义为构成室内的主要部分，并通过家具的功能来决定建筑的用途，因此所有家具必须由他自己亲自设计。密斯设计的家具与自己设计的建筑空间非常配套，他让建筑和家具融为一体，达成统一。

可调节的躺椅 [1930年]

这是密斯设计的一连串钢管家具系列中的一个，躺椅既轻便又牢固，无论谁都搬得动，在地面上拖动时还不会划伤地毯，这一细节让清理房间变得容易，不会堆积灰尘。由于这一设计满足了人们对打扫卫生的要求，同时舒适而实用，因此在20世纪30年代初，这样的家具在欧美风靡一时。

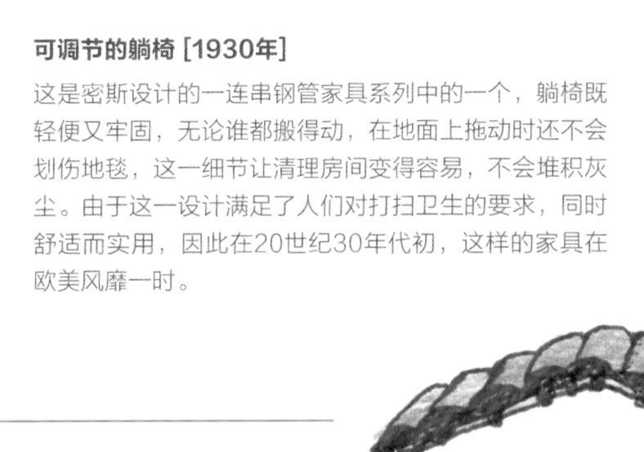

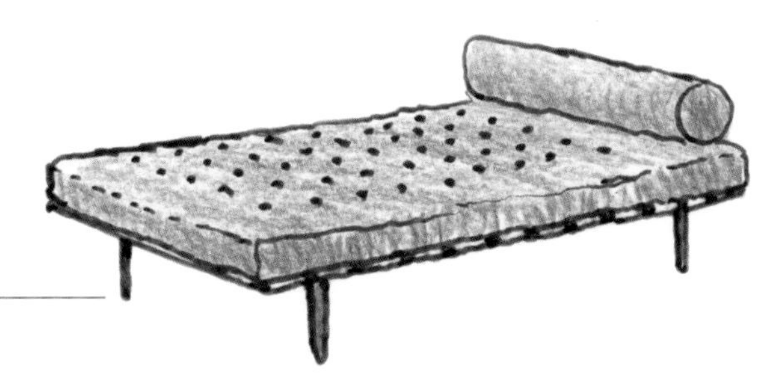

沙发床 [1930年]

沙发脚采用了镀铬金属，弹簧座面采用了与图根哈特椅相同的黑色皮革。

图根哈特椅 [1930年]

这是密斯为图根哈特住宅（1930年）所设计的椅子。他采用悬臂原理，用横向金属管作为支撑框架，并赋予它一定的弹性。这把椅子与巴塞罗那椅一样，加上了弹簧座面。

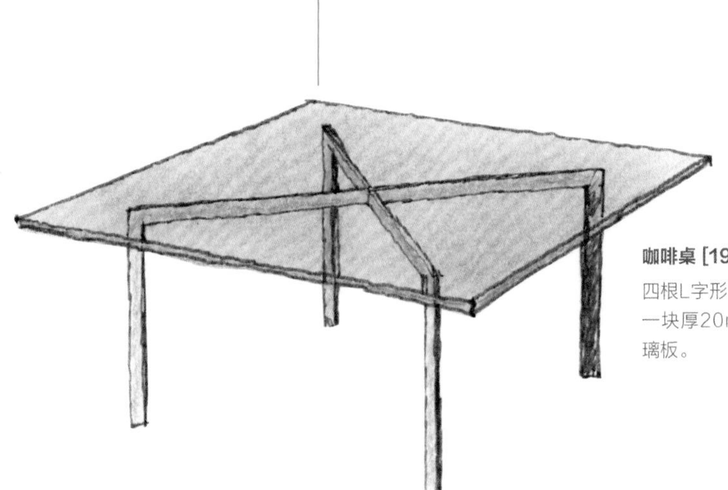

咖啡桌 [1930年]

四根L字形的钢材交叉，支撑着一块厚20mm的正方形无框玻璃板。

4 柯布西耶的室内构件

法国秋季艺术沙龙的“生活用品展”
[1929年]

LC7转椅 [1929年]
具有旋转功能且带扶手的椅子。

柯布西耶也和赖特、密斯一样，对设计流动性空间很感兴趣。他的设计理念溢于他的言辞：“建筑就是人们在内部空间移动时，可以体验一个个片段的通道。”他认为家具可以分割空间并赋予各部分空间相应的功能，因此他把家具叫做“室内构件”，意思就是家具是让建筑启动功能的一种构件。在1929年的法国秋季艺术沙龙上，柯布西耶与让纳雷、贝里安一起策划了“生活用品展”，让我们看看这个展览上他理想中的室内构件是怎样的。

柯布西耶的家具都是与贝里安（建筑师、设计师）、让纳雷（柯布西耶的表弟）共同设计的。这些家具的一个主要特点就是支撑部分（结构）和被支撑部分（座面与靠背）有着明确的区分，另一特点是能根据人的姿势和不同人的需求提供相应的功能。

LC1扶手椅 [1929年]

坐椅子的人可以根据自己的需要调整椅背的角度。扶手只用了两点支撑，被可移动的皮带缠绕。

LC2沙发 [1928年]

这是柯布西耶用钢管设计的家具系列中的一个，结构与座垫部分明确分离，支撑部分（结构）和被支撑部分（座面与靠背）得以明确区分。厚厚的座垫能够吸收坐沙发人的个体差，从而提供最舒适的感觉。

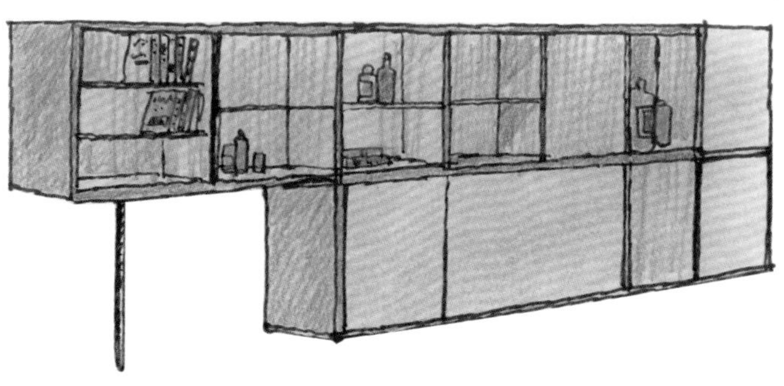

卡杰·斯丹达储物柜 [1925年]

这是一套储物家具。柯布西耶对它的说明是："用于分类和整理家庭内部活动所需的各种各样的要素。"组成家具的单元都是正方形的盒子，可以自由组合成各种形状，同时还可用于构成某处空间。放在房屋正中央可以像隔断墙一样分割空间，靠墙摆放则可以提供这一处空间所需的功能。

LC6餐桌 [1929年]

餐桌采用了飞机上使用的椭圆形断面的钢管。这一设计的特点是展现桌脚与桌面板之间的区分方式，桌面高度是可调的。

5 里特维尔德的家具=建筑

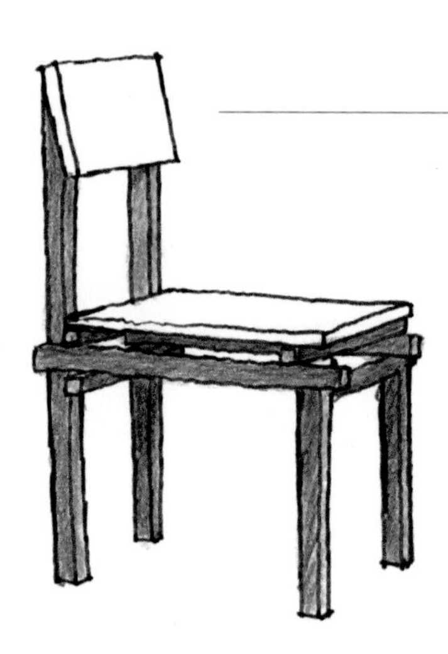

军用野营椅 [1923年]

这是里特维尔德为一家军校俱乐部制作的家具。这把椅子可以被拆开，与红蓝椅的结构不同的是，采用了长方形剖面。垂直交叉的竖向材料并没有与横向材料重合，而是用嵌木连接。这把椅子在完成设计的第二年，也被放到了施罗德住宅中。

红蓝椅 [1923年]

采用不加修饰的原材料制作，椅子两侧用两块板加固。里特维尔德加盟德国风格派以后，才将椅子的颜色改成现在我们看到的样子。

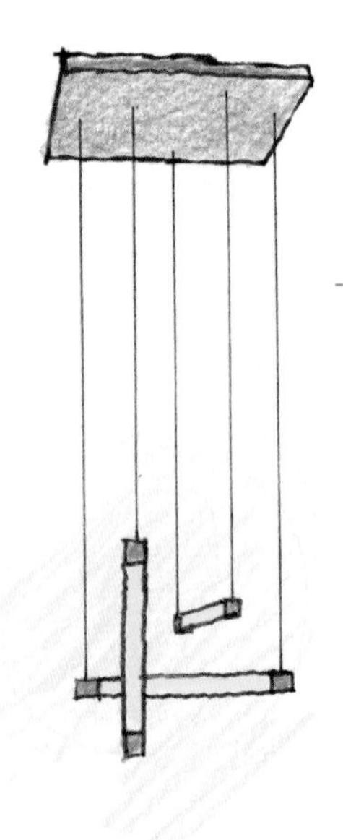

吊灯 [1920年]

这一独特的吊灯是由四根霓虹灯管构成的。在施罗德住宅中则将这一设计稍作变化，只用了三根灯管。

1918年杂志《风格派》上介绍了后来成为红蓝椅原型的扶手椅，里特维尔德由此一举成名。《风格派》是建筑师特奥·凡·杜斯伯格于1917年创刊的杂志名称，许多画家、建筑家、设计师聚在一起，以此杂志社为据点，开展纯粹抽象造型的活动。他们的新造型主义特征是只用红、黄、蓝这三种原色，重视非对称性以及各元素的独立性，由此构成线或面。就像里特维尔德的红蓝椅的特点一样，各部分材料交叉但不重叠，各自独立又构成整体。

1924年，里特维尔德的理论在施罗德住宅中得以实现，摆放在室内中心位置的红蓝椅与周围环境融为一体。对里特维尔德来说，建筑与家具是没有区别的，建筑只是家具的延伸。毫无疑问，里特维尔德是贯穿了家具和建筑这两个领域的设计家，只要去参观了他的施罗德住宅，这一点就会不言而明。

施罗德住宅 [1924年]

住宅的二楼看上去只是一间宽敞的大房间。但只要拉出可移动的隔断，就能隔出孩子们的儿童房。房间的门本身又是L形的墙壁，打开后就能隔出一间浴室。

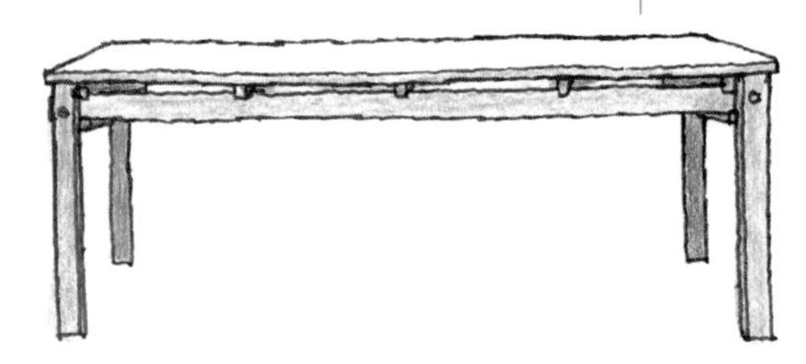

军用野营桌 [1923年]

与军用野营椅为同一时期制作，设计师采用了同一种构成原理。但野营桌的材料和尺寸与椅子大有不同。它与红蓝椅一样，作为构成室内的主要元素，被放在施罗德住宅内。

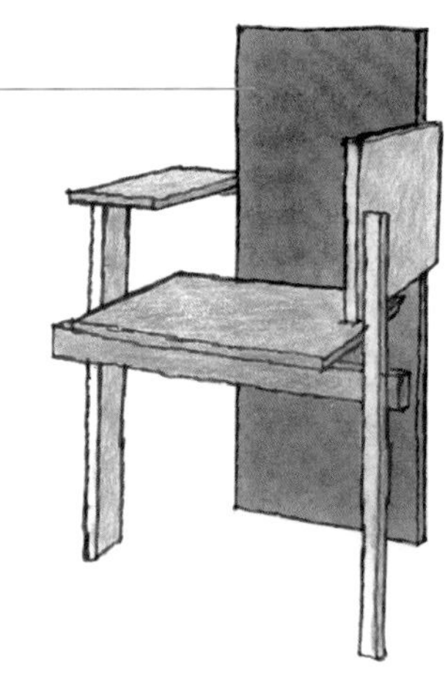

柏林椅 [1923年]

这是1923年柏林世博会时，在荷兰展馆中展出的作品，其非对称的整体构成与施罗德住宅的构成一模一样。

6 追求极致手感：阿尔托的家具与室内装饰

沃斯堡教区中心，家具的造型被应用到了建筑上。

Beehive灯具 [1950年]
保罗·汉宁森（照明设计师）对北欧照明设计贡献最大，阿尔托也受到了他的影响。他们的设计特点是灯具看不到直接光源，通过灯罩的反射向空间提供柔和的间接光源。

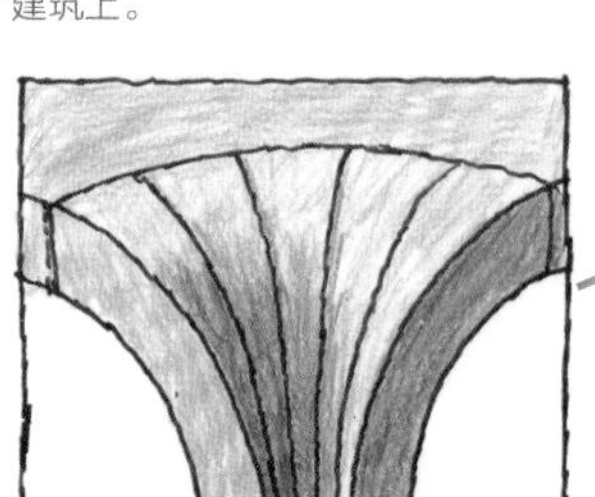

桌子X800 [1950年]
桌脚采用X字形的木材，座面为圆形或方形的凳子也采用了同样结构。桌椅脚与桌面板或椅子座面的连接部分的形状很有特点。阿尔托还将此造型运用到了建筑上。

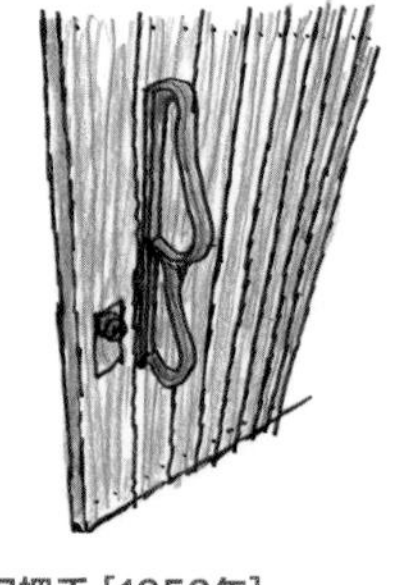

大门门把手 [1953年]
阿尔托设计的青铜制把手，是上下相连的形状。在赫尔辛基办公楼（1955年）以及学院书店（1962年）的门口都安装着这种门把手。不仅如此，凡是阿尔托在赫尔辛基拥有的建筑物都使用了这种门把手。

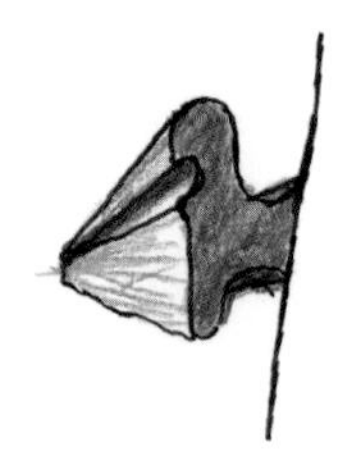

楼梯扶手 [1956年]
阿尔托在赫尔辛基的工作室里的楼梯扶手，这个楼梯是通向二楼的设计室。阿尔托对于人手接触到的部分做出了精心设计。

阿代克400号 [1935年]
比利时制造的斑马纹材质是阿尔托的夫人，也是共同设计人的阿诺·阿尔托在20世纪30年代的喜好。

阿尔托的室内设计特点在于他对人手接触部分的追求。这些追求表现在门口的门把手、楼梯扶手，以及他设计的家具中。1933年，阿尔托接手了帕伊米奥结核病疗养院的设计，除了建筑设计，还获得了设计家具、照明，甚至包括设计卫生器具的机会。他利用当地的木材制成板材，开发了新材料制作的家具。他把本来不适合加工成家具材料的芬兰桦木加工为成型板材，用于制作座椅的座面或桌椅脚，大大地提高了该木材的使用性。并且，这些椅子、桌子、棚架等成为了各种各样的室内元素。阿尔托认为，使用当地木材制造家具、提高人们的生活水平是他不可推卸的使命。

1935年，为了生产和销售自己设计的家具，他成立了阿代克公司。阿尔托将木材成型时做出的曲面形状应用到建筑造型上，让家具和建筑的统一性得以提高。这种利用国产木材的意识，成为了阿尔托形成现代主义建筑风格的奠基石。

私宅 [1954年]

一楼客厅，钢琴上放的照片，是阿诺·阿尔托夫人

二楼家庭房，因为一楼同时兼作设计室，所以二楼设计了家人相处的房间

阿代克402号 [1933年]

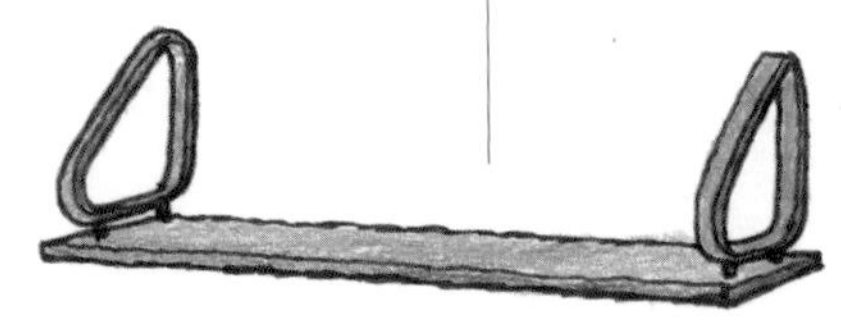

阿代克112号 [1933年]

将桦木做成三角形状以支撑木板，直接固定在墙上使用。

7 极具现代主义特点的支撑结构：普鲁威的家具与室内装饰

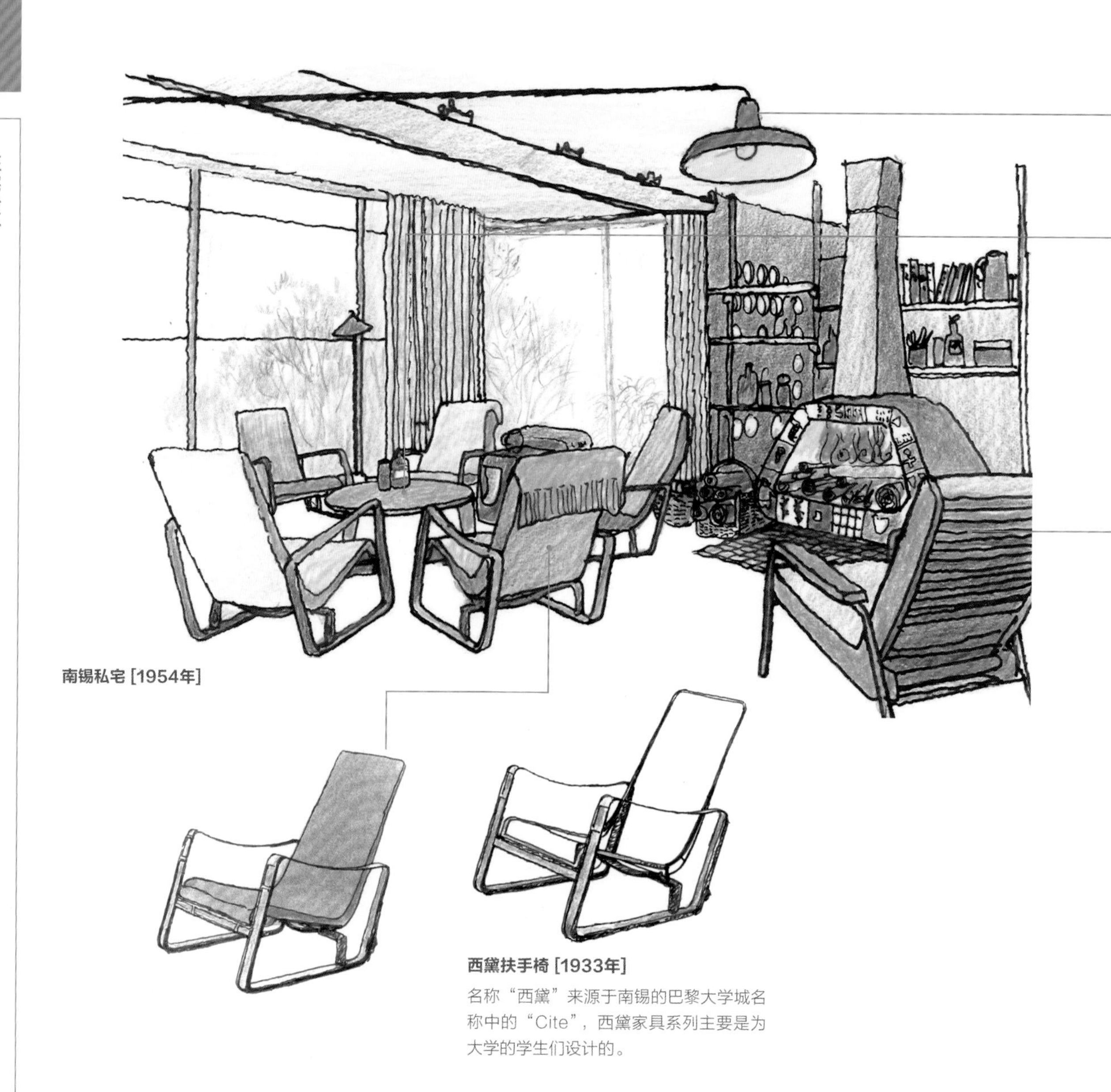

南锡私宅 [1954年]

西黛扶手椅 [1933年]

名称“西黛”来源于南锡的巴黎大学城名称中的“Cite”，西黛家具系列主要是为大学的学生们设计的。

简・普鲁威称自己为建造家，因为他将所经营工厂的金属加工技术运用到了家具、室内、建筑的设计现场，发挥了工匠特有的精湛技艺。柯布西耶曾称赞普鲁威是最好的建设家，并在设计马赛公寓大楼时与他商量采用新的钢筋结构，同时委托他设计室内的钢筋楼梯、家具和厨房设备。1954年，普鲁威在法国南锡亲力亲为盖了一栋私宅。由于是坡地，汽车无法开上去，他想出了采用预制流程的方法，将在工厂事先生产的预制板以及构件运到工地组装成房子。这里的室内家具和照明都是普鲁威本人设计和生产的，他不喜欢当时流行的钢管结构，而喜欢将金属薄板弯曲后制成各个构件应有的形状。他设计的桌椅脚的结构很有特征，这一结构也出现在他的建筑中，被用作支撑天花板的支柱。

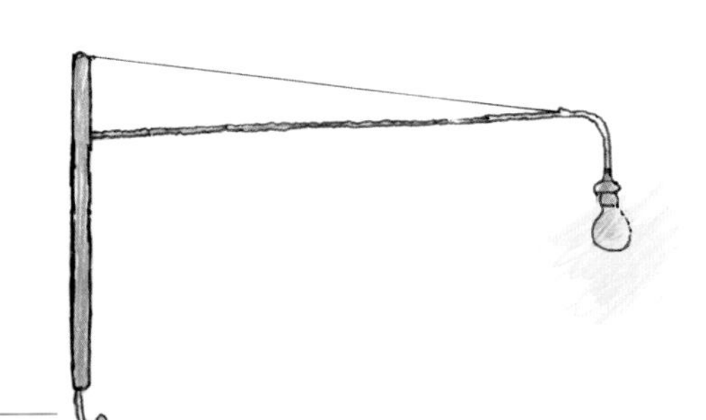

秋千吊灯 [1950年]

这一吊灯只是从墙壁伸出一根铁棍，钢丝用来拉直吊灯以防下坠，旁边的木制手把可以用来旋转吊灯的方向。

咖啡桌 [1940-1945年]

战时设计的家具系列。桌脚的形状是普鲁威设计中特有的结构。

接待椅 [1942年]

战时设计的家具系列。将钢管结构换成了木制的。

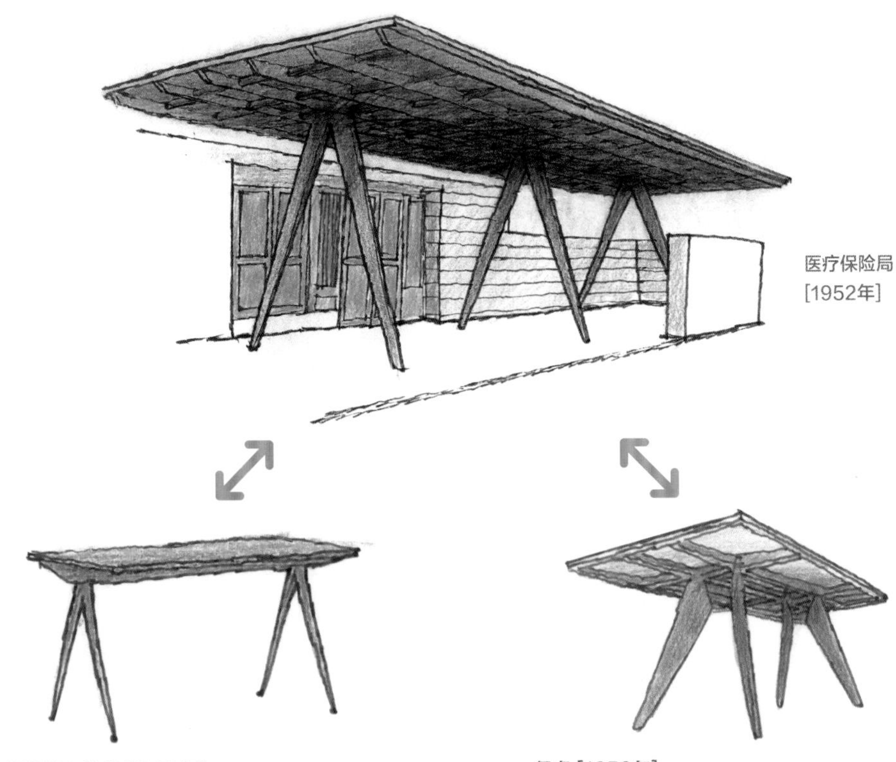

医疗保险局
[1952年]

圆规脚办公桌 [1958年]

像圆规一样伸开的桌脚，与普鲁威的建筑中支撑房顶的A字形支脚具有同样的结构。

餐桌 [1950年]

曲钢板桌脚与涂漆铝桌板构成。

8 产品与建筑取得双赢：雅各布森的设计

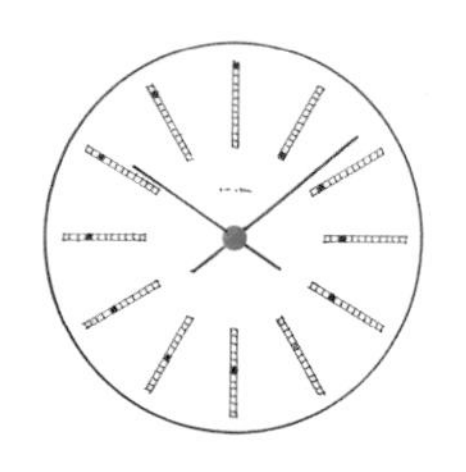

挂钟

雅各布森也设计过无数的挂钟。正因为挂钟是人们目光集中的地方，他才会执着于挂钟的设计。他为市政府大厅和银行设计的挂钟，分别以“市政厅”（City Hall，1955年）和“银行家”（Bankers，1970年）命名，直到今天仍在销售。

蛋椅 [1958年]

蛋椅的造型完全超越了建筑师的家具设计领域。雅各布森的工作室里有一位类似雕刻家的模型制作家，他先用金属网和石膏制作与成品同等大小的模型，经过多次的模型研究之后，最终才实现现有的设计形状。直到今天，弗里兹 · 汉森公司的熟练工匠依然沿袭这种手工制作方式，一张张的蛋椅或天鹅椅都体现着工匠们的精湛手艺。

AJ客厅灯

这是雅各布森为SAS皇家酒店的客房所设计的吸顶灯，现在依然在丹麦的路易鲍森灯饰公司出售。

天鹅椅 [1958年]

这把椅子雕刻般的形态与蛋椅相似。两把椅子均由硬质泡沫聚氨酯制成，表面是布或皮革。现在仍然被放在现在的皇家雷迪森布鲁酒店的大厅使用。

把手

把手是手掌可以很容易、很自然地握住的造型。虽然近年皇家雷迪森布鲁酒店经过了全面装修，但客房依然使用着这种门把手。

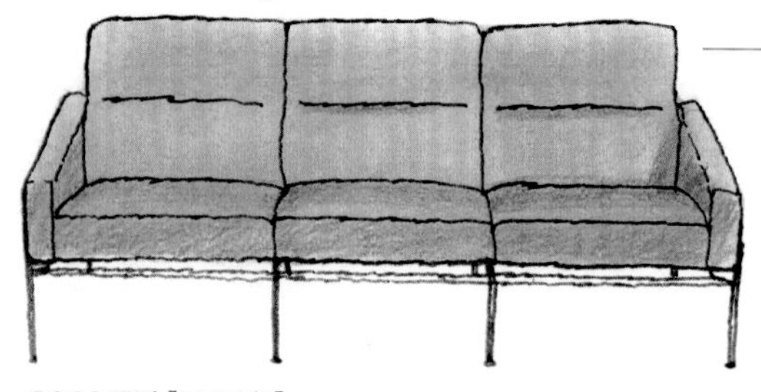

3000系列 [1956年]

这是雅各布森为SAS皇家酒店设计的沙发，现在仍然由弗里兹 · 汉森公司在销售。支架是细钢管，可以分解。

雅各布森是在建筑设计和产品设计方面都有建树的建筑师。1958年设计的蛋椅是他的代表作，这一作品的特点是具有座椅功能的同时，还兼有隔断空间的建筑功能。蛋椅是雅各布森为SAS皇家酒店的大厅所设计的，人坐下去后头部与后背都被靠枕所包围，刚好遮挡身后的视线。即使是在酒店宽敞的大厅中，依然可以保障私人空间，让人感到安逸和放松。雅各布森不仅为SAS皇家酒店设计了酒店建筑本身，还设计了室内家具、照明、门把手、器皿、挂钟，甚至具体到客房的电源开关等。他说，这一整体设计的连贯性是受到了密斯的影响。SAS皇家酒店现在虽然改名为皇家雷迪森布鲁酒店，但依然可以体验到雅各布森的整套设计，特别是摆放着当时家具的606号房间，非常值得一看。

SAS皇家酒店 [1960年]
（现名：皇家雷迪森布鲁酒店）

一楼酒店大厅

606客房 / 阿诺·雅各布森套房606

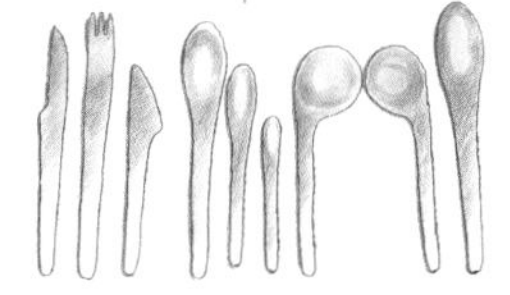

刀叉

从涂抹黄油刀到儿童汤匙的整套产品。作为餐桌用品系列，1967年由丹麦Stelton公司发售的这套茶壶和色拉碗也非常有名，是雅各布森的“不锈钢系列”（Cylinda-Line）餐具。

玻璃器皿

为SAS皇家酒店设计的玻璃杯系列。

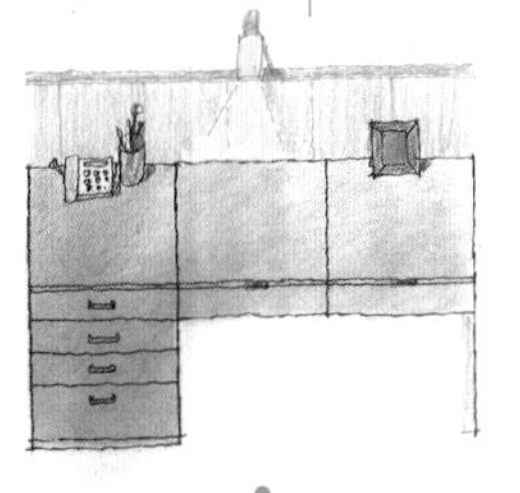

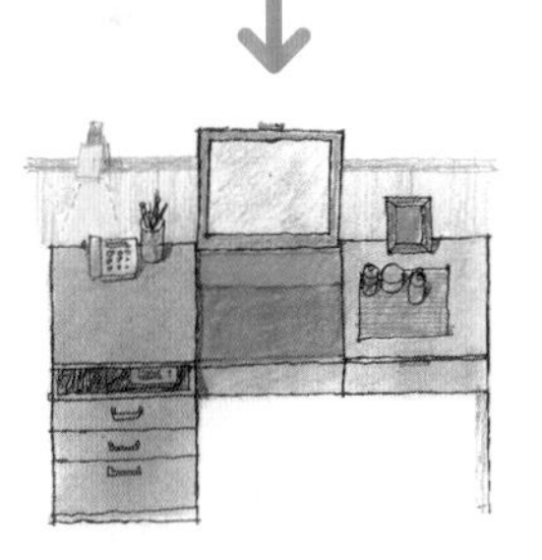

客房化妆台

拉起面板即可竖起镜子的化妆台。附带的灯沿着灯槽既可左右移动也可变换角度。这些设计都提高了客房的功能性。

COLUMN

雅各布森与蚂蚁椅

我手边有一张DVD，内容是阿诺・雅各布森接受采访时的情景。他在接受采访时说："我作为家具设计师，主张使用丹麦产的山毛榉制作家具。这就是我用山毛榉制作的。"然后画面上出现的就是蚂蚁椅，丹麦的弗里兹・汉森公司直到今日，累计制作销售了数百万张世界上最长寿的产品。

"我们要制作一把容易生产的椅子，类似伊姆斯设计的那种"，据曾在公司任职人员说，正是雅各布森的这句话，使蚂蚁椅得以问世。查理斯・伊姆斯是美国设计师，已经成功采用胶合板设计了椅子。雅各布森先是购买了一张伊姆斯的椅子，并且对他工作室里的人说："这把椅子做得真不错，我想做的就是这样的椅子，但是请大家记住，千万别模仿。"随后，世界上第一把椅座与靠背用一块整木板成形的三维曲线的立体胶合板椅子就这样诞生了。这一过程可以看出雅各布森具有分析实例、评估技术核心、创新设计的能力，这种设计手法也被叫做"重新设计"（redesign）。

名称之所以取名叫蚂蚁椅，是因为一块整板成型后的靠背部分的曲线看上去很像蚂蚁。实际上，成型过程中最难的部分就是靠背，因为很容易出现裂纹。雅各布森的工作室经过无数次对靠背部分的研究，得出了现在我们所看到的曲线。据说模型制作也是雅各布森亲自动手，"立体设计不亲自做是做不出来的"，从他对待制作这种认真的态度上，我们可以找到他身为建筑师却在产品设计领域中留下重要足迹的原因。蚂蚁椅的制作过程对雅各布森来说是他设计生涯的转折点，从这之后，他确立了追求简约的设计样式。

诺曼・福斯特也出现在了DVD画面中。他评论说："雅各布森的家具与建筑都具有同样的元素，建筑设计的规则被浓缩在家具设计中，既正式又具有高品质、象征性，最重要的一点是家具设计得既便利又舒适。而聚集了这些特点的就是蚂蚁椅，不仅实用而且价格经济实惠，还非常美观。除此以外，雅各布森对水龙头、刀叉、椅子、照明设备、门把手等等的设计，都和他的建筑具有同样的主题。"

可以说，雅各布森的设计之所以能够贯穿家具、室内用品、建筑领域，出发点正源于这张蚂蚁椅。

（铃木敏彦）

这是展示在哥本哈根的椅子设计中心的产品，从右往左分别是餐桌椅、圈椅、蚂蚁椅，充分展现了雅各布森的革新性

4 人体尺寸与空间大小

1 人体与自身的尺寸是建筑的标尺

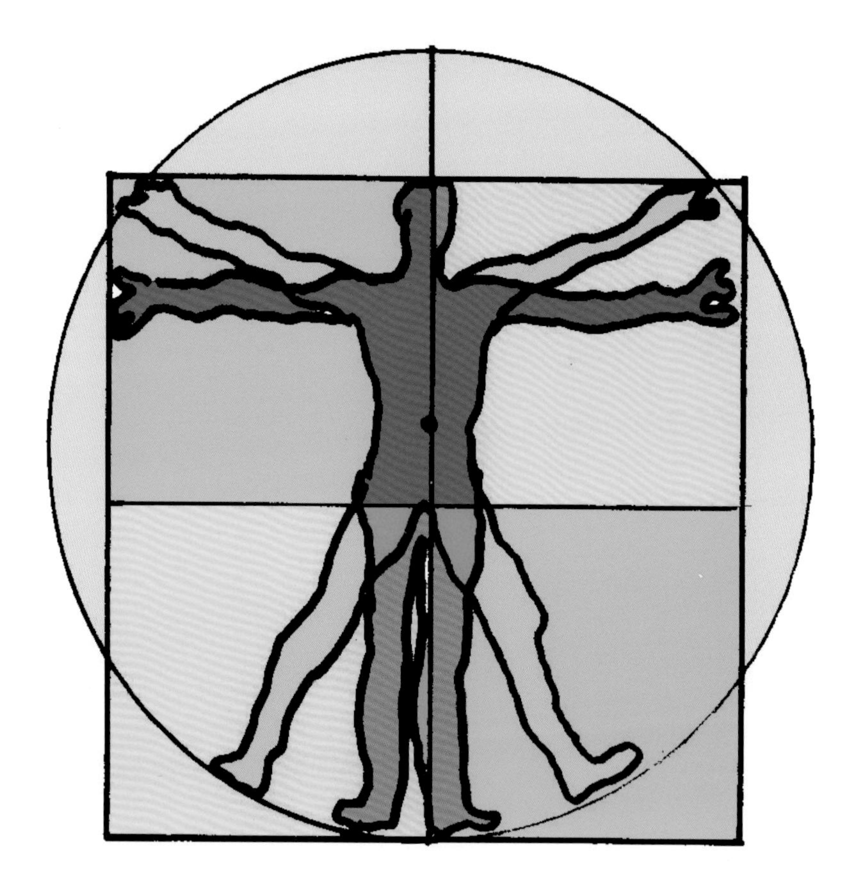

列奥纳多·达·芬奇的人体比例图

人体尺寸是决定空间大小的标尺

建筑是人类舒适生活的容器，无论是决定家人聚集的客厅大小，还是决定用于休息的卧室大小，人体尺寸与人的动作都起着非常重要的作用。既不能让空间过大致使人感到不安，也不能让空间过小使人享受不到其应有的功能。同时空间和家具都应该按照使用目的来改变其形状和大小。

当我们设计建筑时，如果有衡量空间大小的标尺，不仅让设计变得更容易，而且规定了标准尺寸的建材也更容易批量生产，具有更高的经济性。

不同国家的标准尺寸并不相同，就像“英尺”（feet：脚）代表了人脚的长度，日本的“尺”（=10/33m，约30.303cm）代表了前臂骨的长度，许多单位都是以人体尺寸为标准。

在这一章里，我们来学习作为空间大小标尺的人体尺寸与基本动作的尺寸。这些知识在设计舒适且具有功能性空间时，是不可或缺的。

你身体的尺寸

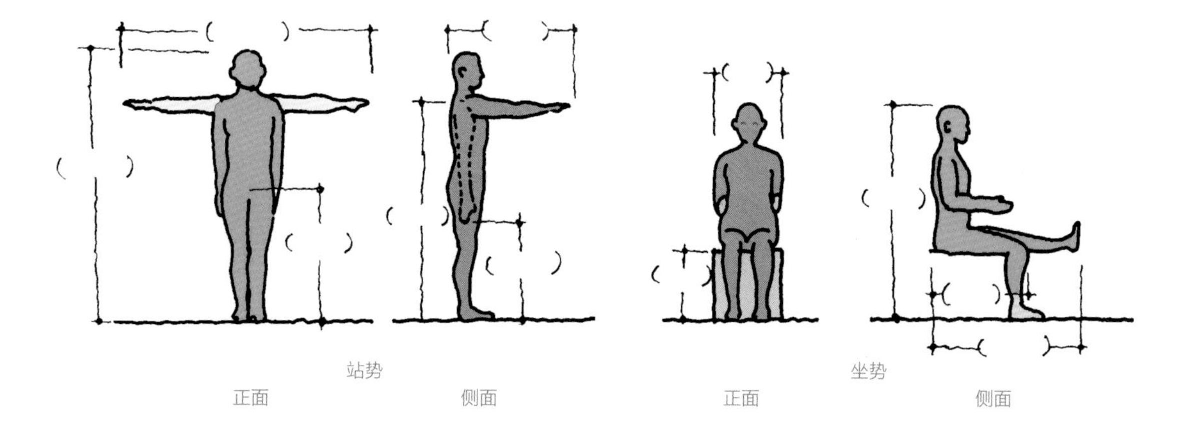

请在括号内填入你的体型的尺寸

身高与动作尺寸之间的关系（H代表你的身高）

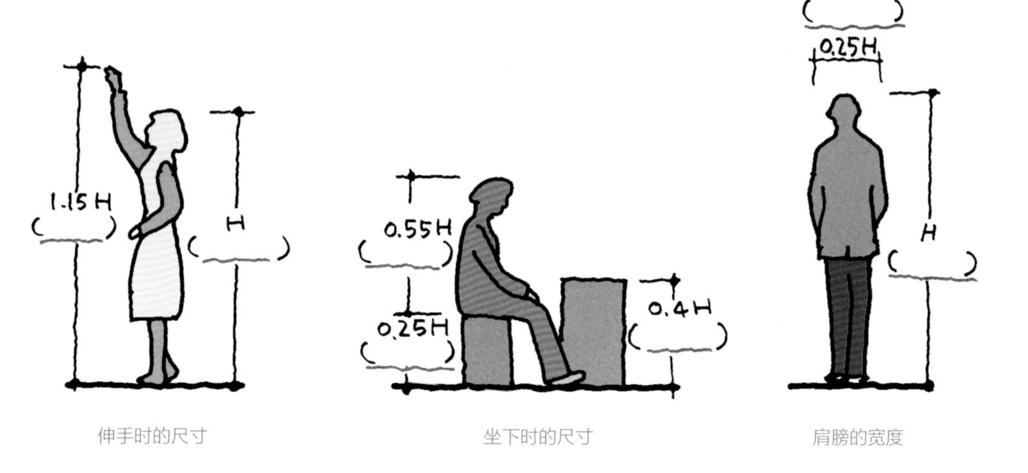

首先了解自己的尺寸

就像任何事情都应该从了解自己开始一样，我们要从了解自己的身体尺寸开始学习设计。人们是在建筑内部展开各种活动，所以除了人体尺寸以外，还需要知道活动的范围。也就是说，人体尺寸与在这里发生的动作所需空间尺寸都是很重要的。

本页上方第一行的人体图显示了人各种各样的基本姿势。

首先，请测量你做这些动作时需要的尺寸，并填在括号中。本页上方第二行的三张图中的数字是各种高度占人体身高的平均比例。

只要知道了自己各部分的尺寸，无论是在设计一个大概的空间，还是实际测量都会起到意想不到的作用。其次，除了自己的尺寸，还需要分别记住这些尺寸的男女平均值，以及椅子的高度和床的尺寸也是应该记住的重要数字。

2 人的动线决定空间

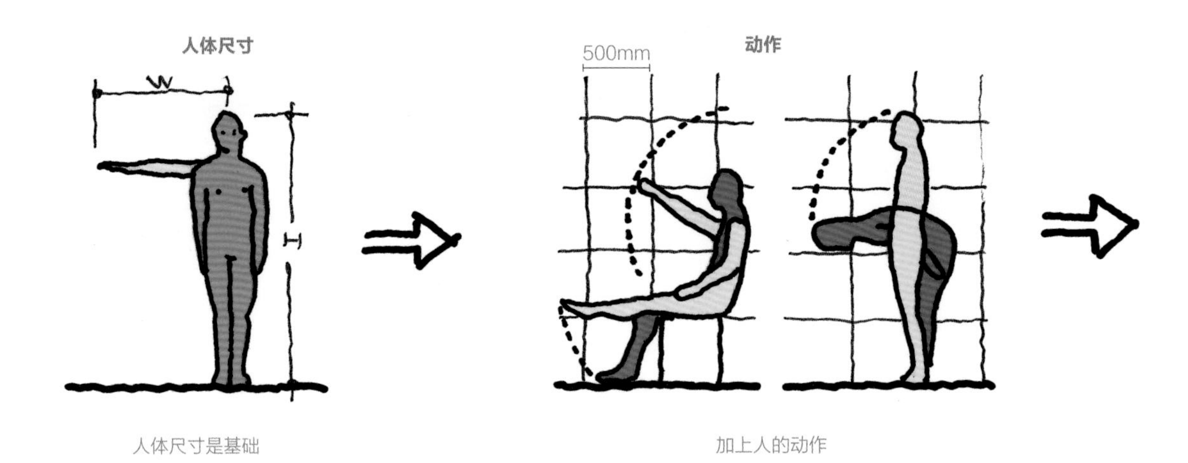

人体尺寸是基础

加上人的动作

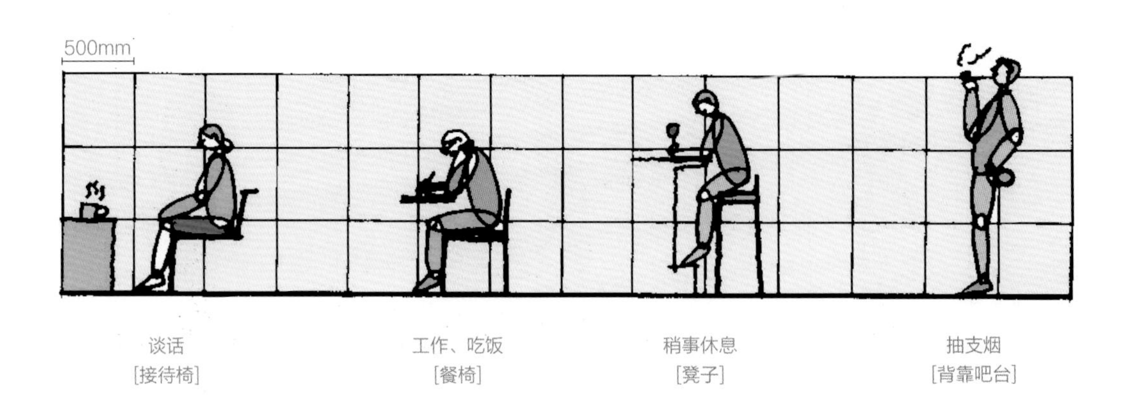

谈话
[接待椅]

工作、吃饭
[餐椅]

稍事休息
[凳子]

抽支烟
[背靠吧台]

空间的大小，或者说房间的大小，都取决于人体动作的基本范围。比如在书房里，伏案写字、读书学习这些具体用途需要相应的动作来决定空间的大小。有时候房间可能不止一个用途，用作多种用途的时候会更多。在书房里，不仅要写字，还要从书柜中取出书再放回去，这些动作都需要空间，而容纳这些动作的空间叫做复合动作空间（本页上方第一行图）。

除上述之外，空间并非仅供一个人使用，多人同时做多种动作的情况也很常见。比如除了妈妈在厨房里做菜以外，女儿和爸爸也一起在厨房帮忙的这种情况，涉及到需要使用刀具和火的厨房更要慎重考虑动作空间的大小。

家具同样，根据不同的用途需要不同的形状。

比如椅子，除了形状要适合人体体型以外，因为与人体直接接触，手感也要好，特别是需要长时间坐的椅子，椅子的座垫、靠垫以及用于座垫套、靠垫套的材料都是取决于手感是否舒适。

第二行图显示的是人体的姿势和舒适度，虽然这些家具不能都叫做椅子。最右侧的用于多人稍事

人体与动作空间

动作空间

坐卧、读书等动作

复合动作空间

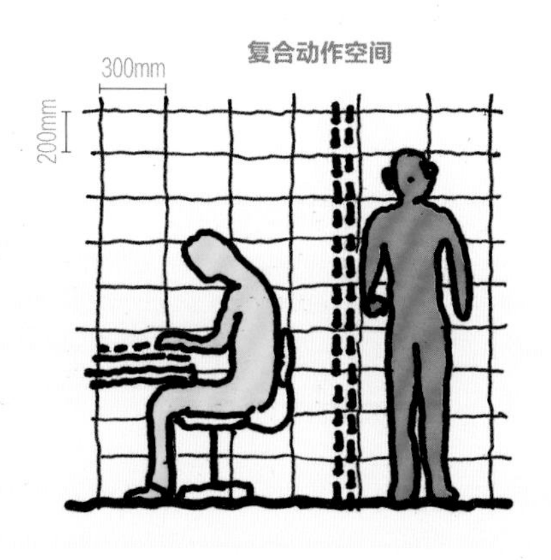

决定空间的大小
加上整理书籍的动作，就找到了书房的空间大小

椅子的形状和休息的程度

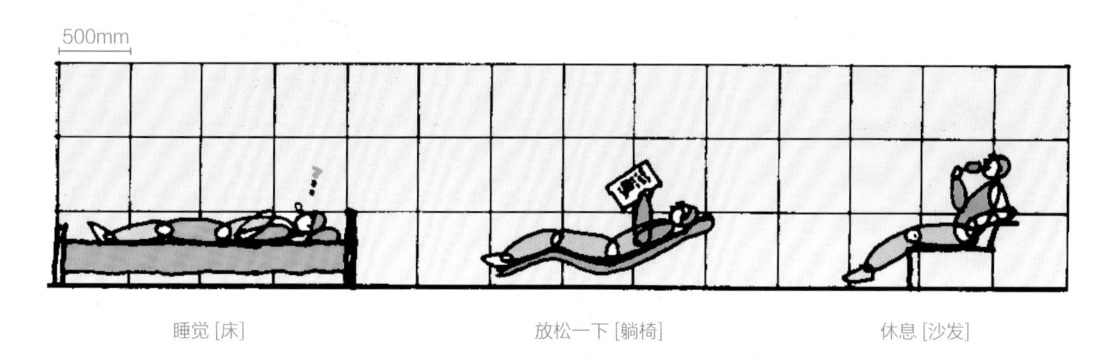

睡觉 [床]　　放松一下 [躺椅]　　休息 [沙发]

休息倚靠的吧台，高脚凳用于喝杯咖啡时休息用，接着是工作椅和坐下来慢慢休息的椅子，逐渐从“站”姿向“卧”姿变化。在设计时，除了人的姿势和椅子的形状以外，使用椅子的时间是另一个要考虑的重要因素。如短时间休息，树墩一样的椅子就够了，而长时间休息，则需要躺椅或床才能满足人的需求。

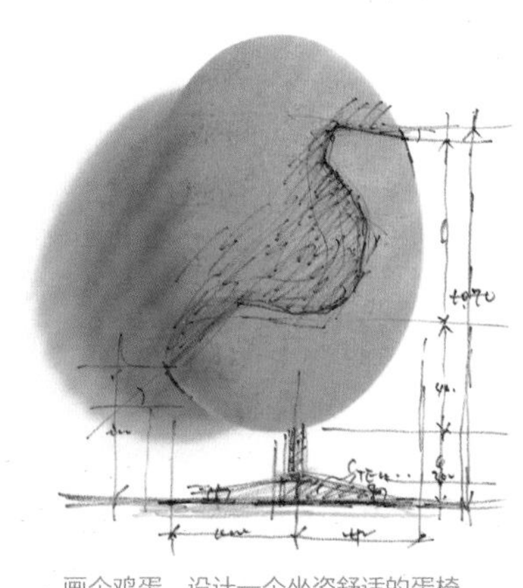

画个鸡蛋，设计一个坐姿舒适的蛋椅

3 心情与体型决定椅子的形状

用途不同的椅子形状也不同

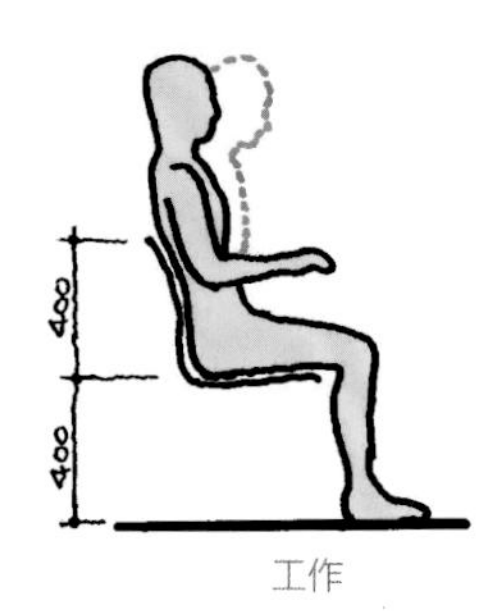

工作

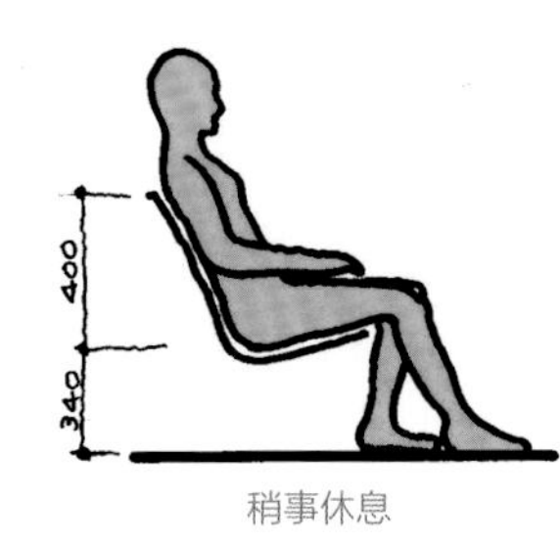

稍事休息

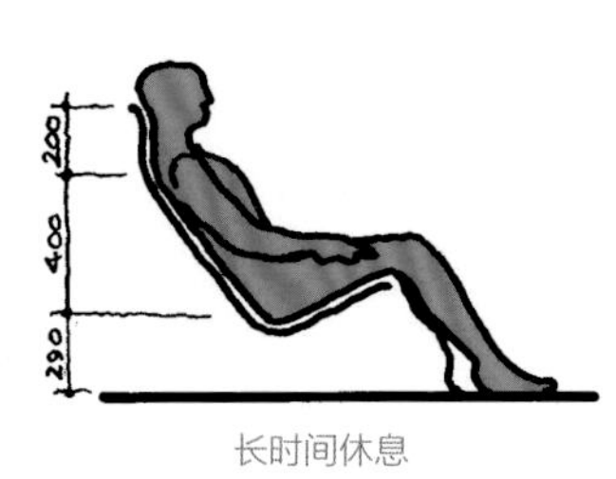

长时间休息

不同建筑师设计的不同椅子

赖特喜欢沙发

在LC2沙发上休息的柯布西耶

赖特喜欢定制的沙发，柯布西耶设计了坐姿舒适的LC2沙发，密斯完成了用金属弹簧制作的巴塞罗那椅，而雅各布森设计了包住身体的蛋椅。

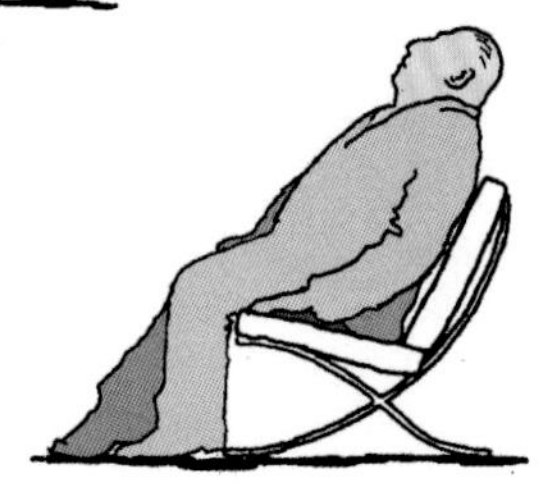

支撑着密斯庞大身材的巴塞罗那椅

被蛋椅包住全身的雅各布森

我们的生活中，总是被各种各样的家具包围着。其中与我们身体直接接触最多的就是椅子和床：坐下休息、坐下吃饭、坐下看书是日常生活中做出的最频繁的动作，因此使用频率最高的就是椅子。

一把优秀的椅子，除了需要有舒适的形状和漂亮的外观，还需要支撑人体体重，具有承受复杂负荷的坚固结构。

而大师们设计的椅子都满足了这些条件。这里例举的七位建筑大师都有自己独创的家具，他们在设计过程中非常重视人们使用的舒适程度。

椅子是运用了人体工学的家具

椅子的脚、座面、靠背之间的关系

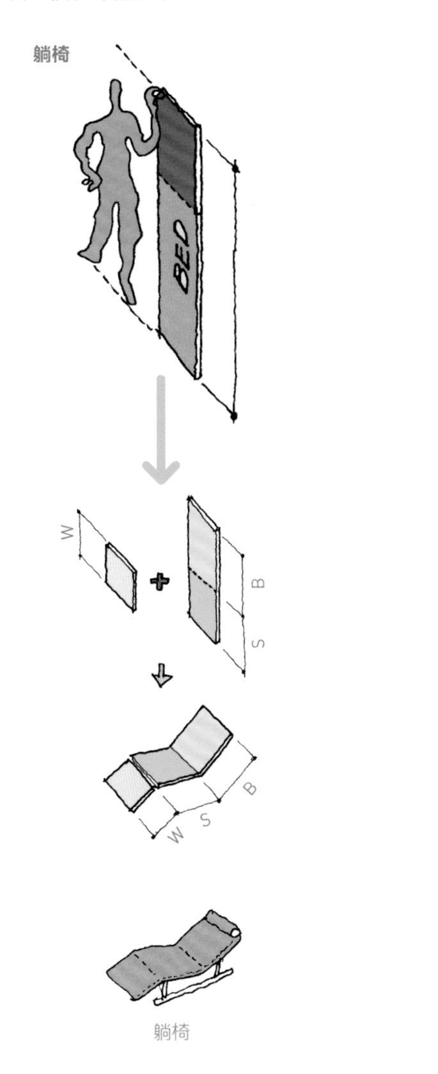

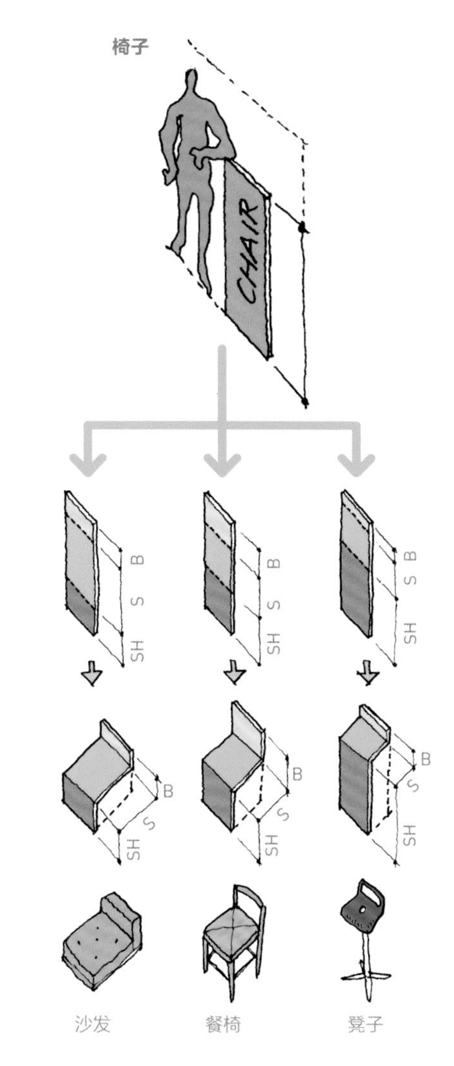

脚与座面的尺寸越大休息的程度越高

椅子的高度、座面、靠背之间的关系有一定的规则

椅子主要分为脚、座面、靠背这三大部分，因此椅子的舒适程度取决于这三大部分所采用的尺寸是否达到均衡。而用于构造骨架的材料不仅决定了设计和舒适度，也决定了耐久性。所以直接接触身体的材料和软硬度是决定舒适度的最大因素。

前面所提到过较高凳子适合在短时间里、有限的空间里为较多的人提供休息，而较低且座面进深较长的椅子适合坐下来长时间休息，而介于二者之间的椅子适合用餐和工作，需要较高的操作功能。

椅子座面的高度用SH代表，座面进深用S代表，椅背用B代表，则它们之间的关系式如下：

SH+S+B=1100~1200mm

在此之上加上搁脚凳的尺寸（W），就是躺椅或床的尺寸，公式如下：

SH+S+B+W=2000~2100mm

模板是决定形状与空间的标尺

椅子的模板

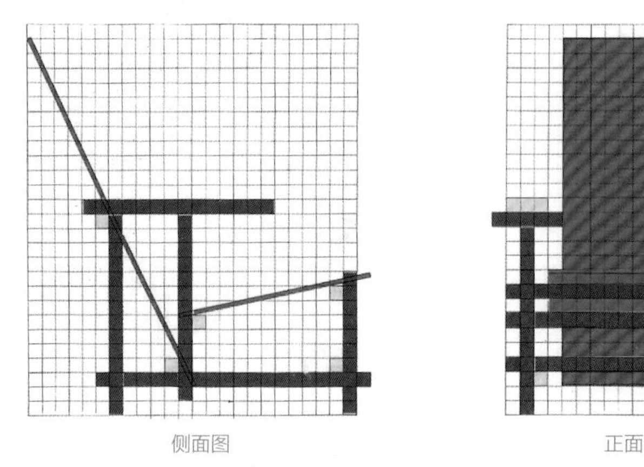

侧面图　　正面图

里特维尔德设计的红蓝椅采用了英寸做模板

建筑模板

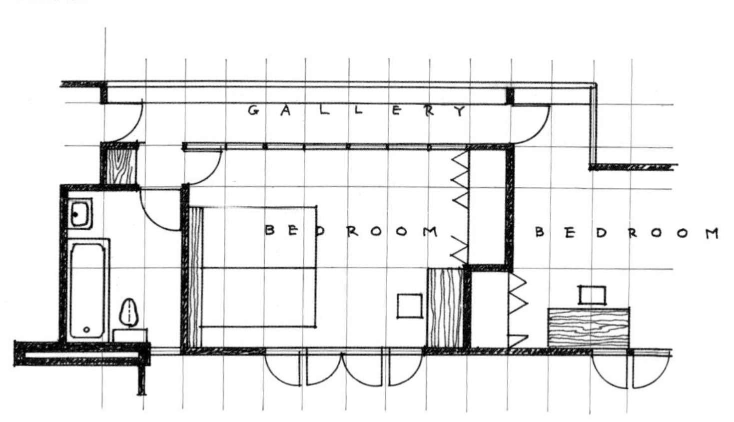

洛伦·波普住宅（1939年弗兰克·劳埃德·赖特设计）采用了2×4英尺的模板　　S=1:100

模板是空间的基本单位

当我们要盖房子或制作家具的时候，会采用已经决定好的尺寸，即按照标准尺寸进行设计，而这一标准尺寸就叫模板。

请看本页第一行图，这是里特维尔德所设计的“红蓝椅”，扶手和椅脚尺寸都是英寸的倍数，所以我们可以知道他设计的模板是以英寸为单位。

赖特设计住宅时，采用了2英寸×4英寸作为房间大小的标准尺寸。如此用模板作为标准尺寸进行设计的好处，是不仅可以获得正确的空间尺寸，同时建材可以因尺寸规范化而更经济，以及人们对大小、宽窄都可以通过标准尺寸达到统一认识等等。

这种用于模板的单位，不同的国家都有自己传统尺寸单位和建筑手法，而不同建筑师采用的单位也各不相同。日本从古至今采用的是910mm×910mm的模板，在亚洲，建筑行业和建材行业都以此作为工业产品标准。

5 柯布西耶的模度

图1　柯布西耶的模度根据：人体比例图

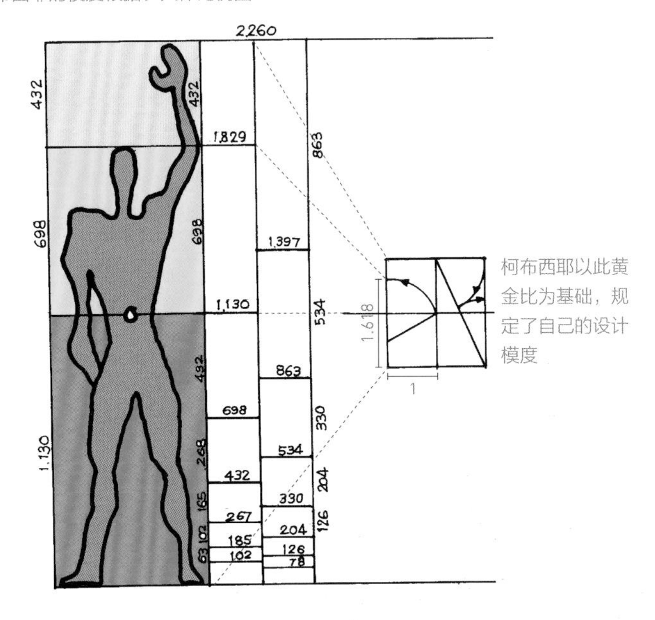

图2　用实际动作表现的模度图

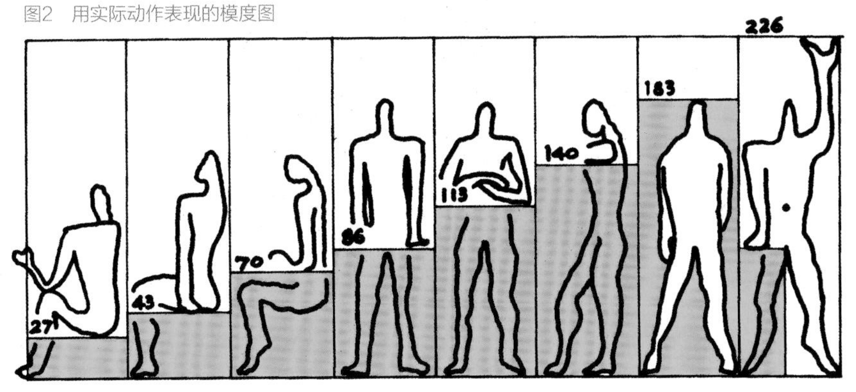

模度是柯布西耶独创的黄金比例

柯布西耶对模度的定义是："人体尺寸与数学相结合，便是制造物品的工具"。同时，他将模度定位为："从广场到身边的家具，所有设计均可适用的尺寸。"

柯布西耶将人向上伸手的高度作为基本的尺寸，并将整体高度分为三部分："手指尖到头顶的高度"、"头顶到肚脐的高度"、"肚脐到脚跟的高度"。这是以当时法国人平均身高（175cm）为标准而设定的，后来经过反复考虑，最终改为以盎格鲁-撒克逊人的平均身高（183cm）为标准。柯布西耶将这一模度的比例体系应用到了各项建筑设计以及城市规划中。

图1中的比例体系与图2中家具和建筑的尺寸相对应。正如人们喜欢将形状之美用数字表示，以及喜欢追求黄金比例一样，柯布西耶也通过模度试图将人们居住的空间变得更加系统化。

模度在卡普马丹度假小屋中俯首可拾

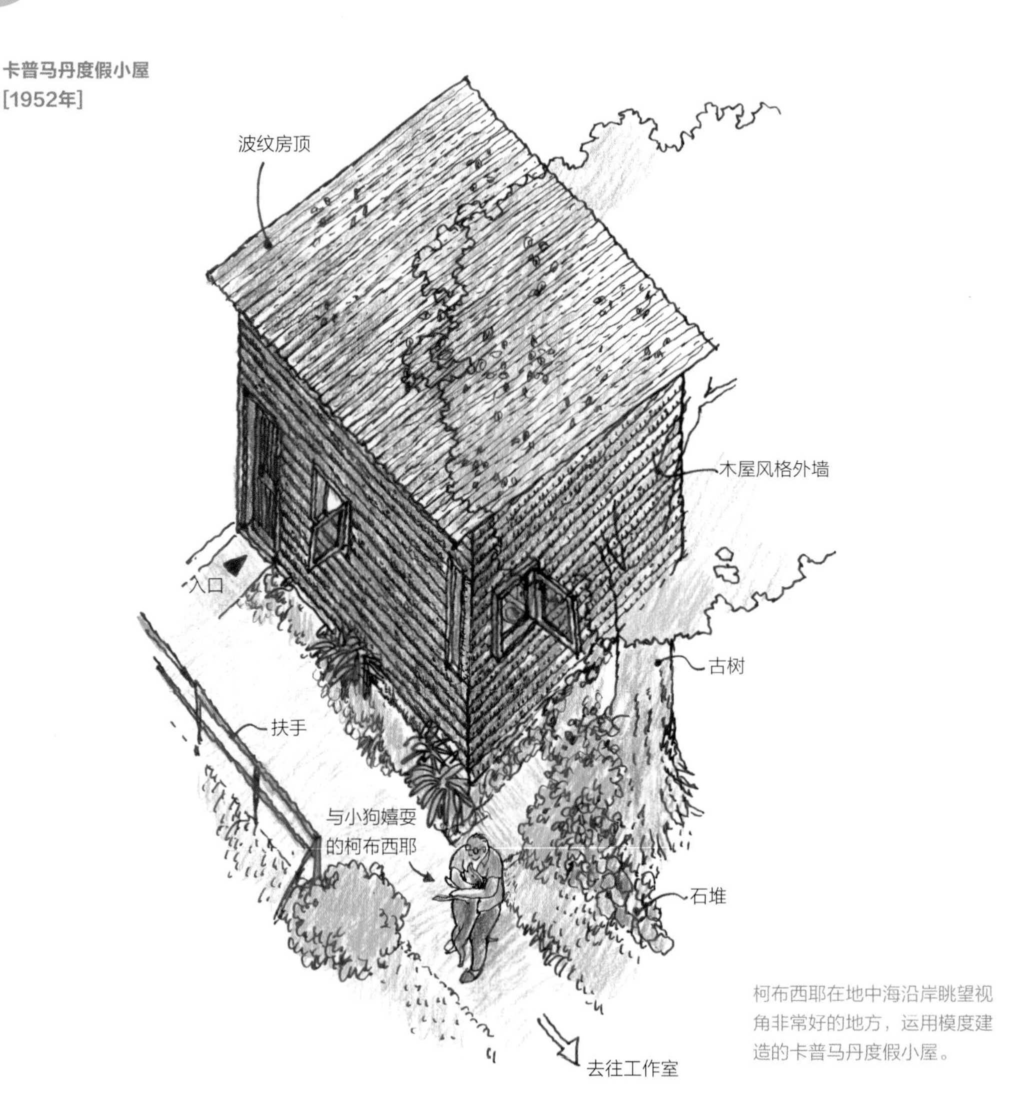

柯布西耶在地中海沿岸眺望视角非常好的地方，运用模度建造的卡普马丹度假小屋。

小小度假屋的秘密

柯布西耶在地中海沿岸的卡普马丹盖了一座小小的度假屋，这间小屋作为一位大师的休闲之地显的既简陋又狭小。小屋的屋顶采用的是波浪形石板瓦，外墙乍看好似木头小屋，而事实上却是将圆木剖开贴在墙面上。而形成的外形度假小屋不远处，有一所小的工作室。

小屋内既没有厨房也没有浴室，据说柯布西耶用餐时就去旁边一家叫“海星轩”的餐厅，而洗澡时也是利用外面的淋浴。

在学习建筑的教材中，这间小屋经常被用来举例。因为在这里，柯布西耶实践了他的模度理论，可以说是一栋实验性建筑。

柯布西耶居住在这个小小的空间里，为了寻找建筑的标准尺寸，昼夜思索。从这一意义上来说，这座小屋又具有非常重要的意义。

那么，接下来进入这一被称为模度宝库的度假小屋看一看。

房间大小除了门厅部分以外只有3660mm×3660mm，换算成日式房间只有8帖（帖是日本房间的丈量单位，指得是一块榻榻米的大小。现代的

卡普马丹度假小屋的室内

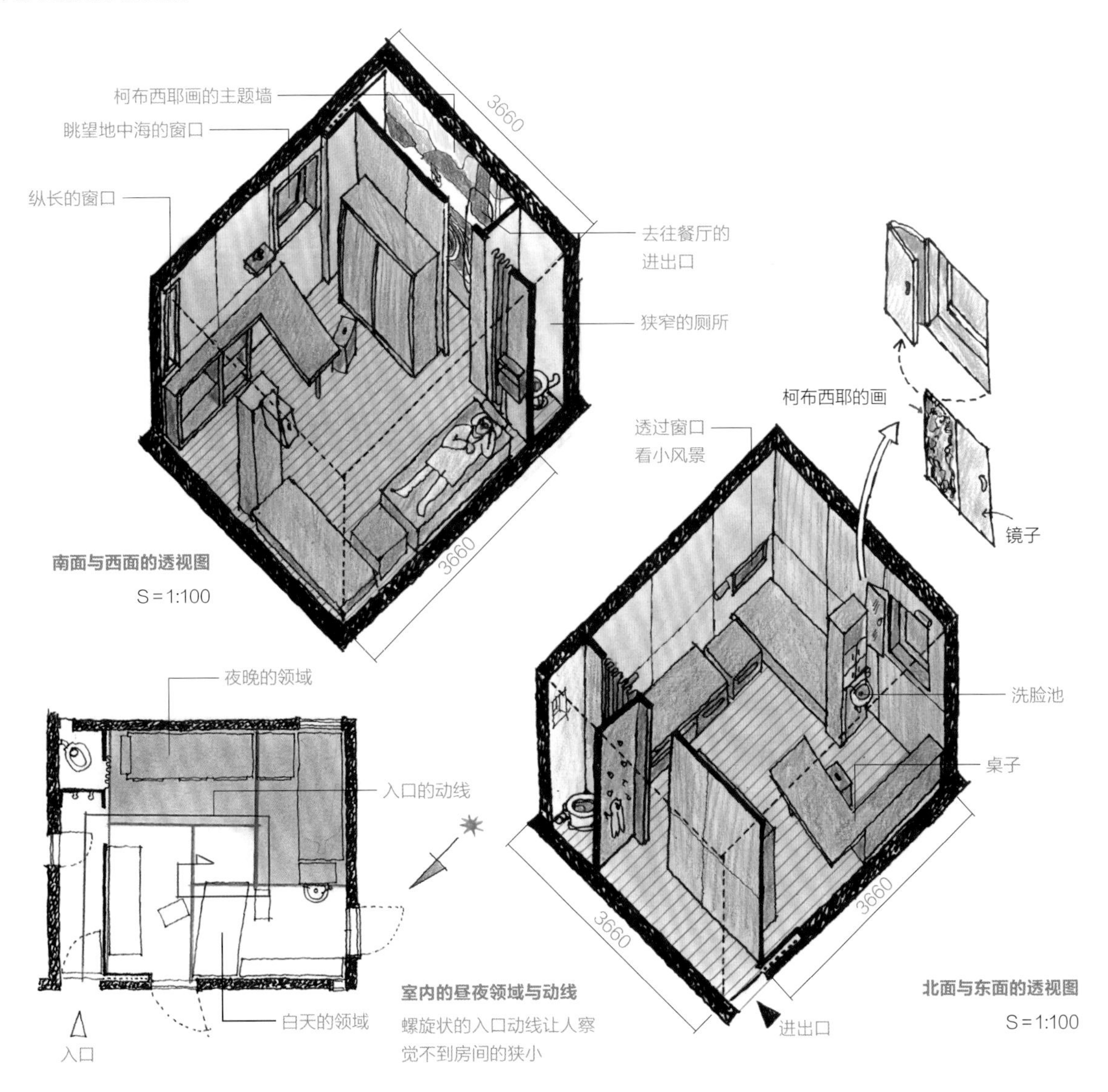

房地产信息中依然沿用这一单位，如4.5帖、6帖、8帖的房间等。古时候不同地区的一块榻榻米大小（1帖的尺寸）略微有区别，现在通常计算方法为1帖=1.6529m^2。从门口进去，左手墙上挂着柯布西耶亲手绘的壁画，以及一扇通往餐厅的门，走到房间的最里面有一个挂衣架，右手是两张床和一张桌子、一个柜子，布置得都十分巧妙，这些家具同样也是根据模度的尺寸制作的。而到此为止走过的路线是一条螺旋贝壳线。在南侧墙面上打开了两个纵向排列的正方形窗户，可以眺望地中海，正方形窗户下方稍斜的位置放着一张桌子。

小屋中四扇窗户的大小和位置都不同，各自起着不同的作用，这一手法正凸显了柯布西耶的设计风格。

在卡普马丹度假的柯布西耶

7 柯布西耶在设计度假小屋时让模度系统化

卡普马丹度假小屋平面图

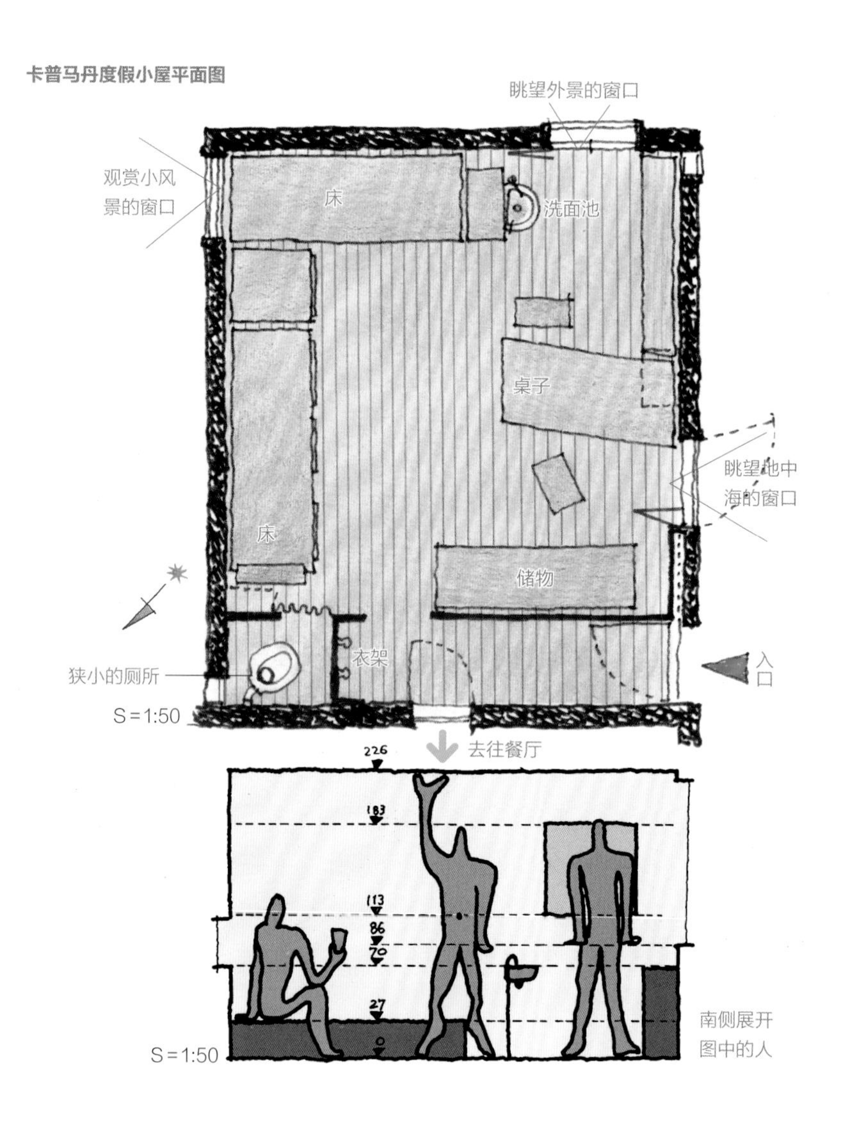

出人意料的度假小屋室内

前文中提到柯布西耶设计的卡普马丹度假小屋，它既是度假专用别墅，也是模度的实验性住宅。因此，这里更重视模度的尺寸体系，房屋的功能性是次要的，而模度无论在平面上还是立面上都被充分体现出来。虽然卫生间太狭小，洗脸处离卫生间也很远，但这些对柯布西耶来说都不重要。

室内有一部分的天花板较高，采用的正是人手举起来的高度（2260mm），窗户上棱的高度与身高相同（1830mm），下棱的高度与肚脐位置相同。在这里，模度俯手皆是，不管是空间的尺寸还是家具的尺寸，柯布西耶就在此一边体验这些尺寸的合理性，一边将模度形成了一个系统性的理论。

法国人与中国人的模度

由于柯布西耶的模度采用的人体体格与中国人的体格不太相符，所以中国的模度应以接近中国人平均身高的170cm为基础数字，如图1所示供大家参考。

南面展开图+模度

尝试在卡普马丹度假小屋中放入人体模度

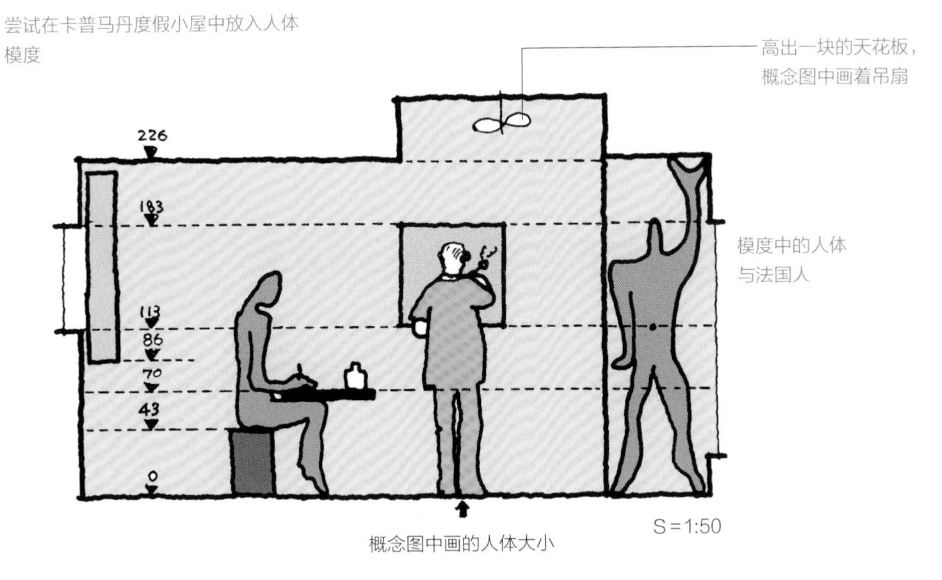

概念图中画的人体大小

南面展开图+日本人

卡普马丹度假小屋中的日本人。视线刚好在窗户中央，眺望外景很容易。

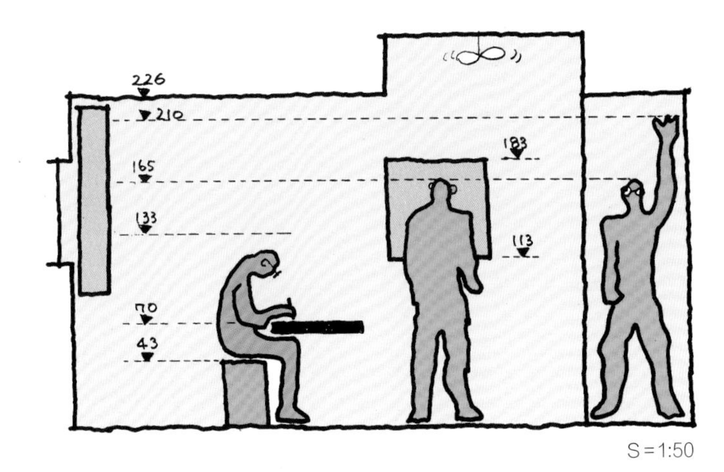

图1　套用模度计算出来的日本人的尺寸

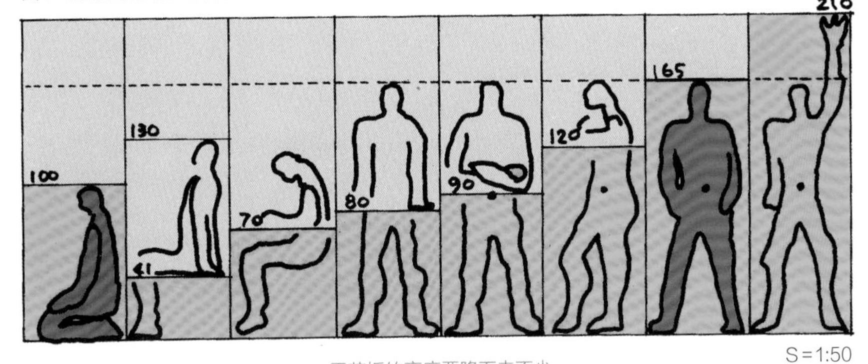

天花板的高度要降下来不少

8 暖炉最适合装在客厅

流水别墅客房楼的客厅

客厅不仅是休闲的地方，也是写作和读书的地方。
[1935年，弗兰克·劳埃德·赖特设计]

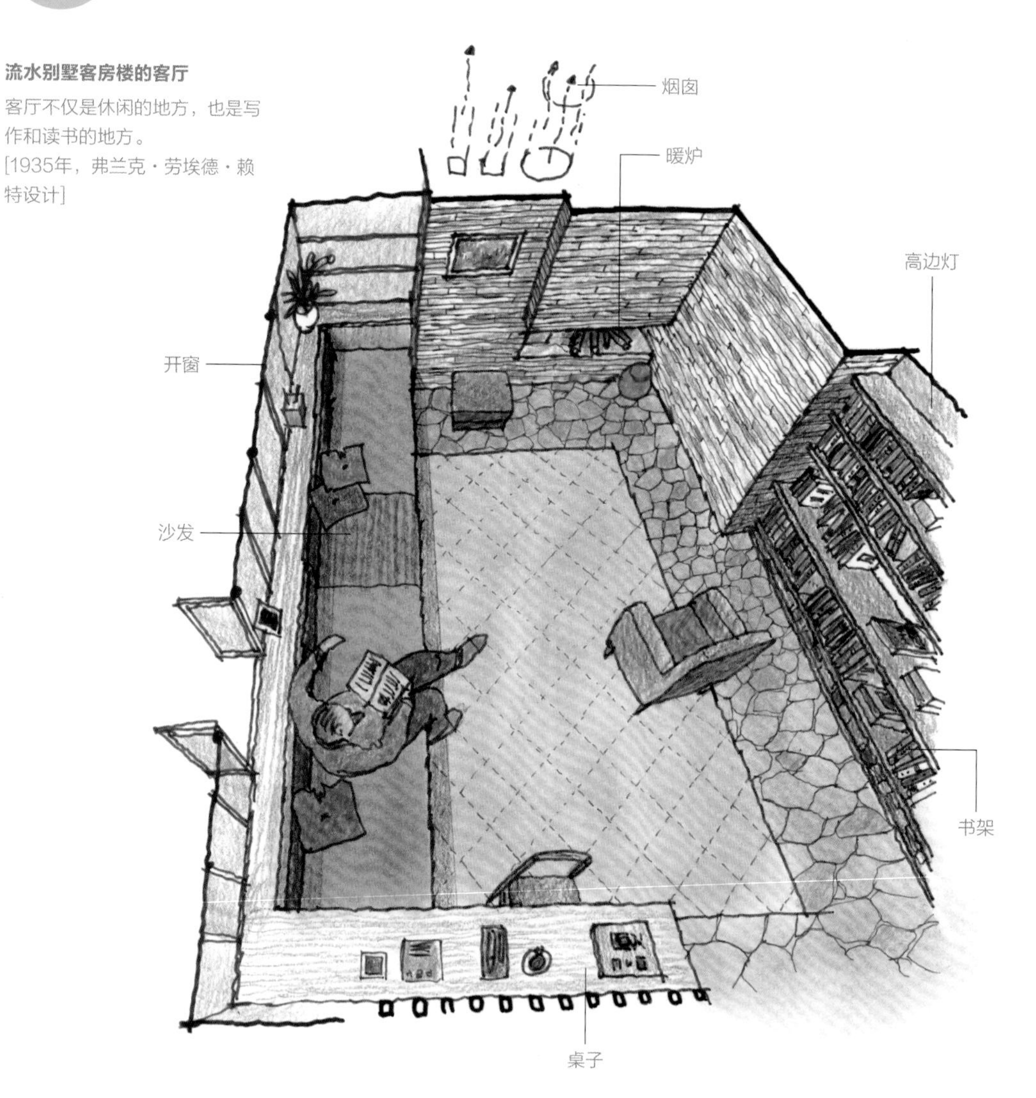

现代的生活方式变得多种多样，夫妻+孩子的小家庭单位逐渐增多，每个人都拥有自己的房间，本来应该是家人团聚的客厅也逐渐失去了它的价值。而电视虽然给我们带来了许多信息和娱乐，同时也成为了阻碍家人间沟通的一个原因。但无论生活方式怎样变化，客厅还是应该成为家人共同休闲的空间。

为客人打造舒适温馨的客厅

流水别墅的客房楼中的客厅，就是一个非常舒适的空间。它的舒适取决于恰如其分的空间大小和家具等构件的摆放。这间客厅的室内由沿窗边特制的长沙发、石头堆砌的暖炉和书架构成。

在客厅设计中，必须要有一个核心的部分。正如这间客厅和雪铁龙住宅一样，暖炉是空间的亮点或核心，让人们愿意聚集在一起，并且感到舒适。

流水别墅的客房楼的客厅内部

靠着窗户的一排长沙发对面是石砖垒砌的墙，墙的一角是暖炉。

流水别墅客房楼的客厅平面图

客厅一角设有暖炉的例子

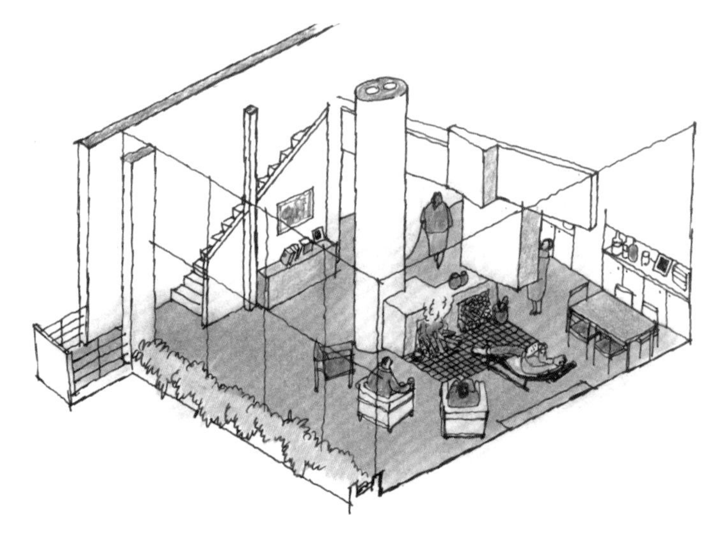

雪铁龙住宅的客厅

客厅兼饭厅的中央有暖炉，用餐后可以围着暖炉聊天，看上去很温馨。[1927年，勒·柯布西耶设计]

与人对话时的椅子的摆放方式

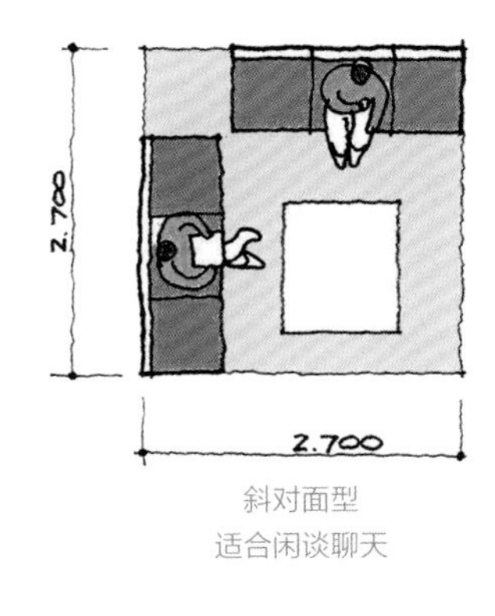

斜对面型
适合闲谈聊天

正对面型
适合日常会话、接待客人

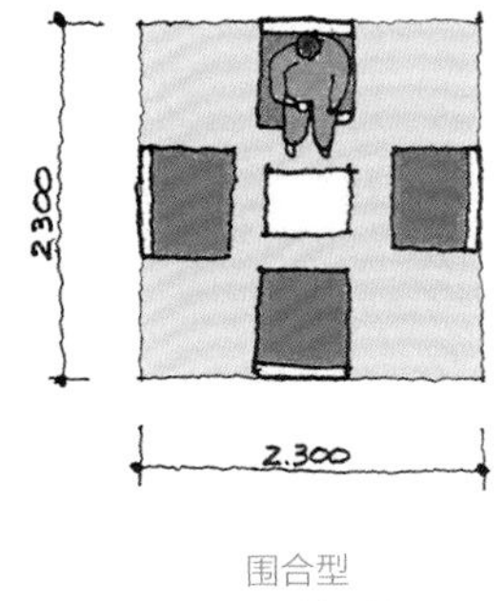

围合型
适合正式的谈话

S=1:100

9 卧室不只是睡觉的地方

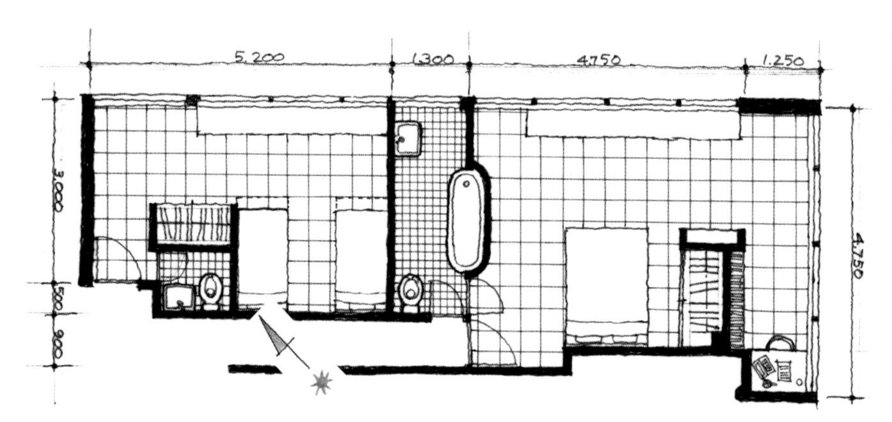

萨伏伊别墅的卧室

收纳、书斋、以及共用浴室的位置恰到好处。

[1931年，勒·柯布西耶设计]

床的大小

根据不同体格、体型以及使用人数，选择床的大小

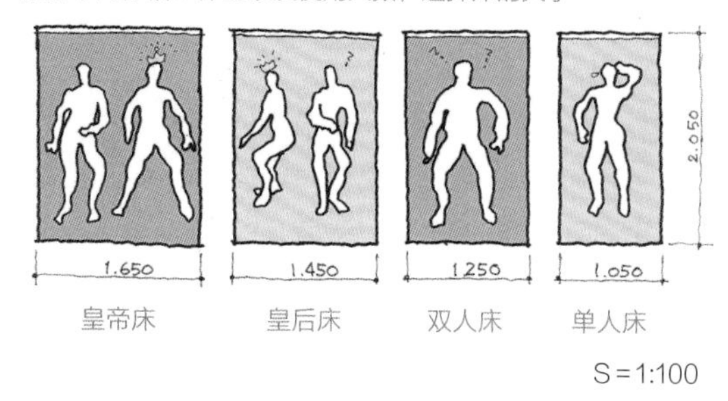

床与卧室的最小尺寸

根据床的尺寸决定卧室的大小

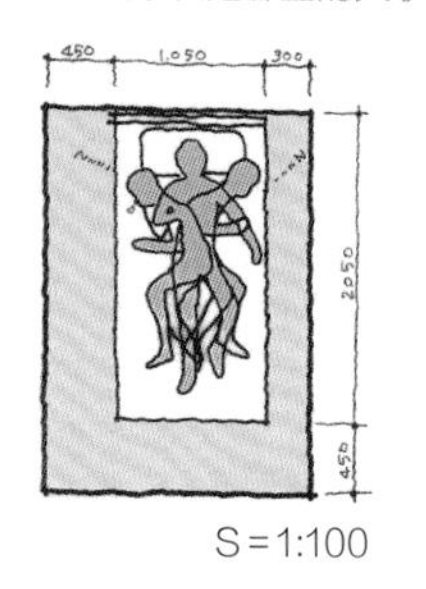

卧室的大小

床、收纳与墙面的距离

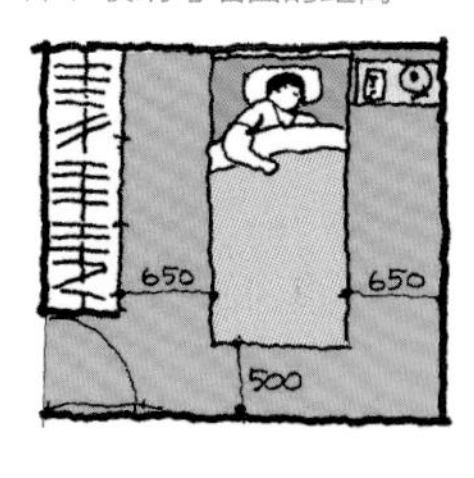

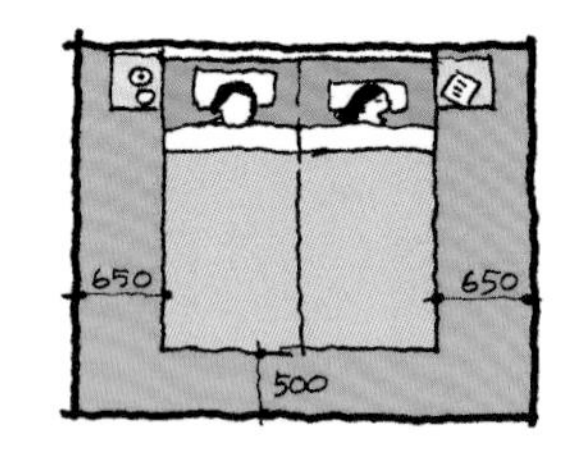

S＝1:100

据说人一生三分之一的时间都在卧室里度过。要想获得良好的睡眠，完全消除疲劳，必须为床和卧室营造良好的环境。

营造良好的环境都需要考虑哪些条件呢？首先床的周围应该留出合适的空间；其次，应该思考卧室的使用方式除了睡觉还有什么。在卧室除了睡觉以外，还要换衣服、化妆、打理仪表，有时候还会在这里读书，需要兼顾书房的功能。所以我们应该根据这些动作空间，准备床头的小桌或化妆台灯等家具。

萨伏伊别墅的两间卧室

萨伏伊别墅的二楼东侧有两间相邻的卧室。一间里面有卫生间，另一间是卫浴兼用，浴槽的形状别具一格，便器和洗脸盆的位置也很独特。

东南角的卧室，两面都是开口，只用衣柜遮挡南来的光线和视线，同时起到分开读书和睡觉这两个功能的作用。

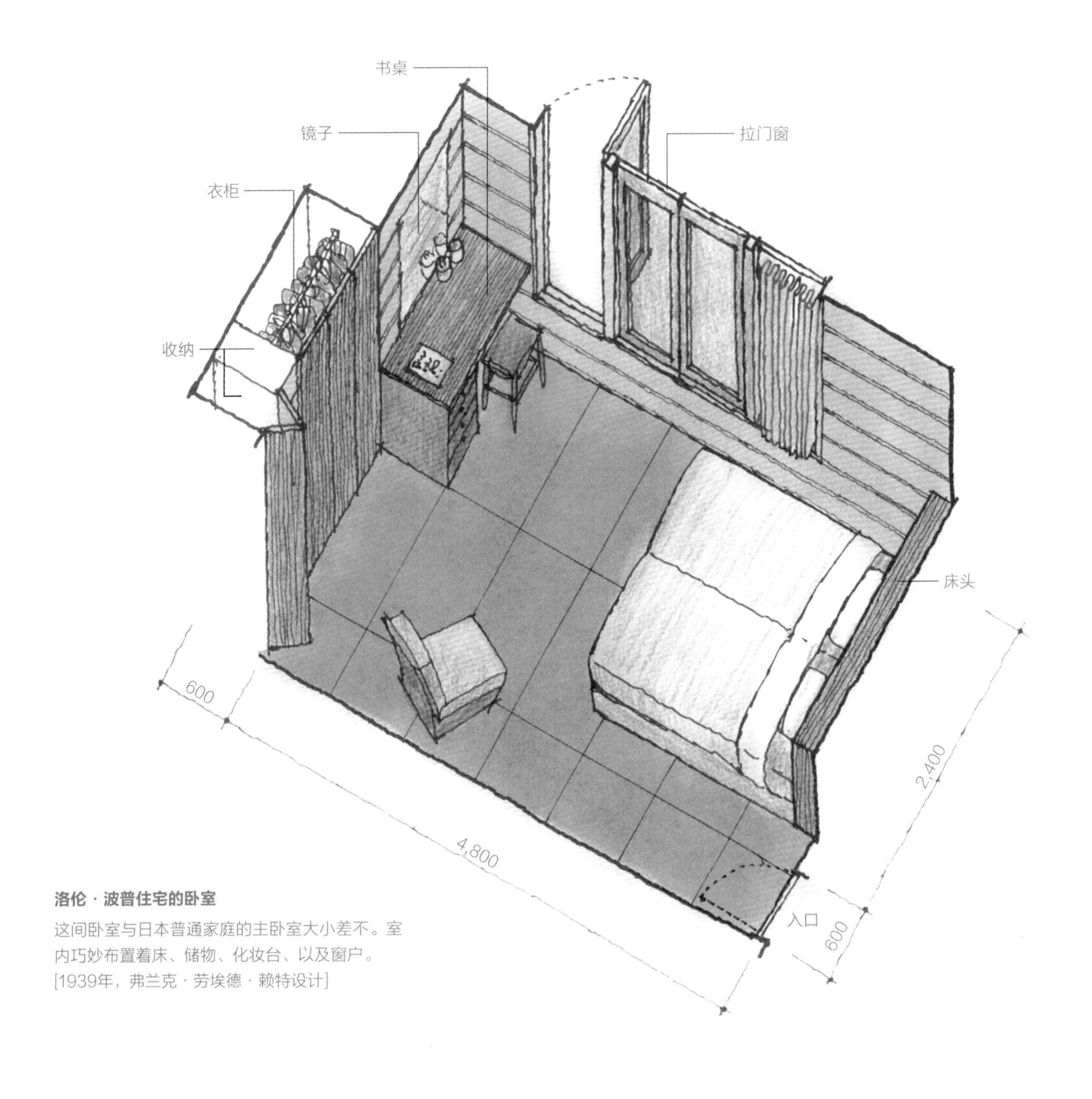

洛伦·波普住宅的卧室

这间卧室与日本普通家庭的主卧室大小差不。室内巧妙布置着床、储物、化妆台、以及窗户。
[1939年，弗兰克·劳埃德·赖特设计]

洛伦·波普住宅的卧室

赖特设计的被称作“美国风格”的住宅（洛伦·波普住宅），与亚洲日式住宅和我国汉唐时期住宅的大小相近。L字型住宅的一端是客厅区域，另一端是卧室区域，区分得十分明确。卧室的大小与我们的卧室相同，而且床、衣柜、窗户的位置也设计得很好，非常值得参考。

多功能床

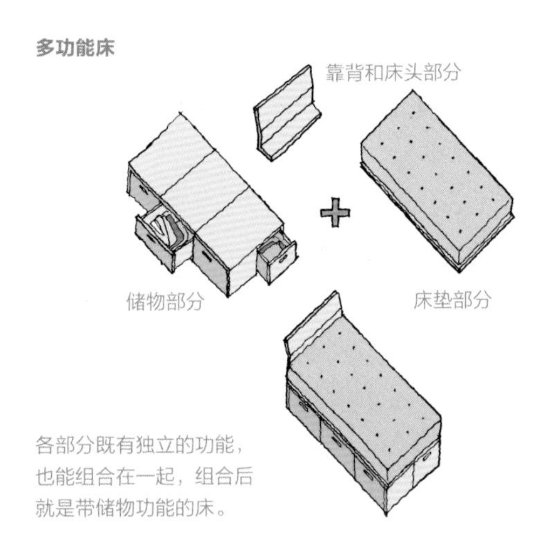

各部分既有独立的功能，也能组合在一起，组合后就是带储物功能的床。

10 厨房应注重操作和功能

范斯沃斯住宅的厨房
站在饭厅朝卧室望去，冰箱和操作台面的高度整齐划一，是嵌入式家具。

[摄影：栗原宏光]

做饭这一操作，有时候需要一天三次，所以厨房这一场所最好不要给操作人带来任何的身体负担。事实上，水槽、燃气灶、台面高度都与身体疲劳有着很大的关系，虽然每个人的身高不尽相同，但近年的操作台通常设计的高度在850~900mm，进深在600~650mm左右。另外，其他还需要考虑的诸如吊柜高度与身高关系等等。

范斯沃斯家都做了什么菜?

范斯沃斯住宅的厨房操作台，高度大约在920mm，进深为620mm，燃气灶和水槽并列摆放，冰箱也设计在与操作台同样的高度。

范斯沃斯住宅是一间将住宅抽象化了的空间，厨房也等同于样板间，所以看上去丝毫没有生活气息也是情有可原。尽管范斯沃斯住宅的用途只是别墅，非主要住宅，但它也提醒着人们要从各种角度去思考生活，从提醒人思考这一角度来讲，它也称的上名作。

范斯沃斯住宅北侧外观。可以看到厨房和饭厅　［摄影：栗原宏光］

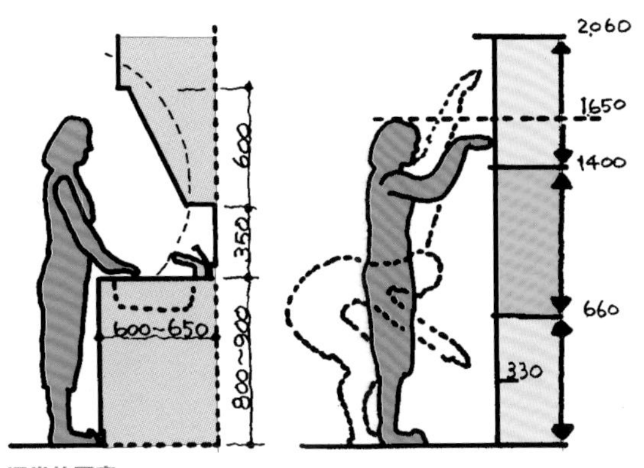

通常的厨房、
操作台和橱柜的尺寸

除了高度以外，还要考虑进深和动作空间。

范斯沃斯住宅的厨房剖面图

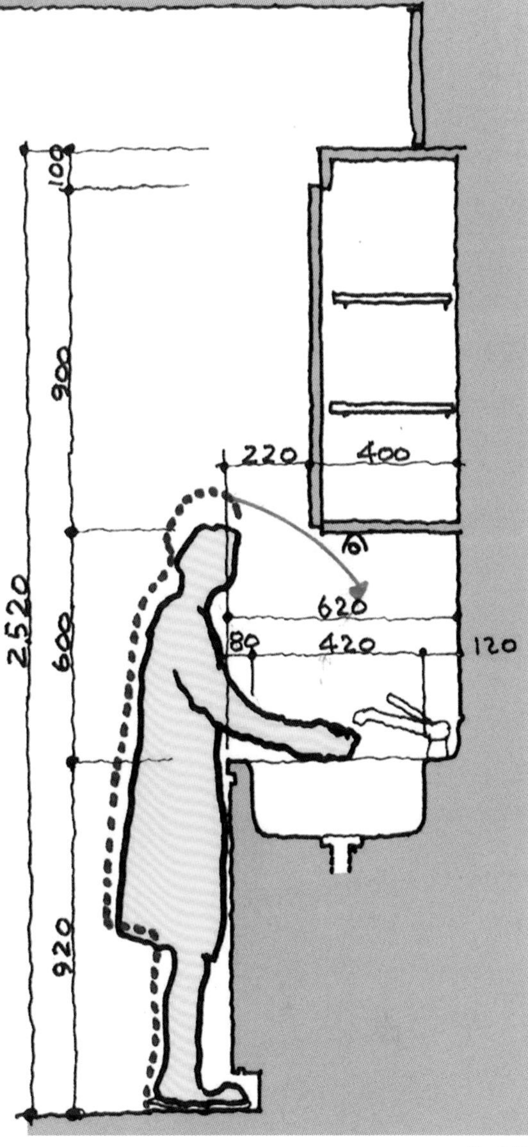

如果让日本女性站在范斯沃斯住宅的厨房里，920mm高的操作台用起来有点不方便，而且吊柜的位置也不合适。

S＝1:20

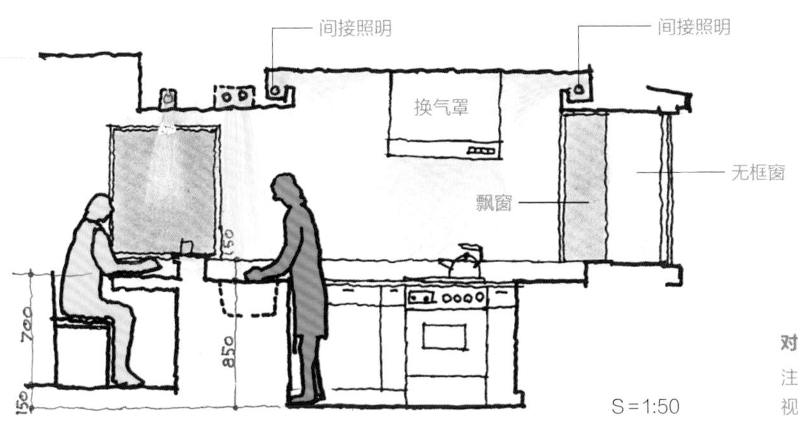

S＝1:50

对面式厨房的尺寸

注意换气罩、照明的位置，以及视线的高度。

11 浴室与卫生间以舒适为主

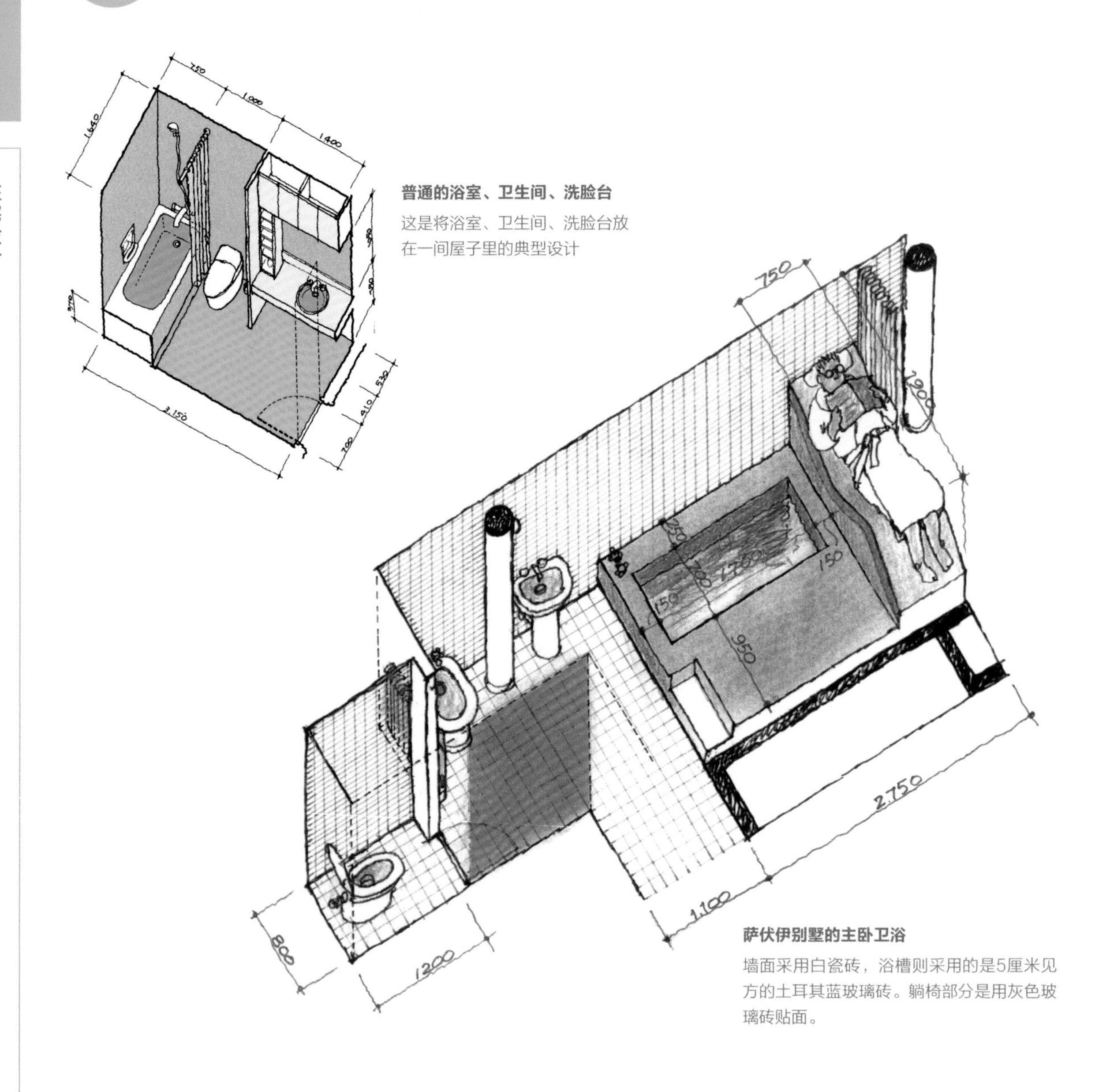

普通的浴室、卫生间、洗脸台

这是将浴室、卫生间、洗脸台放在一间屋子里的典型设计

萨伏伊别墅的主卧卫浴

墙面采用白瓷砖，浴槽则采用的是5厘米见方的土耳其蓝玻璃砖。躺椅部分是用灰色玻璃砖贴面。

当浴室及卫生间并排时，功能足够即可。入浴这一行为除了清洁身体以外，还有消除一天疲劳、放松精神的心理意义。

为此，不少家庭会盖一间具有开放性的露天洗浴感觉浴室或在浴室外加一处洗浴台。

萨伏伊别墅的浴室充满乐趣

所有建筑中，可能没有比萨伏伊别墅的主卧室和与浴室连成一体更有名的了。它与卧室之间只用一个窗帘隔开，天花板上打开一块天窗，能够让阳光从外射入，很有室外的感觉。而且，整间房间没有隔断，连成一体，十分开放，浴槽旁边还专门制作了舒适的躺椅，这些细节都很有独到之处。

萨伏伊别墅这栋建筑改变了人们传统的住宅观念，同时也改变了人们的入浴观念。

萨伏伊别墅的浴室和卫生间

与普通的浴室没有两样

[摄影：栗原宏光]

卫生间的动作空间与实际空间

卫生间里需要考虑收纳毛巾、厕纸、清扫便器的工具等。

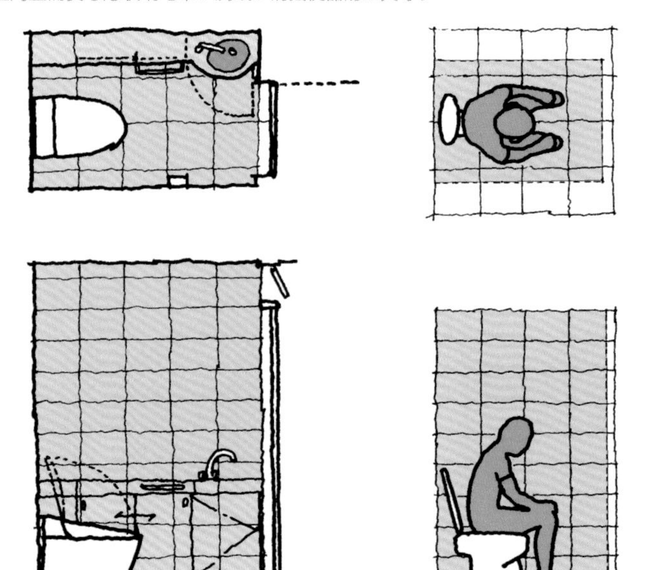

轮椅进入的洗脸台和卫生间的动作空间

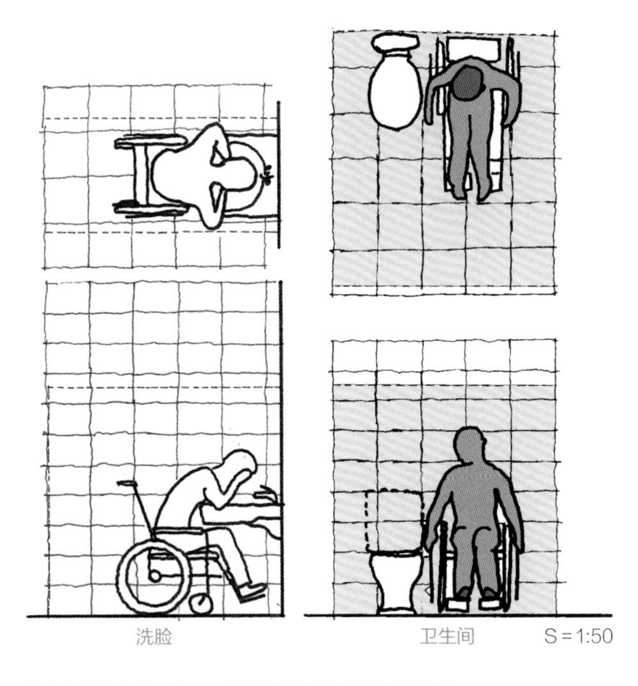

身障人士在洗脸、如厕、入浴时需要安装合适的扶手和辅助道具，同时需要更大的空间。

通常的浴槽、洗脸一体型设计的尺寸

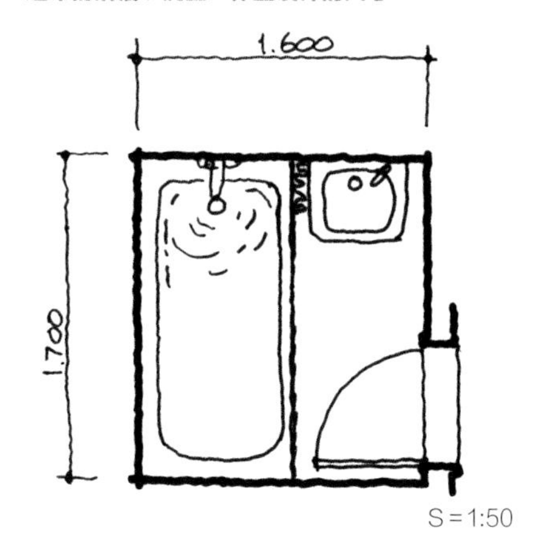

通常的浴槽、洗脸、卫生间一体型设计的尺寸

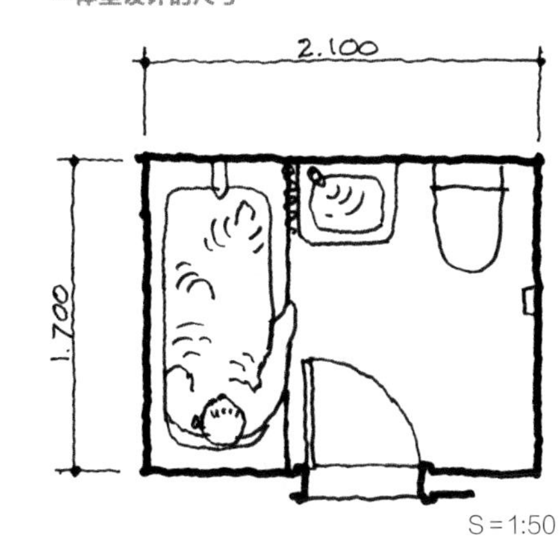

12 上下楼的连接体：楼梯与斜坡

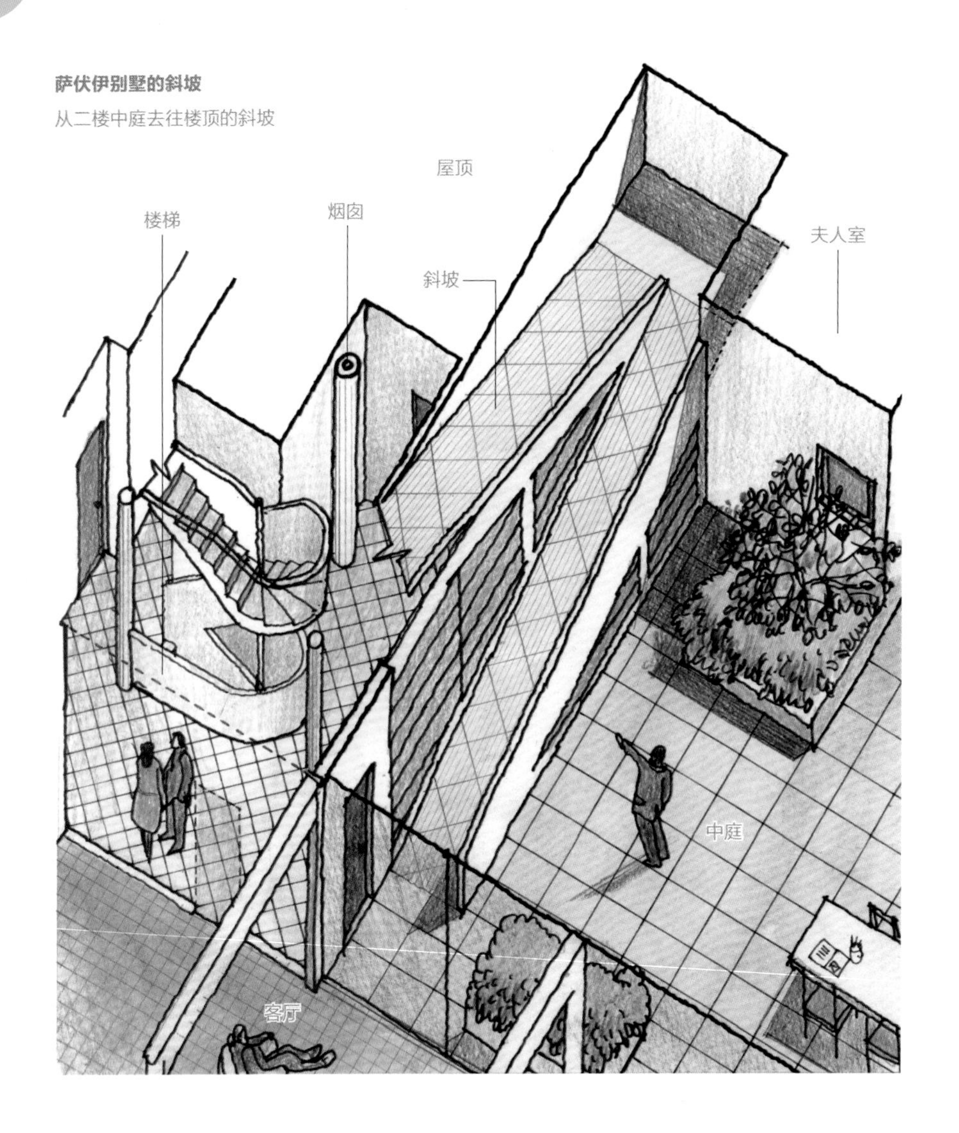

生活中，上楼下楼时需要楼梯或者斜坡，而楼梯是最普通的上下装置。有时候我们会看到中空的房间里设有旋转楼梯，为打造漂亮的空间起到了一定的作用。但楼梯不仅仅是用来装饰空间的，还需要达到安全上下的目的。所以无论从符合住宅形态的角度，还是在设计阶梯的踏步面、踢脚面时都需要注意采用合适的尺寸。

为无障碍人群设计中则一定需要斜坡，这时我们需要了解轮椅上下时的合适坡度。

柯布西耶喜欢斜坡

斜坡不仅使上下楼之间顺利连接，还能让空间连成一体。柯布西耶喜欢设计斜坡，在他的多数作品中都运用到了斜坡。设计斜坡的难点在于：坡度越小，占用的面积则越多。

但在无障碍设计中斜坡是不可或缺的。萨伏伊别墅中虽然也有楼梯，但上下移动的主要手段更多的是斜坡。

斜坡的坡度

踢脚面高度与踏步面的进深

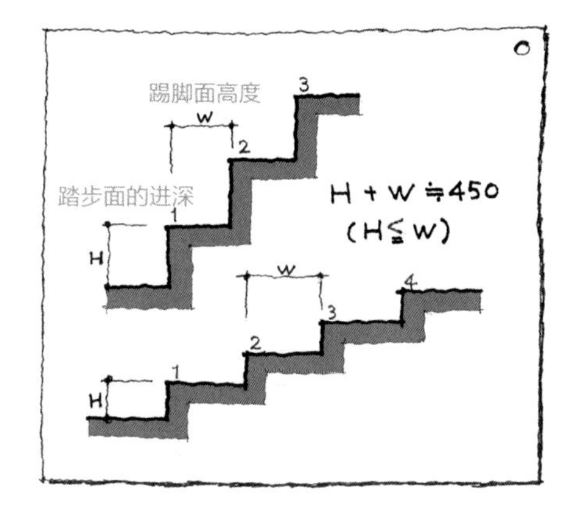

楼梯的种类

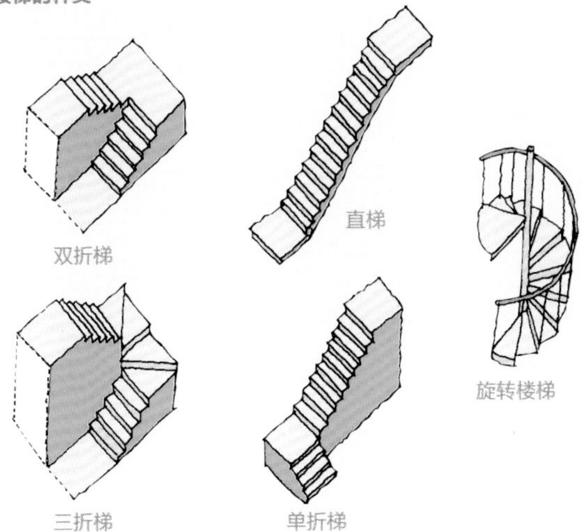

楼梯是地板的变形

楼梯只是楼上的地板变成了阶梯

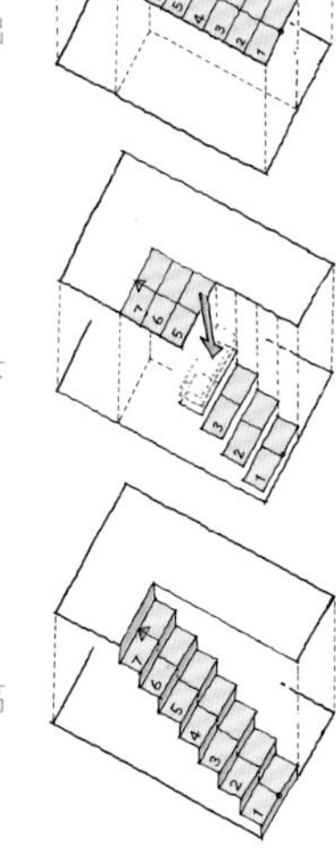

在楼上地板画出连续的长方形

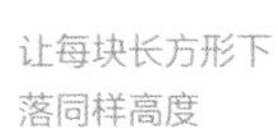

让每块长方形下落同样高度

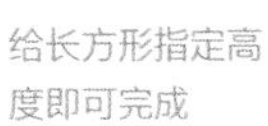

给长方形指定高度即可完成

萨伏伊别墅的剖面图

萨伏伊别墅的斜坡坡度是六分之一。可以从一楼一直走到楼顶，但二楼的斜坡则设在屋外。

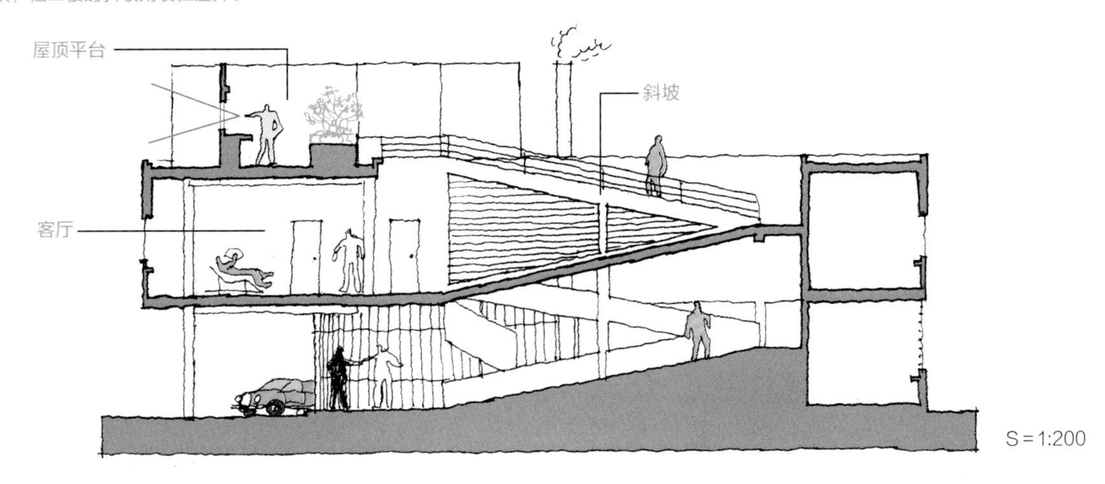

S＝1:200

COLUMN

里特维尔德：从家具设计出发

本书中介绍的七位建筑大师中，大多都没有受过正规的建筑教育，他们是在设计师工作室学习建筑的居多，里特维尔德最开始在工作室里学习的就是家具。由于父亲是家具工匠，他从11岁半就拜了家具工匠为师。他根据父亲的要求，制作了各种各样的家具。当时正好流行赖特设计的家具，里特维尔德也通过制作赖特风格的家具，学到了现代的设计手法。大部分建筑师通常都会专注于设计，很少有人亲自动手制作建筑或家具，而里特维尔德的家具设计和制作却是合为一体的。

家具般的建筑

里特维尔德因设计“红蓝椅”而一跃成名，在他36岁的时候因设计施罗德住宅而进入建筑师行列，出于他特殊的家具设计经验，他对建筑的思考方式在建筑师中颇为独特。当时在西方认为建筑首先应该是坚固耐久的，而他却没有考虑制作久经岁月考验的住宅。就像他从以前制作厚重的传统家具过渡到后来设计“红蓝椅”这般轻巧的家具一样，他认为建筑也没有必要必须厚重和坚固，他从这一思想框架中挣脱了出来。因此，施罗德住宅的轻巧设计，是周围的住宅无法比拟的。

对里特维尔德来说，施罗德住宅并不因竣工而宣告完成，而是随时根据需要不断改变。房主刚开始使用住宅，就提出了许多在设计当初没有考虑到的要求。而且，这栋住宅在某个时期曾经被出租出去过，还在某个时期成为幼儿园，里特维尔德从来没有拒绝过房主的改变要求，他根据使用者对功能的需求几番改建。这种应对需求的灵活态度与他通过自己的双手亲自打造实验性家具的精神是不可分割的。

现在，施罗德住宅被归到博物馆的管辖范围，已经被恢复到了竣工时的状态。我们需要知道的是，现在看到的这个状态对里特维尔德来说，不是终点而是出发点。

（松下希和）

2000年被认定为世界遗产的住宅现在被叫做《里特维尔德 · 施罗德住宅》

5 室内环境设计

 窗户的作用：控制光线与空气

窗户的功能

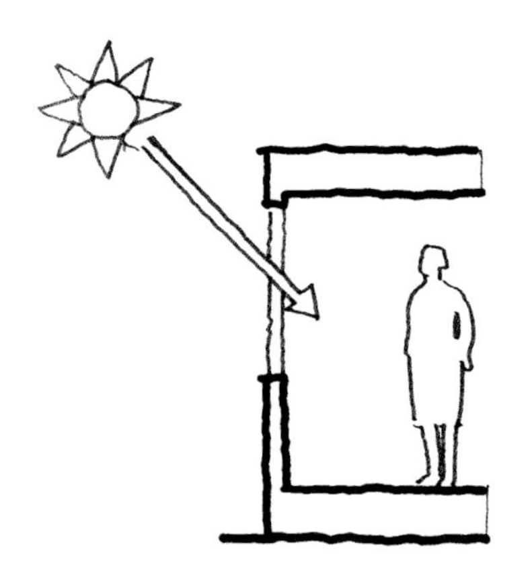

① **采光**

- 对室内明暗的影响。
- 需要注意不要太刺眼。
- 因同时射入热量，要确认方位。

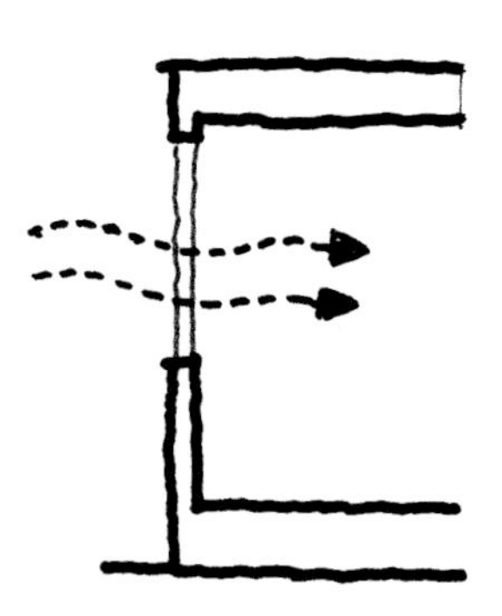

② **换气**

- 进入室内的新鲜空气。
- 建筑所在地点的风向不同换气量也不同。
- 开窗方式与空气流动之间的关系。

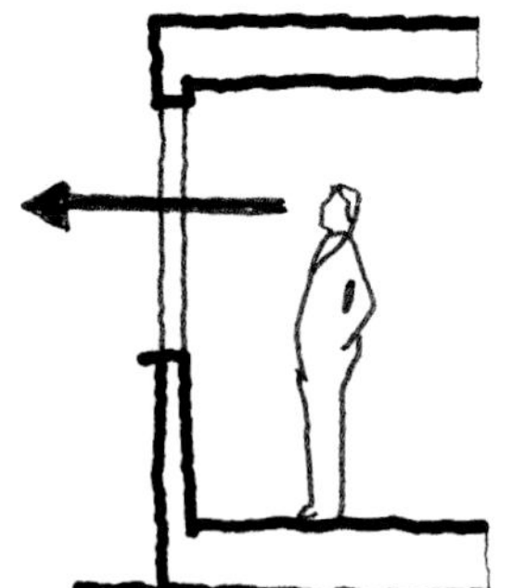

③ **透过视线**

- 可以看到室外的景色，让室内空间显得宽敞。
- 相反要注意从室外也可以看到室内，特别是夜里室内更显明亮，要注意考虑私密性。

室内环境中，除了建筑和家具等物品以外，引起人感到明、暗、冷、暖等感觉的光线和空气，以及声音等眼睛看不到的因素也起着重要的作用。因此我们在制作建筑计划时，也需要考虑如何利用和控制这些因素。

本章重点以光线环境为中心思考对建筑的影响。首先来看看从外面采光和换气的窗户。

窗户——控制日照与换气

窗户是从外面看建筑时最引人注目的元素之一，对它的注重，不仅对外观设计起着非常重要的作用，也影响着室内的舒适程度，因此需要全面掌握它的功能。窗户的功能主要有以下三项：

① 采光；

② 换气；

③ 透过视线。

窗户有各种各样的形状、大小和开窗方式，各自具有不同的功能，设计窗户时需要考虑位置、朝向、大小以及选取符合房间用途的种类。下面列举各种具有代表性功能的几种窗户。

整面落地窗：景色一览无遗

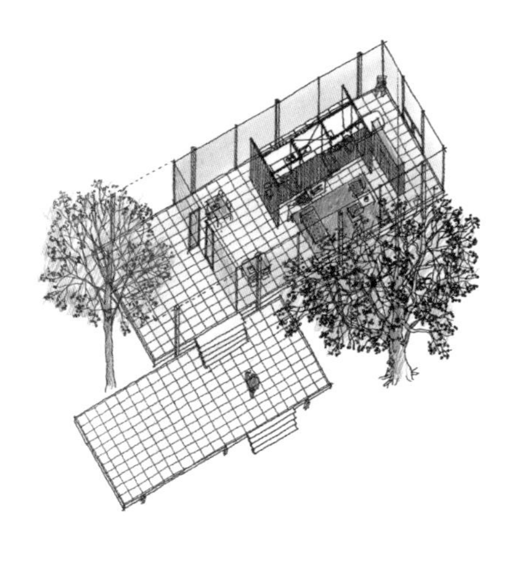

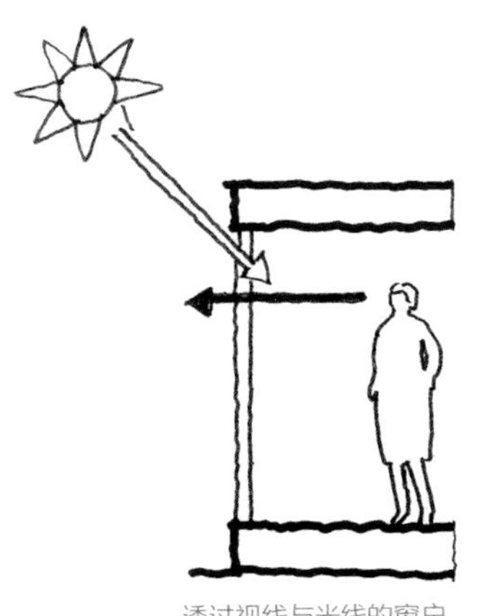

透过视线与光线的窗户

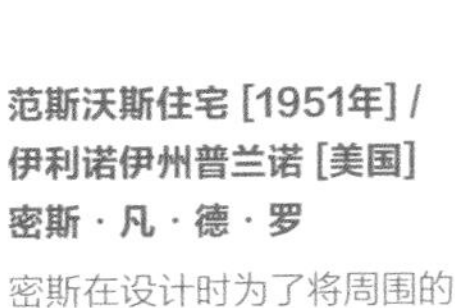

范斯沃斯住宅［1951年］/
伊利诺伊州普兰诺［美国］
密斯·凡·德·罗

密斯在设计时为了将周围的自然环境取入室内，所有外墙均采用了从天花板到地面的落地窗。虽然存在光线过强、室外温度容易影响室内等问题，但还会有身处室内却恍然身处室外，被大自然包围的感觉。

［摄影：栗原宏光］

外墙的整面落地窗的特征是：可以将室外的景色尽可能地取入室内。但是，正如从室内可以眺望所有室外的风景一样，从室外也能看到室内的场景，所以在私密性上要有足够的考虑。同时整面落地窗的采光虽然很好，但某些朝向可能会射入刺眼的阳光，或晒得室内过热。为了遮挡光线可以使用窗帘，能解决一点问题。而要想遮挡室外过高的温度，那么采用双层玻璃，并将玻璃表面加工成反射阳光的方式会更有效果。

需要注意的是，大面积的窗户无论是打开还是关闭都比较困难，所以应该适当分割，用于换气，或者也可以采用其他的换气方式。

范斯沃斯住宅的窗户

范斯沃斯住宅的四面都是从天花板到地面的落地窗，所以可从室内眺望周围宽广而充满绿色的自然环境。但卧室一侧的窗户做了分割，目的是用脚边的小窗来换气。密斯在这些细节上都做了充分的考虑。

墙壁上方的窗口：虽小却照亮室内

母亲之家
[1925年] / 沃韦 [瑞士]
勒·柯布西耶

母亲之家的客卧天花板是倾斜的，向东逐渐升高，天花板垂直的墙面，恰好是天花板的两个高度差的部分打开了一扇窗户，引入了高位光源。从这扇窗户射入的光线首先反射到天花板上再射入室内，让间接光源来照亮室内。这样，不仅可以让光线射入室内范围更大，还可以防止直接光源太过刺眼。

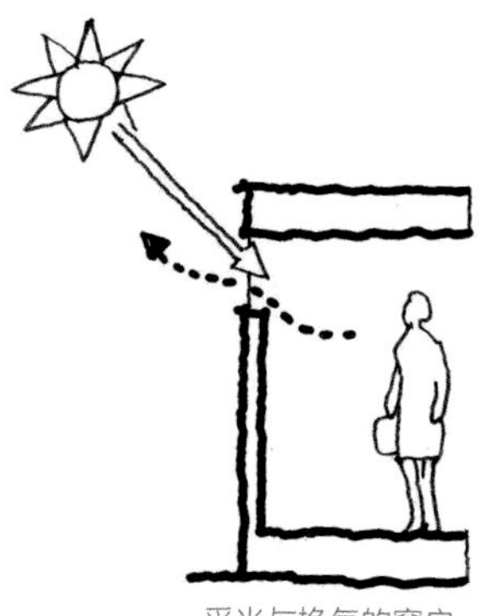
采光与换气的窗户

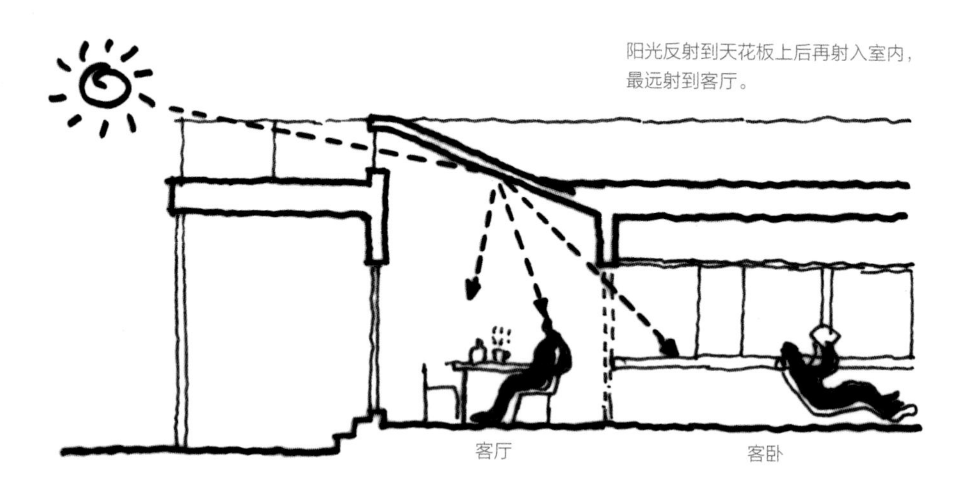

阳光反射到天花板上后再射入室内，最远射到客厅。

在墙壁上方靠近天花板位置安装的窗户，使得射入阳光位置较高。光线先反射到天花板或墙上，再射入室内更远更深的地方。虽然窗户面积较小，却让室内有效地获得了照明。

另一方面，窗户的位置高于人的视线，还可以保证室内的私密性。特别当室外没有什么可欣赏的风景的时候，也可以考虑设计出位置偏高的窗户。

母亲之家的高位光源

母亲之家客卧上方的高位光源朝东，阳光刚好在人醒来的时分射入室内。由于客卧与客厅之间的隔断是可以移动的，如果打开隔断后，高位光源可以反射到客厅的位置。但是这个窗户是无法打开的，所以没有换气功能。

让外墙从建筑结构中获得解放：横向连续窗口

体现横向窗户与纵向窗户区别的草图

通常的纵向窗户（右图）使得室内采光不够均衡，而采用横向水平排列的窗户（左图）则可以保证室内整体获得均衡的光线。

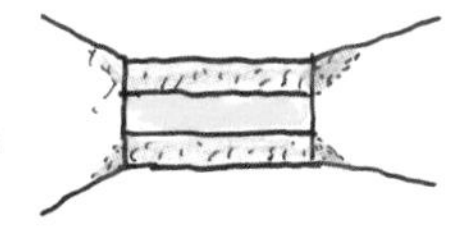

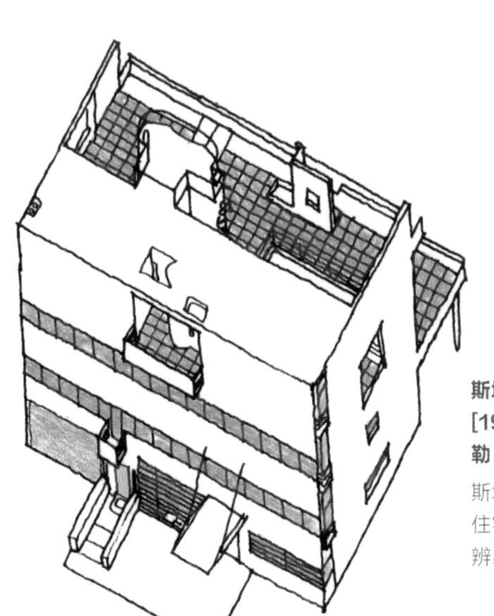

斯坦别墅
[1927年] / 嘎尔什 [法国]
勒·柯布西耶

斯坦别墅是斯坦家与德·蒙兹家这两家人的住宅，从外墙的横向连续窗户设计上很难分辨出两家之间的界线。

现代建筑以前的建筑，外墙是要支撑建筑结构的，在墙面上打开的窗户面积不能妨碍墙壁的承重，为此大多数建筑物的窗户形状都是纵向的长方形。柯布西耶则在室内建柱子来代替外墙的承重，使得窗户的面积变得更自由。窗户变成横向长方形后，可以欣赏大视角的外景，同时与纵向长方形窗口不同的是：可以让进入室内的光线均匀布满室内。另一个优点是，横向长方形更容易分割，窗户的打开和关闭更容易，也就更适合自然换气。

斯坦别墅的窗户

这是柯布西耶在初期作品中采用了横向连续窗户的典型案例。横穿外墙的两行窗户在外观上也引人注目，并且可以看出外墙不再担负承重的任务。上图所示建筑的另一面墙上，也在稍高的位置采用了连续的横向窗户，这是柯布西耶在这一时期频繁采用的窗户形式。

5 形式特点各有不同：可开关的窗户

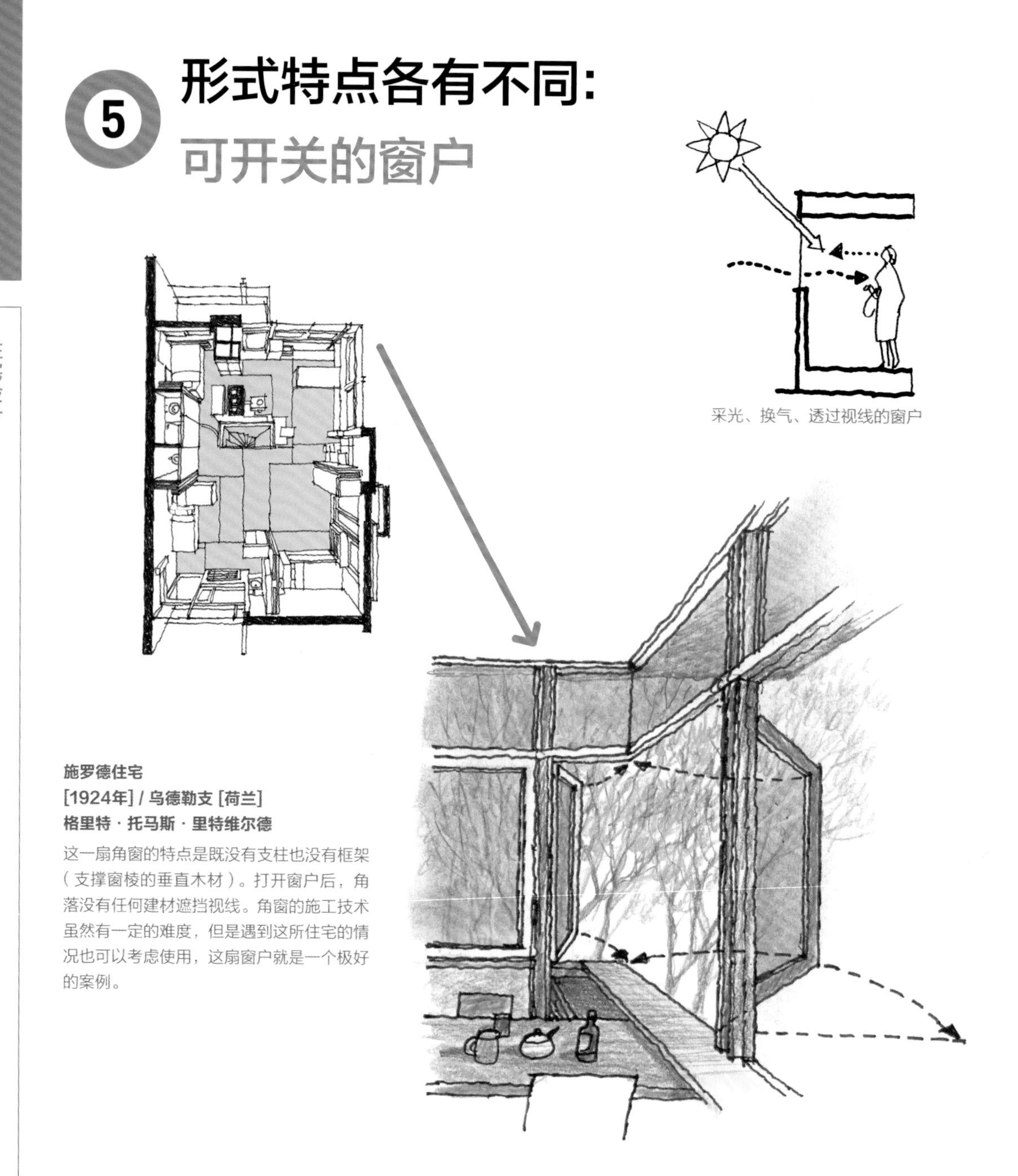

采光、换气、透过视线的窗户

施罗德住宅
[1924年] / 乌德勒支 [荷兰]
格里特 · 托马斯 · 里特维尔德

这一扇角窗的特点是既没有支柱也没有框架（支撑窗棱的垂直木材）。打开窗户后，角落没有任何建材遮挡视线。角窗的施工技术虽然有一定的难度，但是遇到这所住宅的情况也可以考虑使用，这扇窗户就是一个极好的案例。

这一节所讲的窗户，是最经常被采用的类型，位置比腰部稍高。它采光好，透过的视线也好，并且可以开关，换气也不错。窗户的打开方式有平开窗、拉开窗、单平开窗、推开窗等，在日本采用较多的是拉开窗。因为拉开窗有重合的部分，只能打开窗板的一半，但平开窗则可将窗板全部打开。推窗的好处是可以诱导风向，对换气可以起到很好的辅助作用。制定建筑计划时，了解各种窗户的特征是非常有用的。

施罗德住宅的角窗

这栋住宅中采用了不少可以打开的窗户，最令人印象深刻的是饭厅一角的角窗，两扇窗板全部打开后，房间的角落突然消失，视野变得宽阔，饭厅与室外浑然一体。但是这种大开的窗户需要承受很大的风力，需要兼顾其安装的牢靠性。

效率虽高但更需慎重：天窗

采光的窗户

照亮萨伏伊别墅浴室的天窗

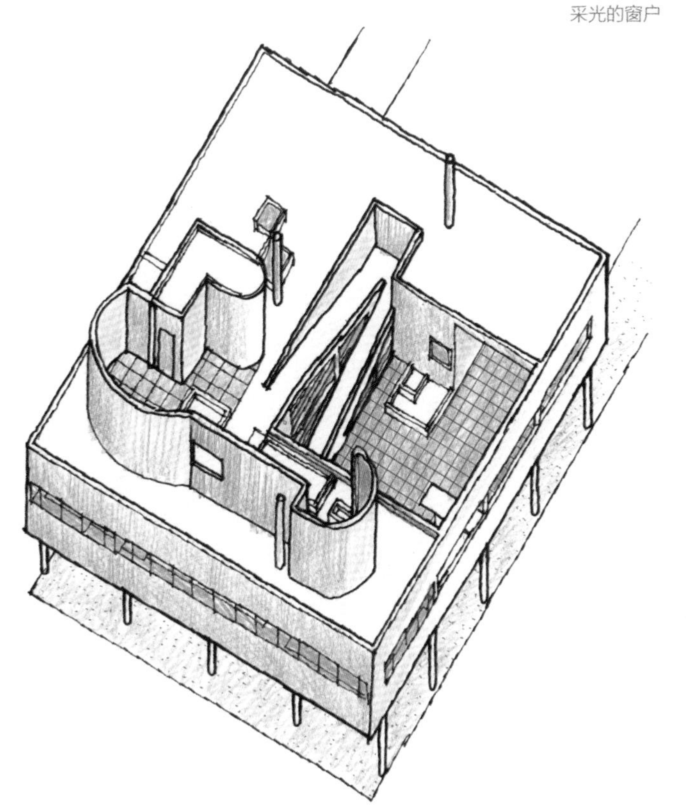

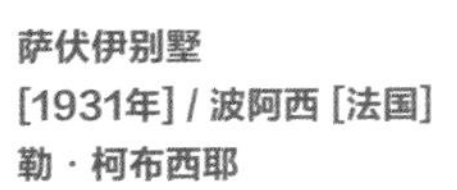

萨伏伊别墅
[1931年] / 波阿西 [法国]
勒·柯布西耶

为浴室和卫生间等私密性较强的房间设计的天窗。屋顶花园的地板上看到的几个天窗是与花坛作为一体设计的。

天窗是不在建筑墙面而在屋顶上打开的几个窗口，无论季节如何变化，都能获得较好的采光，是采光途径中最有效的方式。没有建筑外墙的房间或建筑内侧的房间、以及私密性较高的房间都可以采用这一方式。

天窗的优点是日照较少也能获得大面积采光，使房内足够明亮，但是依然存在着热量同光线一起进入、以及直射阳光容易刺眼的问题。而解决这些问题需要隔热或遮光，或采用双重玻璃，或利用百叶，设计时可以在这方面多下功夫。其次，屋顶开窗的地方也是最容易漏雨的地方，在设计时需要慎重考虑。

除了玻璃以外，不易破碎的抗热性优秀的树脂等新建材也常被采用。

萨伏伊别墅的天窗

在萨伏伊别墅中，天窗主要设置在四周窗户进来的光线照射不到的，且靠里面的部分，如走廊、浴室、卫生间等私密性较高的房间，天窗的采光效果非常好。

7 守护个人隐私：孔状窗口

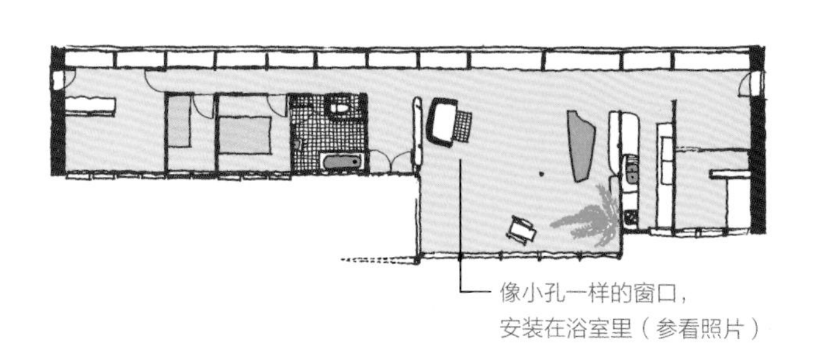

像小孔一样的窗口，安装在浴室里（参看照片）

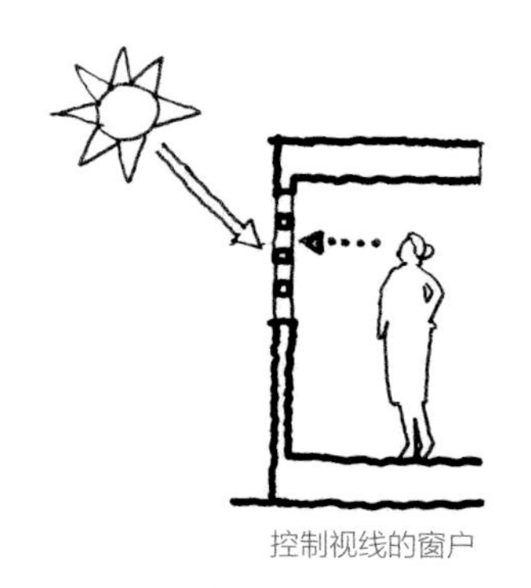

控制视线的窗户

南锡私宅
[1954年] / 南锡 [法国]
简·普鲁威

用作墙壁的铝合金板是由工厂生产的工业产品，小窗的形状也由于工业生产方便而没有采用四角形而是圆形。住宅中极少用到的这些孔状小窗为这栋住宅增添了别样情趣。图中窗帘后面的最上方一排窗户上有一处小孔装了换气扇，用于换气。

在外墙打开了无数小孔的窗户，虽然不太常见，但由于窗孔较小，从外面看到室内不太容易，所以适用于浴室等需要私密性的房间。这里的部分外墙采用了玻璃砖，可以学习这一手法，玻璃砖是双重玻璃，具有隔热性。

由于窗孔太小不易开关，所以换气需要考虑采用机械换气等方式。

南锡私宅的小窗

南锡私宅的浴室、洗脸台是在工厂事先组装好的，由1m宽的铝合金板组成，每张金属板上开了12个小孔，小孔就是房间的窗户。

这些小孔为洗脸台摄入了充足的光线，同时阻挡了外部的视线，充分保证了房间的私密性。由于小窗不能打开和关闭，解决换气问题的方式是在其中的一个小孔上安装换气扇来代替玻璃。厨房的窗户也和这里是一样的。

8 控制日照：带遮阳的窗户

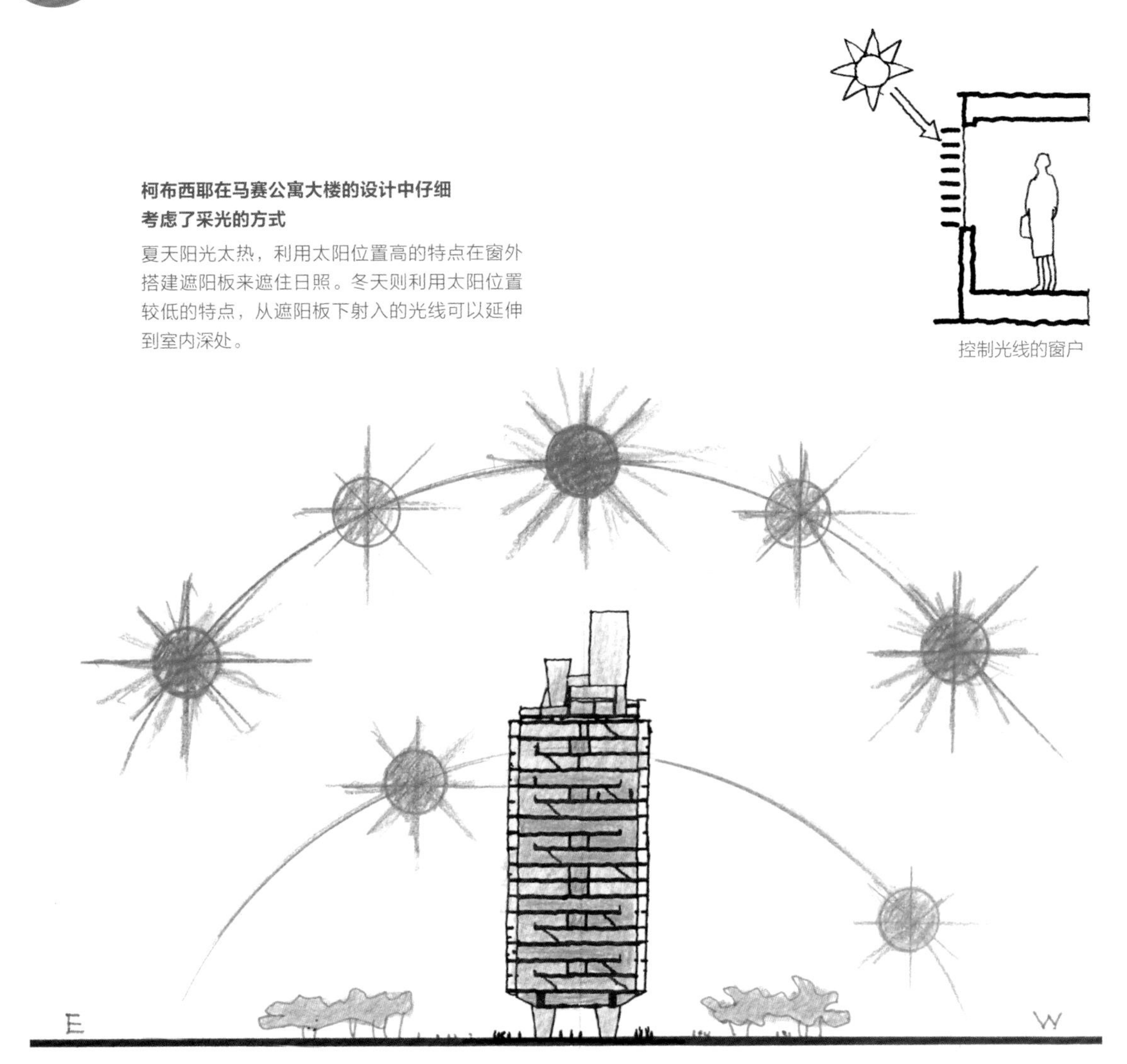

控制光线的窗户

柯布西耶在马赛公寓大楼的设计中仔细考虑了采光的方式

夏天阳光太热，利用太阳位置高的特点在窗外搭建遮阳板来遮住日照。冬天则利用太阳位置较低的特点，从遮阳板下射入的光线可以延伸到室内深处。

在日照强烈的夏天，需要考虑如何挡住外部的热量进入室内，如果在日照射入屋内之前就能将阳光挡在窗外，会比较奏效。

窗外设置的具有遮阳功能的代表性物品是遮阳板，要想设计合适的遮阳板，需要知道遮阳板的进深、长度以及开口朝向和太阳的高度。阳光的方向也因季节不同而改变，所以遮阳板也可以换成可调节角度的百叶。而冬季则与夏季相反，需要更多地吸收阳光。仔细考虑阳光的季节性来做设计，才能使室内一年四季都能形成舒适的居住环境。所以设计时，在如何利用日照方面需要多思考。

法式遮阳板（Brise Soleil）

法式遮阳板是为了遮挡光线在窗外安装的百叶，与建筑形成一体。Brise Soleil一词是柯布西耶命名的，他很喜欢将此用于他的建筑环境控制构件。他通过思考马赛公寓大楼与太阳高度的关系，设计了横向和部分纵向的水泥板百叶。

完善光环境：照明计划

阿尔托的建筑化照明

赫尔辛基理工大学图书馆
[1969年] / 赫尔辛基 [芬兰]
阿尔瓦 · 阿尔托

阿尔托经常采用建筑化照明的手法。这个图书馆的采光部分是阳光从两个方向照射倾斜的天花板。天花板被照亮后，整个室内都显得明亮。而在阅读的地方，则另配有桌灯。

阿尔托设计的赫尔辛基理工大学
[现：阿尔托大学]

白天自然光不足的房间或夜间都需要使用人工照明。而照明的设计大致可分为整体照明和局部照明两大类。

整体照明指的是房间内部均匀照射的方式，局部照明指的是在需要的地方重点安装灯具的方法。局部照明通常都是需要照射某种操作，比如放在书桌上的台灯。

有效果的照明并非是让室内布满均匀的光照，而是指根据房间的用途和大小在合适的地方设计合适的光照。而且，光设计明处还不够，还需要设计暗处，才能让房间更有进深感和立体感。

具体的照明设计可大致分为将光源嵌入建筑的照明（建筑化照明）以及在墙上、天花板上安装，或者放在床边、桌子上的独立照明。

建筑化照明的光亮

建筑化照明是在建筑中嵌入光源，让它反射到天花板或墙上，间接照射室内的方法。设计师可以

各种灯具

从建筑到灯具、家具都由雅各布森设计的SAS皇家酒店的606号房间。除了天花板上的照明以外，每个需要的场所都有局部照明，酿造出了室内温馨氛围。

其他还有筒灯、射灯、装饰吊灯、支架灯、脚边灯等各类灯具。

将灯具藏在建筑体中，直接看不到光源，让照明设计符合房间氛围，更具个性。

日常使用灯具的光源

如上图所示，灯具的种类多种多样。用于房间整体照明的主要有吊灯以及镶嵌在天花板内的筒灯。建筑化照明以及支架灯主要用于照射墙壁或天花板，由此能够反射光线，又被称为间接照明。落地灯、台灯、桌灯多用于局部照明，其优点是移动方便，可随时挪到需要的位置。我们日常使用的灯具有：白炽灯、荧光灯、卤钨灯、金属点射灯，最近较常用的还有LED类的节能灯。设计师需要了解各类灯的特点和合适的安装地点。

接下来的几页中，将为大家介绍七位大师设计的灯具。

⑩ 营造情调空间：用于装饰的灯具

Gold bell [1937年]
阿尔瓦·阿尔托 [Artek]
右图是这一现代灯具在餐厅（Savoey Restaurant）使用的情形。

Artek-BILBERRY灯具 [1950年后期]
阿尔瓦·阿尔托
这是为路易·卡莱住宅设计的灯具。除了照射墙上的画以外，还可以用于照亮暖炉周围，以及作为阅读书籍或报纸时的阅读灯。

建筑师亲自设计灯具，通常是为了让灯具与建筑搭配。这里介绍的两位北欧建筑师——阿尔托和雅各布森，都曾设计过无数灯具，而且直到现在，他们设计的产品依然在生产和销售。尽管他们本来是为了特定的场所而设计的。

阿尔托的灯具

在阿尔托的一生中，都会为自己所设计的建筑专门设计灯具，并一直不断改进。Gold bell是为餐厅Savoey Restaurant做内装修时设计的吊灯，金色的黄铜制成的吊钟形状的灯罩，发出的暖色光线不仅照亮了餐桌，灯罩边缘设计的小孔也扩散了光线，使周围光线变得柔和。但由于白炽灯的缺点是容易发热，之后阿尔托又亲自生产了改进版，并起名叫BILBERRY，这种灯是左右不对称的吊灯，是为美术收集家卡莱的住宅专门设计的，作为照亮墙

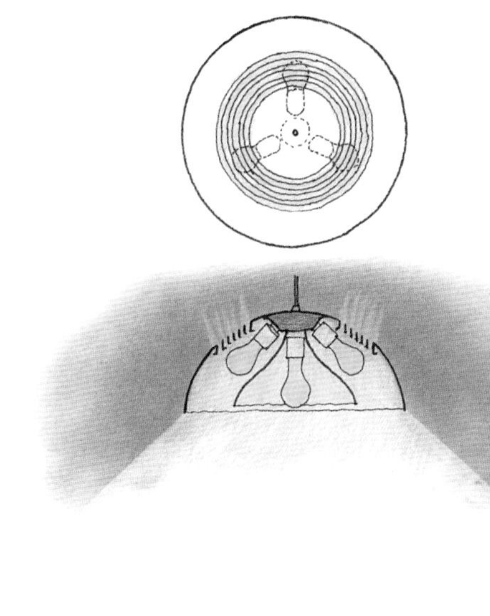

AJ皇家
[1959年]
阿纳·雅各布森

简洁的几何形状中放入了4个光源，分别照射上下方。

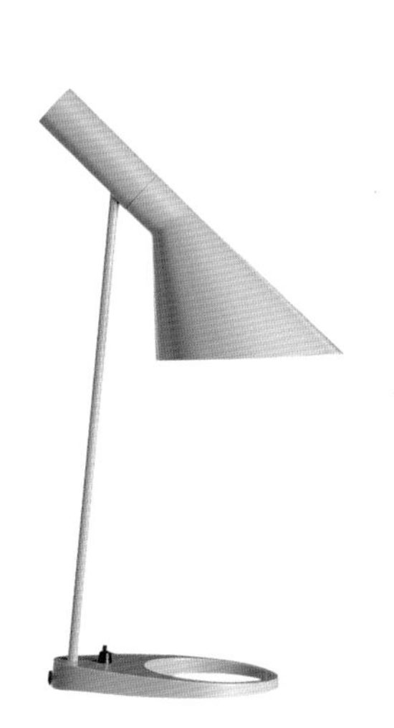

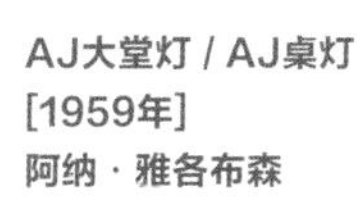

AJ大堂灯 / AJ桌灯
[1959年]
阿纳·雅各布森
灯罩的颜色有很多，但灯罩内侧都为了更好反射而涂成白色。

上的绘画以及为手边提供照明而使用的。这个灯具可以旋转到需要的角度照射。由于其灯罩的可爱造型，也被亲昵地叫做“越橘果”，这一造型即使在不开灯的时候也成为了室内漂亮的装饰。

雅各布森的灯具

上图中的灯具，都是雅各布森为哥本哈根的SAS皇家酒店设计的，他也由此而成名。其中名叫“AJ皇家”的吊灯，半球形的灯罩不仅照射下方，从上方的百叶透出的光亮更柔和地向上方扩散，照射着天花板。这种灯主要用在饭厅和大堂，营造温馨轻松的气氛。而AJ大堂灯的特点则是它斜切的圆锥形外表，同样可以调节照射需要的角度。而AJ桌灯则比AJ大堂灯矮些，主要放在桌上用来照射较低的位置。无论是AJ桌灯还是AJ大堂灯，都是为了获得扩散光而设计成有较大的灯罩。

⑪ 既是雕塑也是建筑的一部分：灯具

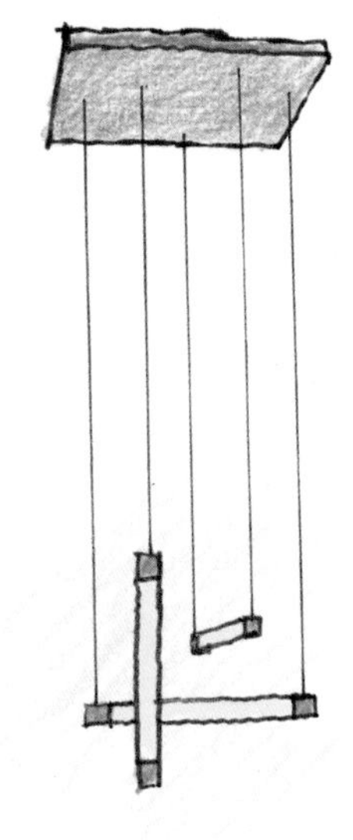

吊灯
[1920年]
格里特·托马斯·里特维尔德
强调了材料的水平与垂直的线条构成，如同雕塑般的设计。

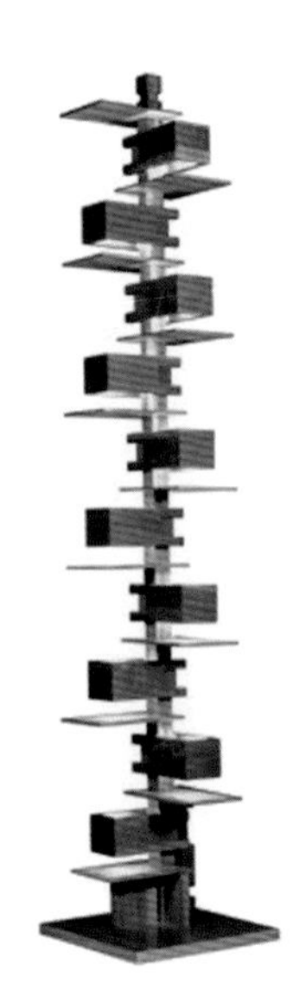

（左）塔里埃森1，（右）塔里埃森2
[1925年]
弗兰克·劳埃德·赖特
采用暖色樱桃木制作的灯具。
[照片提供：Yamagiwa株式会社]

设计灯具有一个追求雕刻形态的过程。里特维尔德的吊灯与他的家具设计一样，沿袭了风格派的原理，强调了材料的水平和垂直的线条构成。赖特的灯具也同样沿袭了他的风格，为自宅（塔里埃森）设计的灯具中，特别是大堂灯（塔里埃森2）除了具有照射功能以外，从木块造型中透出的光线更强调了灯具的形态。

然而，普鲁威的灯具设计则很朴素，他设计的在墙面固定的灯具可以直接看到光源，而且可以自由调节到需要照射的角度，这种经济性和合理性也反映了他的设计风格。

密斯的设计也有自己的特色，与阿尔托和雅各布森的设计不同，后两者是为特定的房间设计特定的灯具，而密斯设计的灯具的特点则在于：无论房间是什么用途都可安装的通用灯具。

从这些特点中我们可以看出，这七位建筑大师虽然对空间照明同样重视，但在设计灯具的理念上却各具特色。

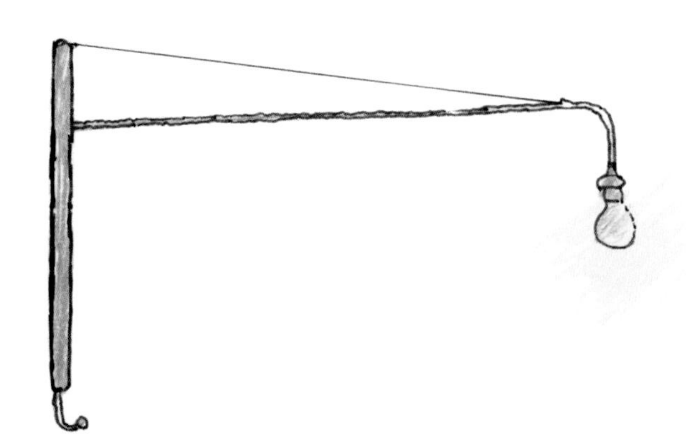

秋千吊灯
[1950年]
简 · 普鲁威

直接可见光源。固定在墙壁上的灯。可以自由调节角度，照射需要的方向。

吸顶灯
[1930年]
密斯 · 凡 · 德 · 罗

简单的玻璃制吸顶灯。镀铬的固定部分让人想起巴塞罗那馆中使用的十字形柱子。

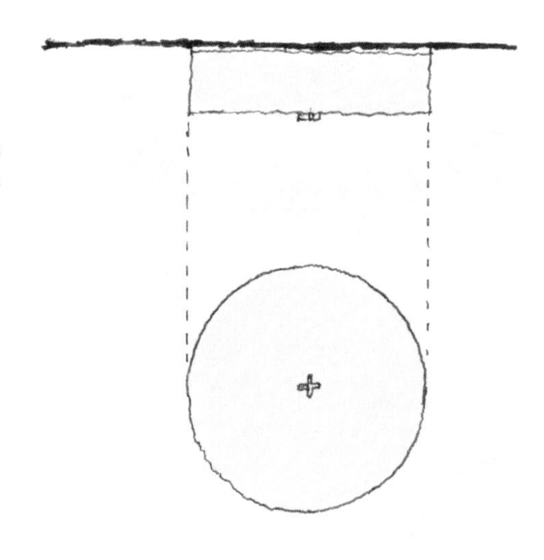

萨伏伊别墅
[1931年]
勒 · 柯布西耶

灯具本身并不显眼，但与建筑融合一体，如同建筑体中的一条线。光源照射天花板，采用间接照明使室内变得明亮。

12 自然光与人工照明的结合

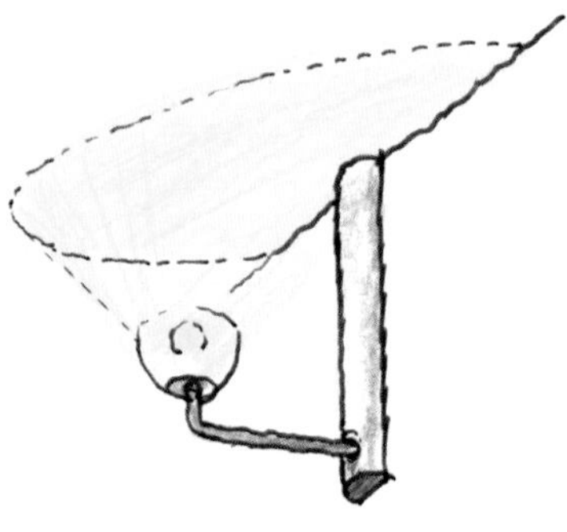

灯罩内侧被涂成白色，灯光照射天花板后反射到室内。这一设计是考虑了病房里的结核病人躺在床上时，天花板上的灯光不会感到太刺眼。

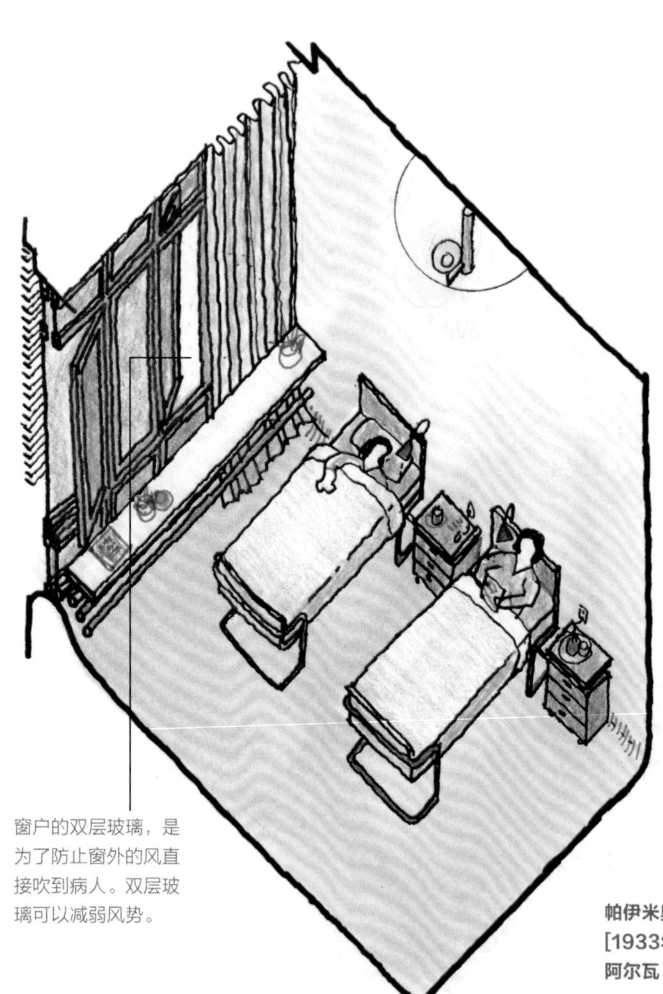

窗户的双层玻璃，是为了防止窗外的风直接吹到病人。双层玻璃可以减弱风势。

帕伊米奥结核病疗养院
[1933年] / 帕伊米奥 [芬兰]
阿尔瓦·阿尔托

大家都希望白天最好不要依靠人工照明，尽量使用自然光生活。但是，因为时间段或天气的原因，仅靠自然光的亮度是不够的，所以还是需要灵活运用自然光和人工照明的结合，设计综合性的照明计划。在制作照明计划时需要注意的是：不能只考虑光线是否足够，还要考虑光的性质和光源是否适合在室内活动的人们。

为躺在病床上的病人设计的光照环境

让我们来看看阿尔托的作品案例。上图是结核病疗养院的病房，房间一侧是大面积的窗户，可以眺望森林和庭院，自然光和风都从这里通过。阿尔托设计人工照明时，为了让一整天躺在病床上的病人不会感到太刺眼，他没有使用通常的吸顶灯或吊灯，而是让光源向上照射天花板，而不直接进入病人的视野范围。同时天花板的颜色除了被照射的范围以外都涂成了暗色，打造出一个安静的室内氛围。

维堡图书馆
[1935年] / 维堡 [俄罗斯]
阿尔瓦 · 阿尔托

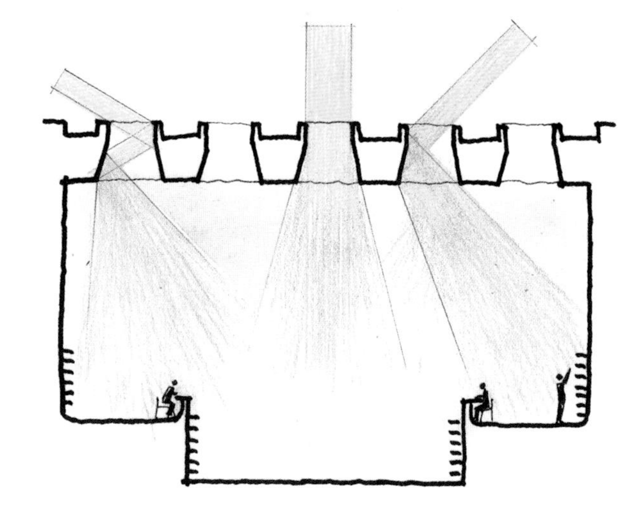

透过天窗的自然光

太阳光无论从哪个角度进入，都可以通过窗户的大小和天花板的形状让光照扩散后射入房间。

人工照明

天花板上安装的带反射板的灯具不是直接照射在地板，而是先照射白色墙面，光线反射后再向多个方向扩散。

适合读书的环境

阿尔托设计维堡图书馆时，他认为：“图书馆的设计中，第一个要考虑的就是光线”，于是在灯光的设计方面竭力追求极致。他认为，与其采用直接光源照射出强烈的光线，不如让光源从各种角度反射回来，让扩散的光照斜射在书上，这样，无论人用什么姿势读书，手边都不会感到太暗，从而不为光线问题所扰，集中阅读书籍。而在图书馆的书架这一部分，为了尽快找到排列在书架上的书，最好能让光线照射到所有书的背面。于是他考虑在高高的天花板上，以天窗形式让自然光射入，并为了让光线更好地扩散，仔细设计了天花板的剖面形状。在人工照明方面，同样为了保证光源的质地均匀，他采用了带反射板的灯具。不仅可以让光源扩散，并且当光线照到白色墙壁上后反射回来，就可以从斜上方照到打开的书上。

这里除了整体照明以外，报纸架、书桌等处都采用了特殊的桌灯设计，综合打造出了一个舒适的读书空间。

COLUMN

赖特留给世人的遗产

帝国饭店的建设

日本从明治时代开始进入大正时代，同时也进入了一个近代化高速发展的时期，从国外来日本访问的客人逐渐增多，为了迎接这些客人，日本当时急需建成西欧式的住宿设施，为此日本政府专门成立了饭店建设委员会，委员会将饭店的设计委托给了赖特。以前从国外请来的建筑师们，都会设计适合欧美样式的建筑，而赖特则在仔细调查了日本的传统、地势、风土人情等各项条件以后，将“尊重日本的文化和传统”这一理念加入了饭店设计的主题中。

大谷石与石匠们的技术

日本北关东出产的大谷石吸引了赖特的目光。大谷石属于凝灰岩，当时主要用来造门和围墙，因石面粗糙且容易风化，所以价格很便宜。当委员会知道赖特要将如此廉价的石材用于帝国饭店时，曾极力反对，认为这种石材用于迎接国外来宾的饭店不够档次，而赖特则不断强调使用大谷石的重要性。他说：“大谷石是日本特有的石材，虽然它质地粗犷且不修边幅，但却没有花岗石或大理石那种又硬又冷的感觉，而是让人感到柔和而温馨。”赖特坚持了他的主张，不断耐心说服委员会，最终获得了委员会的同意。我想赖特当时一定感觉，与其用华丽装饰的空间迎接客人，不如直接运用当地特有的素材，更能反映日本的低调精神吧。

赖特的遗产

毫无疑问，旧帝国饭店是赖特为世人留下的遗产之一。

实际上，他还为我们留下了一个更宝贵的遗产。当我们访问大谷地区时，可以看到赖特的影响甚至流传到了石匠们的工艺中。当地的仓库以及公共设施的外墙上的巴黎艺术装饰，是石匠们当时盖旧帝国饭店后带回来的，以前这些装饰从未被采用过，而这些都是他们通过建设帝国饭店所学习到的成果。

石匠们的确在赖特那里学到了不少东西，但我想赖特也一定从日本的石匠身上吸取了一些精华吧。

（中山繁信）

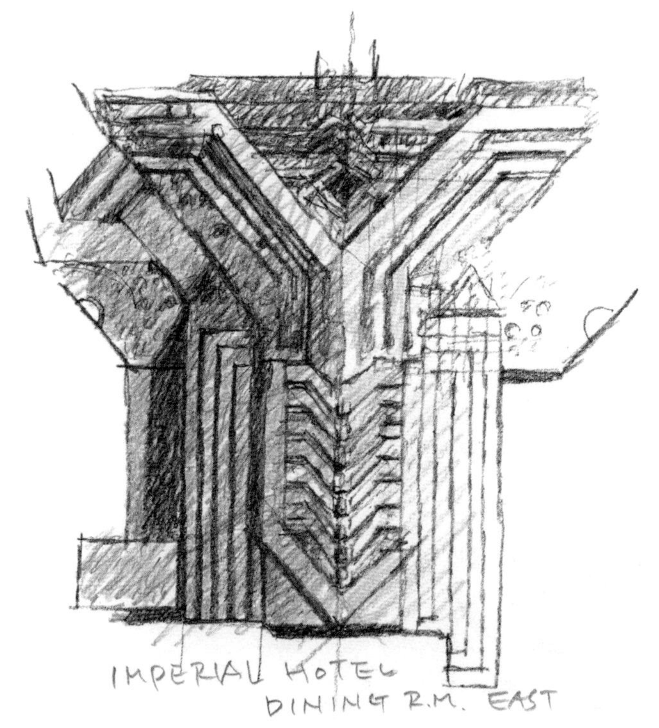

旧帝国饭店的食堂东墙面的大谷石材装饰

6 住宅的设计重点

1 住宅设计重点在于从“房”到“家”

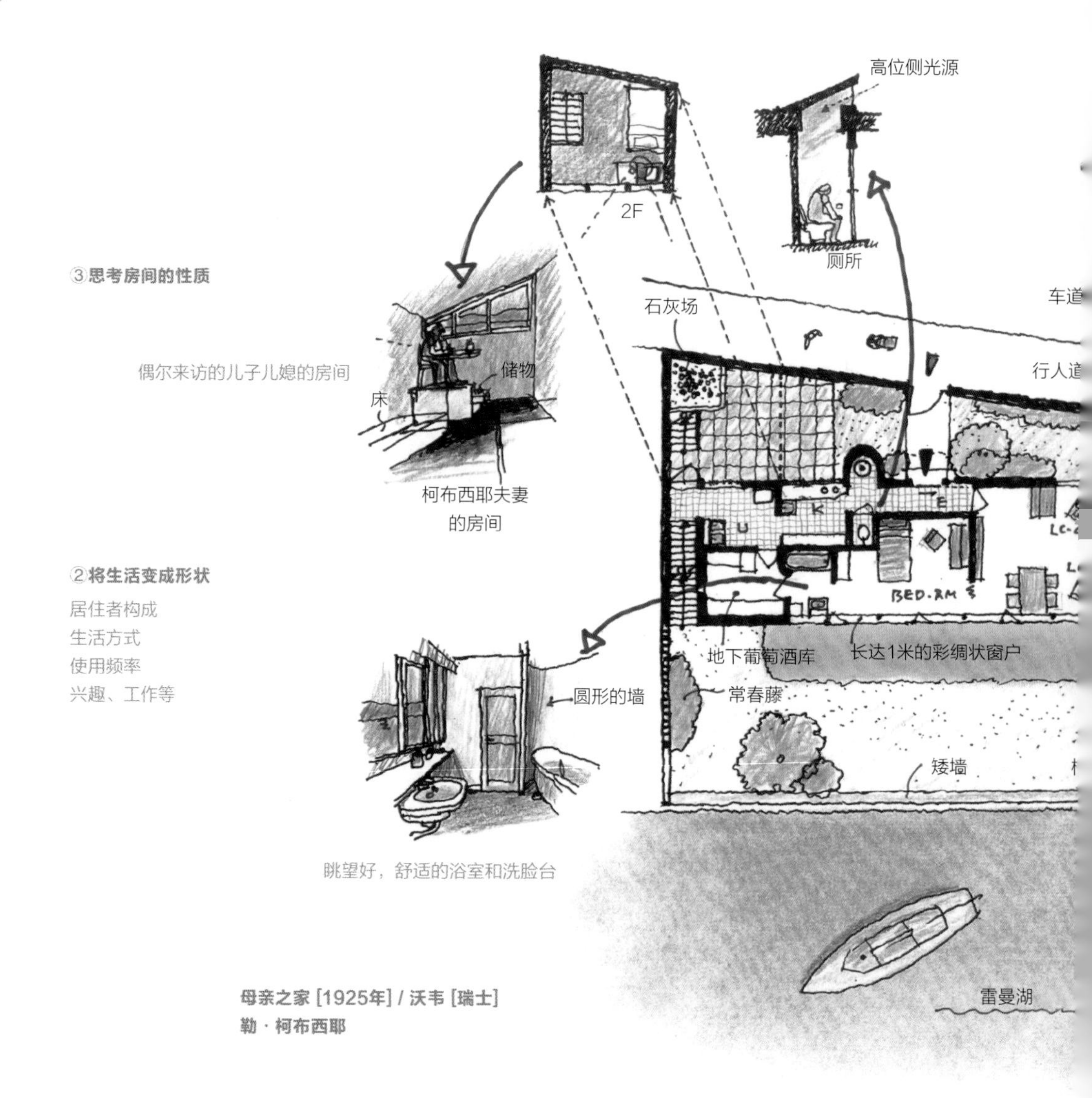

母亲之家［1925年］/ 沃韦［瑞士］
勒·柯布西耶

住宅是遮风挡雨和保证人身安全的地方，也是我们吃饭睡觉等开展日常生活的地方，从某种意义上来说，具有像避难所一样的实际目的，但是并不是说只要达到了“避难”的目的就足够了。住宅应该是舒适的居住容器，是居住人与人之间加深交流的场所。所以，我们希望设计的建筑是反映居住者对生活的思考方式，符合周围的环境。在英语中，针对建筑物本身的“家”叫做“house”，而超越了物理意义、更具有心理意义的“家”，也就是人有归宿感的场所、安逸场所叫做“home”。虽然建筑师的任务是设计“房子”，但建筑师更应该设计对房主来说可以成为“家”的场所，这才是建筑师理想的目标。

住居的充实性

在现代，家庭构成和生活样式变得多样化，个人的住宅形态也没有固定的答案。人的喜好和价值观千差万别，只要房主满意度高，可以说任何形式的住宅都能够叫做优秀住宅。在这里就不评述住宅的好坏，而要学习和借鉴这些被称为著名建筑

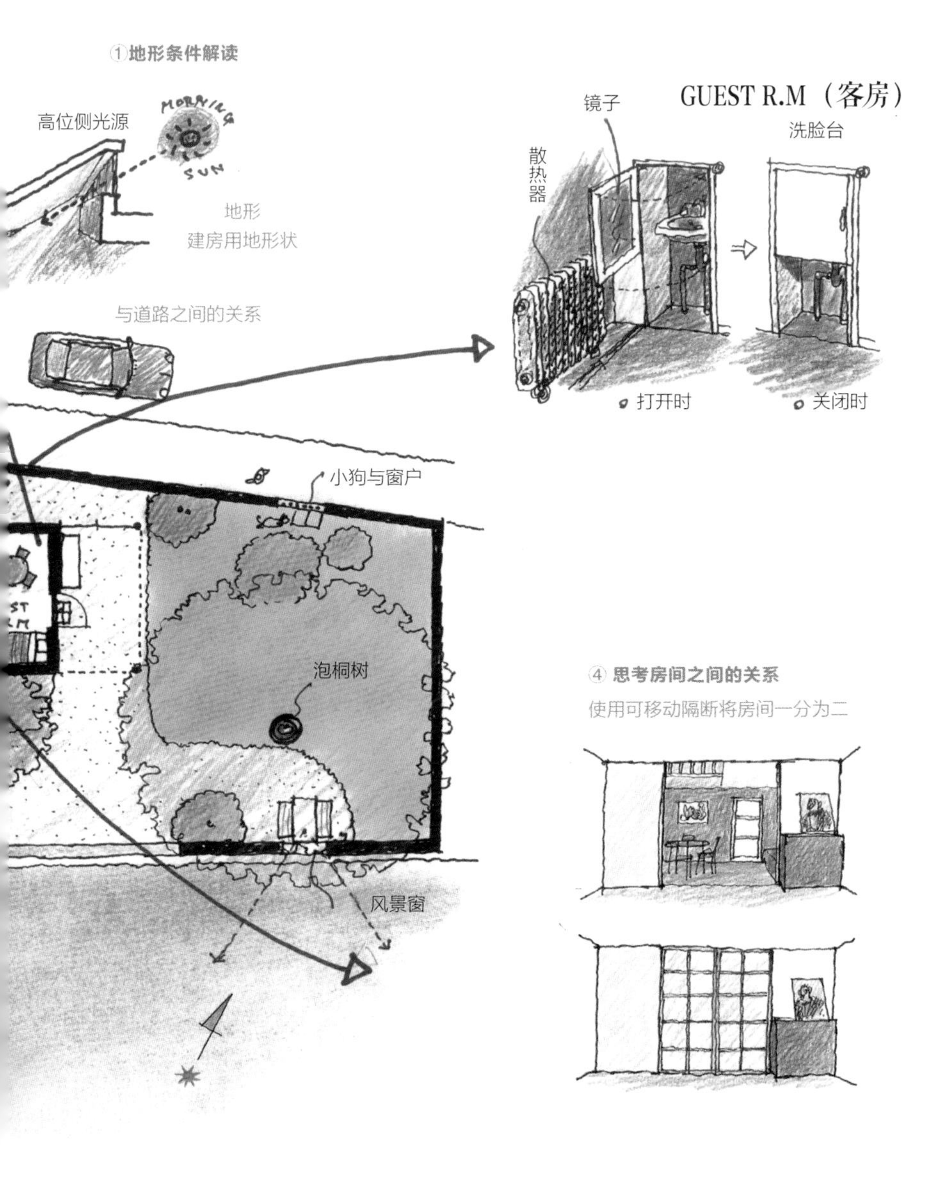

作品的一些思维方式。这些作品不仅在形态上与通常的住宅不同，而且通过建筑形态对居住方式提出了新的建议，让居住者在生活中找到新的发现。即使是看上去极为简朴的住宅，其背后的思考方式，也是让住居变得更加充实。所以，要想设计这样的住宅，首先需要打破思想的条条框框，自由想象“人希望住在怎样的建筑中”，并为这一想象做准备，我们要多学习优秀的住宅案例，最好实际去参观这些作品，为自己丰富知识，并对资料多加分类整理。

住宅设计的重点

开展住宅设计有各种各样的方式，这一章我们分以下4个重点学习：

①地形条件解读；②将生活变成形状；③思考房间的性质；④思考房间之间的关系。

学习方式为分别讲述七位建筑大师的作品的案例。通过逐一分析每位建筑大师所作出的居住建议，训练自己辨别设计好坏的眼界，为自己的设计起到参考作用。

② 方位、形状、道路的关系：读取地形的重点

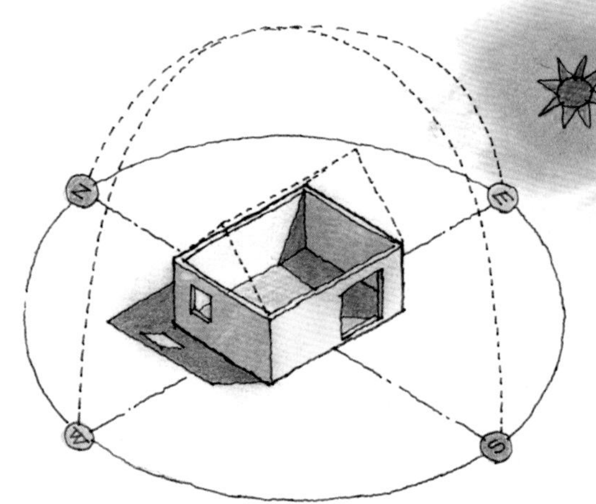

①方位、太阳运转轨迹、气候

这些都是决定住宅的方位和朝向所必须的重要信息。同时还应该确认这块土地的气候以及不同季节太阳的不同高度等。

②建房用地的平面形状

建房用地的方位在很大程度上影响着室内环境。比如，要想获得充足的日照，南面的窗户最有效，东西向的长方形地形是最好的。而形状不规则的土地则在建房位置和施工方法上都会受到限制，需要仔细研究决定。

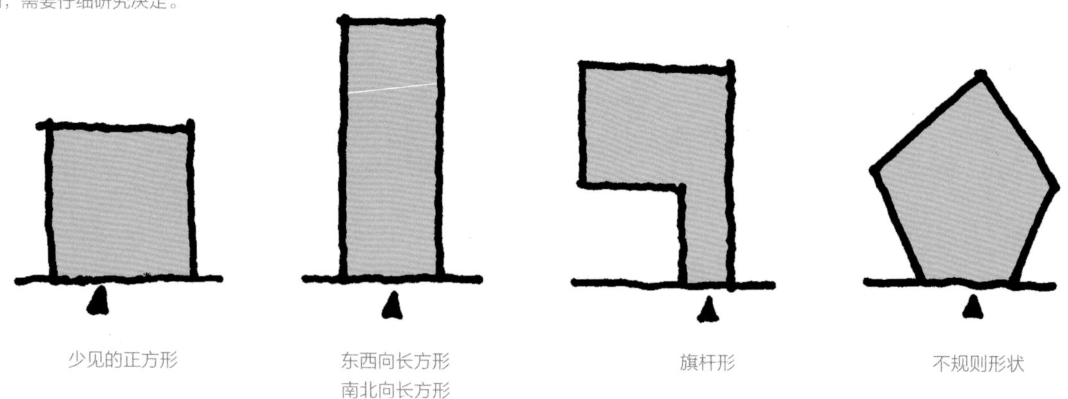

与其他建筑物一样，住宅也同样是固定在地面上的。因为建房用地周围什么都没有的情况非常少，所以周围环境对住宅起到的影响非常大。设计住宅时，首先要准备好含周围地形在内的地图，确认好各类信息后，实际去建房用地考察。考察时，除了纸笔一类的文具以外，带上卷尺、圆规、相机会很有用。

观察地形的重点

从建房用地能够获得的信息主要有：①方位、太阳运转轨迹、气候；②建房用地的平面形状；③建房用地的剖面形状；④道路的位置、邻居的位置、开口处等。

其中①的方位信息是要了解日照方向的，是基本信息中最重要的信息，特别是在设计考虑了环境住宅时，不可或缺的信息。除了朝向以外，②和③的建房用地形状也对房内获得多少日照有很大的影响。除了日照相关信息以外，还应积极收集风向以及周围树木的情况等，这些都是仅从图纸上无法获得的信息。建议大家选择几个不同的时间段多去实

③建房用地的剖面形状

邻居建筑的位置和高度影响着将要设计的建筑日照和眺望视角。还需要确认的信息是街道情况。

平坦的地形，需要注意旁边的建筑高度和距离（间隔）。

坡地也对日照和风向产生影响。需要仔细研究应该在斜面的什么位置打地基建房。

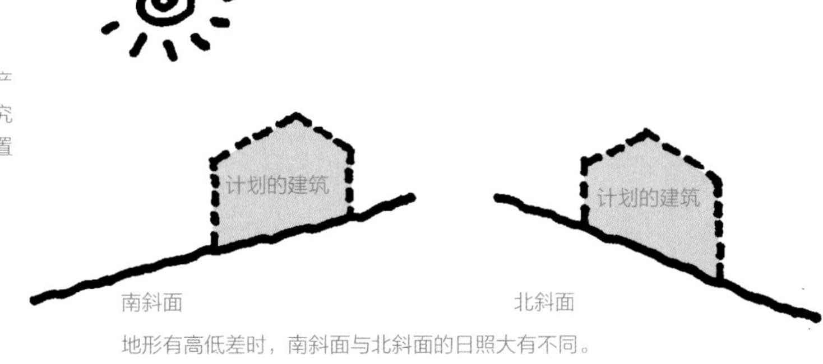

地形有高低差时，南斜面与北斜面的日照大有不同。

④道路的位置

邻居建筑的位置、开口方向等

这一信息用于决定从哪个方向进入建筑、以及从外面看到建筑呈现什么形状。以及旁边的建筑物的朝向如何、开口设在什么方向也应该确认，设计时注意彼此的窗口不要对开。

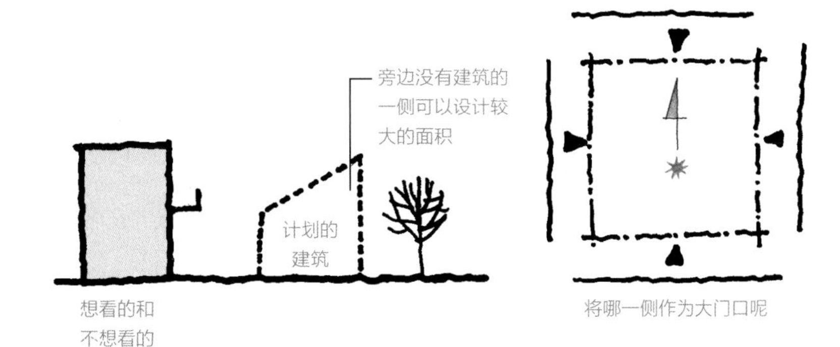

地看看。

另外，②和③两个步骤不仅要了解自然环境，还要思考下新建房与周围的建筑、街道能否融于一体，从城市建设的角度观察建房用地，周围邻居房屋的高度、材质、颜色等也要确认。

第④步的道路位置是决定进入建筑物的入口和进入方式的必不可少的信息。通常住宅建房用地只有一条面临的道路，住宅带停车场时，汽车进入的方式和停放的位置也因道路信息而决定，以及交通量也确认一下，从道路过来的不仅是人，还有供电、供气、供水排水。而且，房屋和道路之间位置关系和距离也决定了其他人从外面所看到的建筑形状。

还有要考虑的是，住宅建成后，从室内眺望到的外景是什么。如果希望看到庭院或邻居家树木的话，要设计便于眺望的开口，相反要是有不想映入眼帘的风景，要考虑遮挡视线的方式。如上所述的各种信息都是建房用地条件给设计提供的线索。

3 从建房用地中找寻设计的切入点

南锡私宅
[1954年] / 南锡 [法国]
简 · 普鲁威

这栋住宅的墙壁采用了普鲁威在工厂为简易住宅开发的铝合金板。由于地形是陡峭的悬崖，无论是搬运建材还是确保作业平面都十分困难，于是普鲁威才会考虑到使用工业成品。这样一来不仅组装方便，而且不用施工工人也能完成，成本也降低不少。事实上，这栋住宅基本上是靠普鲁威和他的家人亲自动手盖起来的。

对于建筑设计来说，气候温暖、地形良好、周围环境无懈可击的理想建房用地几乎很少。但正因为建房用地看上去有不少问题，才为我们提供了不少线索，提出改变常规做法的解决方案，从而打开了设计者想象空间，在思考中浮现出有趣的答案。

让不利条件变成有利

在众多著名作品中，就有将不利条件转为有利，为居住人提出新居住方式建议的案例。比如普鲁威的南锡私宅就是如此，建房用地曾是葡萄园，位于陡峭的悬崖上，沙质土壤也是另一个造成地基不够好的恶劣条件。通常在这样的地基上盖房子几乎是不可能的。但是普鲁威看到了这块用地好的一面，他考虑突出眺望风景和南面的采光，以克服用地条件的缺陷。

普鲁威将斜面削出一小块平地，先铺设水泥地基，并使用工厂事先组装好的墙面板，在墙上放上一块轻量房顶。通过这一手法，打造出了一个既合理又充实的空间。

用手边的材料打造充实的居住环境

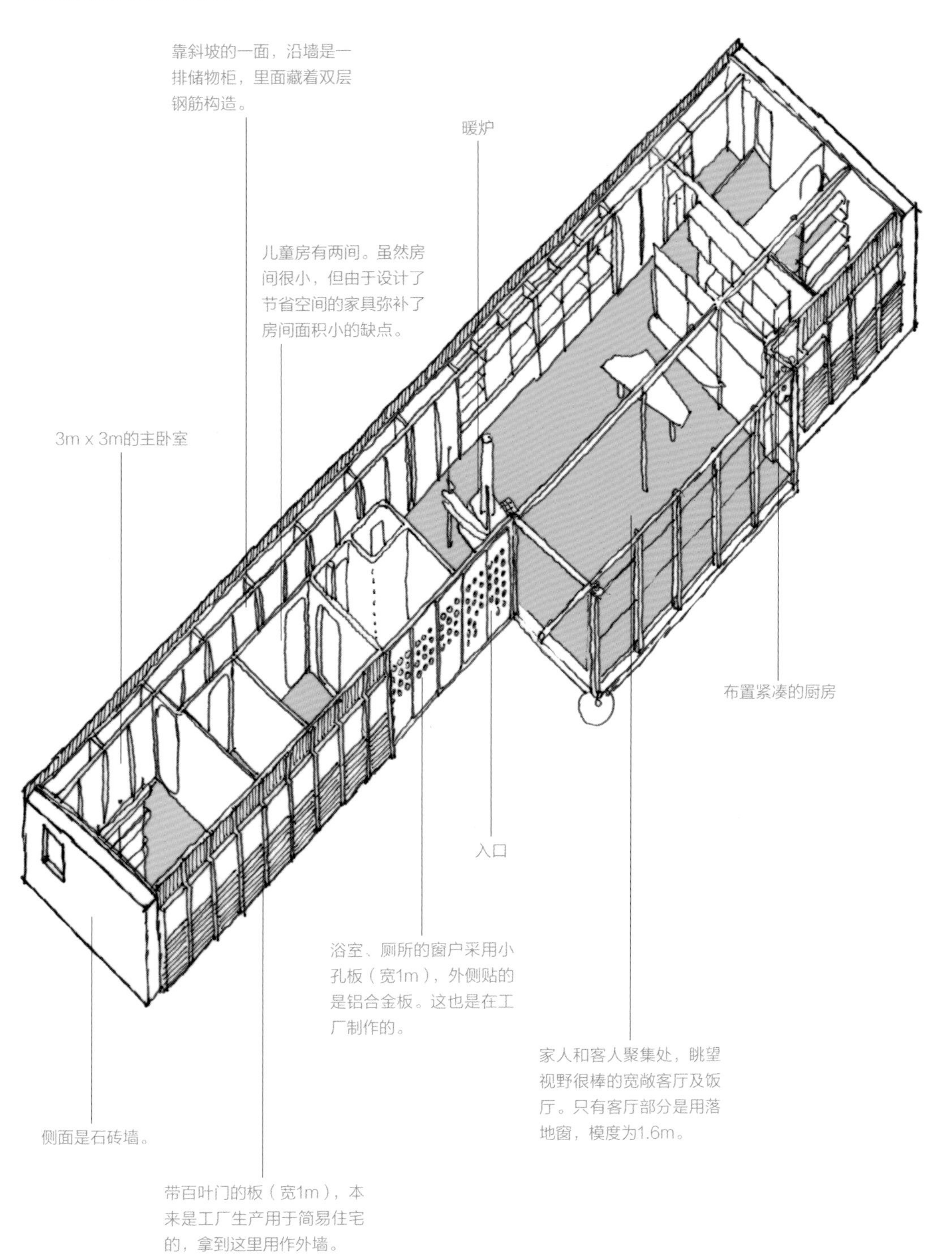

将生活变成形状

居住的基本信息

家庭成员构成

居住者的年龄、性别、亲属关系、宠物等。

住房的使用频率

长期居住、周末居住、别墅等。

住房以外的用途

工作、出租。

兴趣等

钢琴、汽车、帆船、来客较多等。

住宅是家人生活的容器，这里虽然提到了“家人”，但是现代家庭的“家人”不尽相同，且人的生活方式中也存在着大多数人相同的部分和各家独自不同的部分。建筑师的工作，就是要考虑如何安排每家不同的“家人”构成以及不同的居住方式，并将建筑师的安排反映到住房的样式中。

房主想要怎样的居住方式

设计住宅前，设计师除了要了解居住者的基本信息以外，还要了解房主理想的居住形式，以及房主对居住方式的想法。通常，房主自己也没有整理好的想法，只能给出一些模糊的、杂乱的、脑中想象的片段。而有些房主会在与设计师沟通的时候才意识到自己想要怎样的居住方式。设计师不仅要认真听取对方的需求，还要根据听到的许多片段信息，整理并思考后为对方提出居住建议。为此，设计师与房主可能需要先花上一段时间沟通，先建立彼此间的信赖关系，接下来双方需要不断沟通，互相理解，才能完成这家房主和他的家人希望的、独一无二的住宅。

5 老年夫妻的娴静住居

母亲之家 [1925年] / 沃韦 [瑞士]
勒·柯布西耶

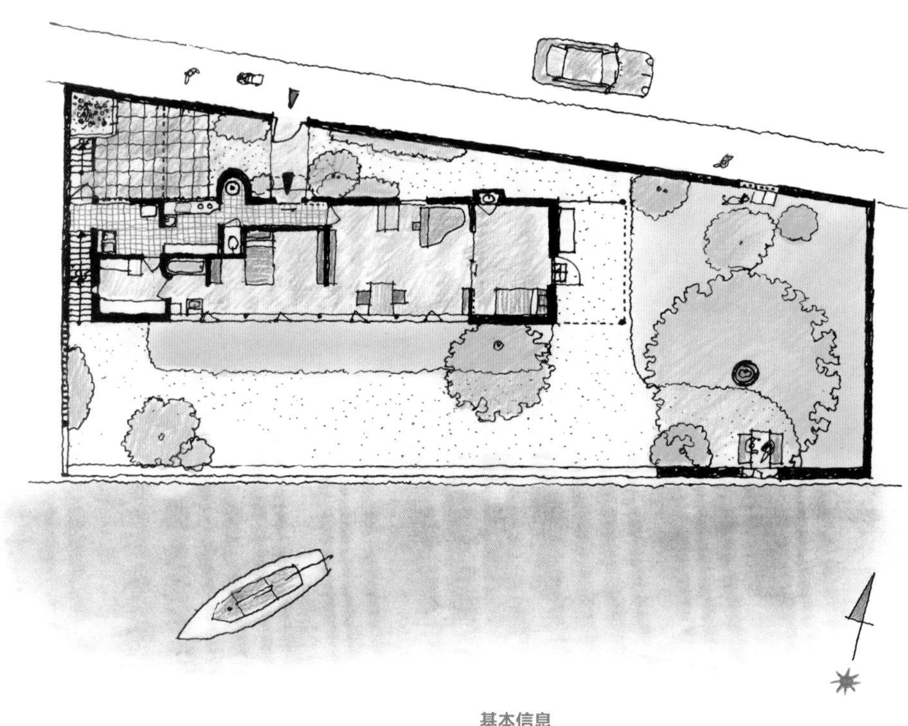

基本信息

家庭成员构成：60多岁的夫妻
住房的使用频率：长期居住
住房以外的用途：无
兴　趣　等：钢琴
房　主　需　求：需要有儿子儿媳来访时留宿的房间
希望作为养老之处，被大自然包围的小屋

这是柯布西耶为退休后的父母设计的“母亲之家”。这一设计先从柯布西耶希望父母生活在被大自然包围的环境中，且可以灵活自由居住的想法出发，然后才开始寻找合适的建房用地，属于较为少见的案例。这栋住宅虽然小巧朴实，但住宅内可以回游，并将外景的湖面景色延伸到室内，让人身临其境，感到空间其实很宽阔。

住宅中被隔开的房间非常少，从客厅到卧室、以及浴室都是一个大房间，这种设计对于安度晚年的老两口是再合适不过了。而横向连续的长窗使湖面的景色贯入室内，客厅里放着作为音乐家的母亲的钢琴，二楼有一件柯布西耶夫妻来看望父母时留宿的房间。正如90~91页的图所示，细节的设计也十分到位，从中可以看出柯布西耶把他对父母的深情爱意都凝聚在了这栋住宅里。柯布西耶的父亲在住宅建成后的第二年虽不幸去世，但他的母亲则在这里度过了安逸的晚年，直到100岁才去世。

6 隔离日常喧嚣、被绿色环绕的敞开式家居

范斯沃斯住宅 [1951年] /
伊利诺伊州普兰诺 [美国]
密斯・凡・德・罗

基本信息

家庭成员构成：单身女性
住房的使用频率：周末居住
住房以外的用途：无
房主需求：房主的职业是医生，平时工作十分繁忙，希望在郊外有一处被绿色包围的可以完全放松的周末别墅

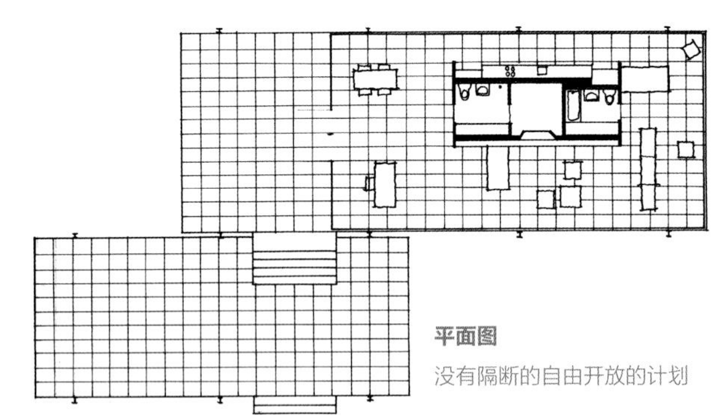

平面图
没有隔断的自由开放的计划

密斯的别墅代表作
范斯沃斯住宅

为了更好地发挥全面环绕森林的用地环境，范斯沃斯住宅的四面都被玻璃围起，3.9公顷（39000 m^2）宽阔的建房用地面积，使得这一透明箱子式的建筑设计成为可能，因为周围没有邻居，所以根本不必担心会有人偷窥。委托密斯设计房子的房主是一名单身女强人，她希望能够有一处逃离日常的繁忙生活、可以悠闲度过的周末别墅。这里只用于房主一个人或者一些亲近的朋友度过周末，所以私密性不需要太高。而密斯的设计是除了房屋中央部分的厕所和浴室以外，没有其他被隔开的房间，在一个完全连在一起的大空间里可以自由地走来走去。

事实上，这栋房子只是用一张玻璃墙和薄薄的房顶构成，虽然有暖炉和地板暖房设备，但没有空调，夏季和冬季的室内环境不能被认为很好，而且因为只有周末使用，既没有洗衣机等日常生活设备，储物功能也缩到最小。这是在一片宽广土地上建起的几乎没有任何功能、只偶尔住一下的别墅，大概正因为从这一设计条件出发，才成就了这栋前无古人后无来者、具备了抽象美的建筑。

7 挑战新育儿方式的家居

施罗德住宅
[1924年] /乌德勒支 [荷兰]
格里特 · 托马斯 · 里特维尔德

基本信息

家庭成员构成：母亲和一个儿子、两个女儿
住房的使用频率：长期居住
住房以外的用途：希望有一间作为办公室出租的房间
房 主 需 求：孩子们能与母亲以及来家里的大人们和睦相处

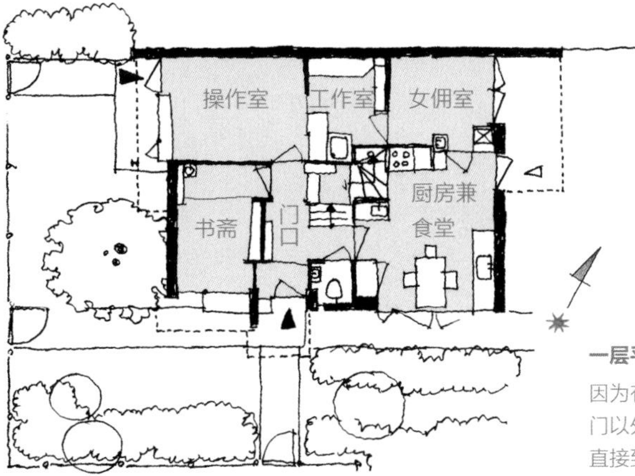

一层平面图
因为有部分出租，除了大门以外，其他房间也可以直接到达入口处。

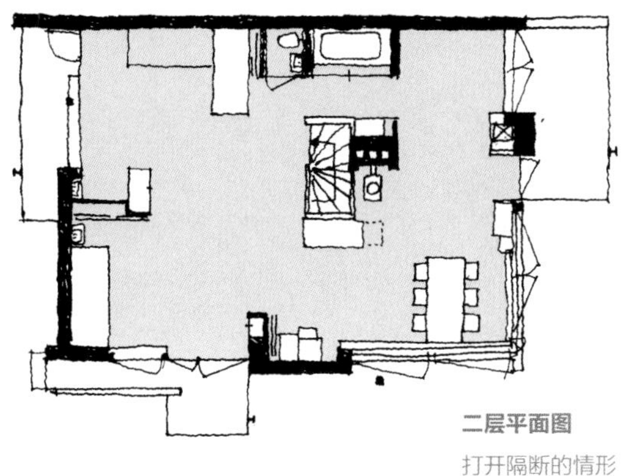

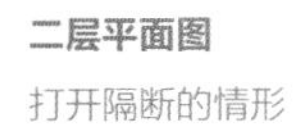

二层平面图
打开隔断的情形

二层平面图
关闭隔断的情形

施罗德住宅的房主是一名寡妇和她的三个孩子。施罗德夫人希望不要按照传统方式——分开大人和孩子住居的空间，而是想让她的这些没有父亲的孩子们能够尽量和她以及来访的大人们有更多的时间呆在一起，让孩子们有机会见到更多的人，从而有更多的体验。为此，将客厅与饭厅设计在一个大空间里，使用了可移动式的隔断，使用隔断就能隔出夫人的卧室和孩子们的卧室。设计的另一个特点，是将通常设计在一楼的客厅和饭厅挪到二楼，使得这栋住宅虽然身处住宅小区，却不必担心道路过来的视线，可以打开更多的窗户，让建筑整体成为开放性的空间。

一层的部分房间是用于出租的，所以设计上除了建筑的大门以外，还有直接出入租用房间的入口，而且每个房间里都带有厨房，可以单独供水、供电。

因为设计条件中最优先考虑的是要让母亲和孩子们在同一个空间生活，所以才会形成这种大人与孩子的空间连成一体以及各个空间都相对平等的设计。

8 从房主需求的功能考虑各房间的性质

克劳斯公寓 [1930年]
密斯・凡・德・罗
这栋公寓的饭厅与客厅也是连为一体的空间，用家具营造各种“场所”，也就是说用于隔开房间的都是可以移动的家具（放置的家具），可以随时根据需求改变家具的摆放位置。
实际住宅与设计图略有不同，设计图上最里面画着窗户的地方实际是墙壁。

住宅虽然是不同功能房间的集合，但认真审视每个房间的用途，以及考虑适合每个房间的空间是非常重要的。下面来看看大师们都是怎样看待房间的性质。

常用的地方——客厅

住宅中有些是居住人共用的房间，其中客厅就是最典型的一个。客厅不像卧室或饭厅，人们在房间里的行动没有严格规定。最近许多家庭已经取消了“会客室”，而是让客厅成为住宅的代表。总的来说，客厅是家人欢聚一堂、共同度过时光的空间。

那么，什么样的客厅才能让居住者感到舒适呢？接下来我们来参考一下阿尔托和密斯的案例。

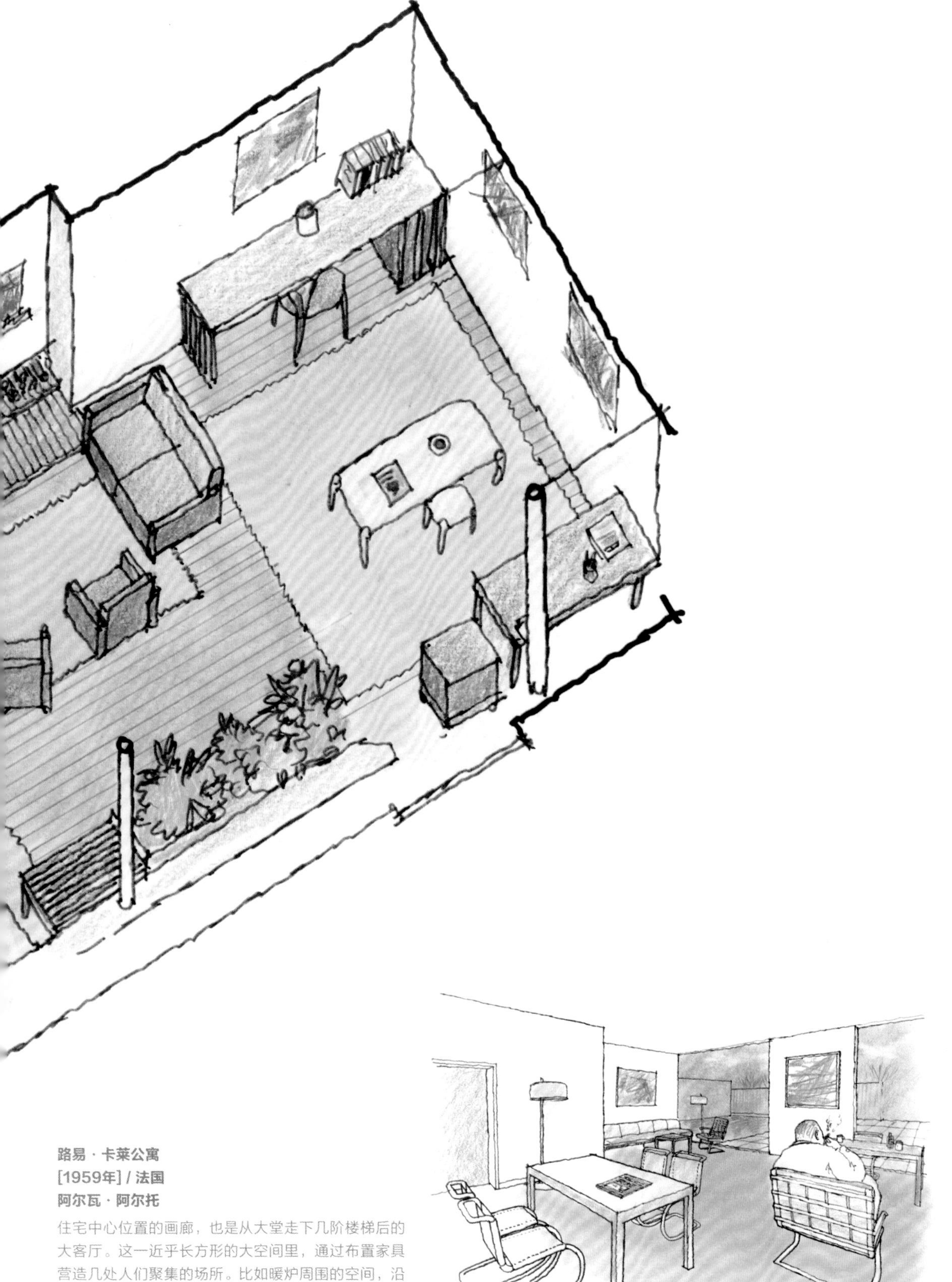

路易·卡莱公寓
[1959年] / 法国
阿尔瓦·阿尔托

住宅中心位置的画廊，也是从大堂走下几阶楼梯后的大客厅。这一近乎长方形的大空间里，通过布置家具营造几处人们聚集的场所。比如暖炉周围的空间，沿着南面的窗户下放置的一排长沙发与沙发前面的自由造型的桌子所形成的空间。建筑与家具融汇成一体，打造了一个舒适的客厅。

9 探求客厅空间的精髓，中庭=客厅

客厅不一定非在室内

中庭客厅

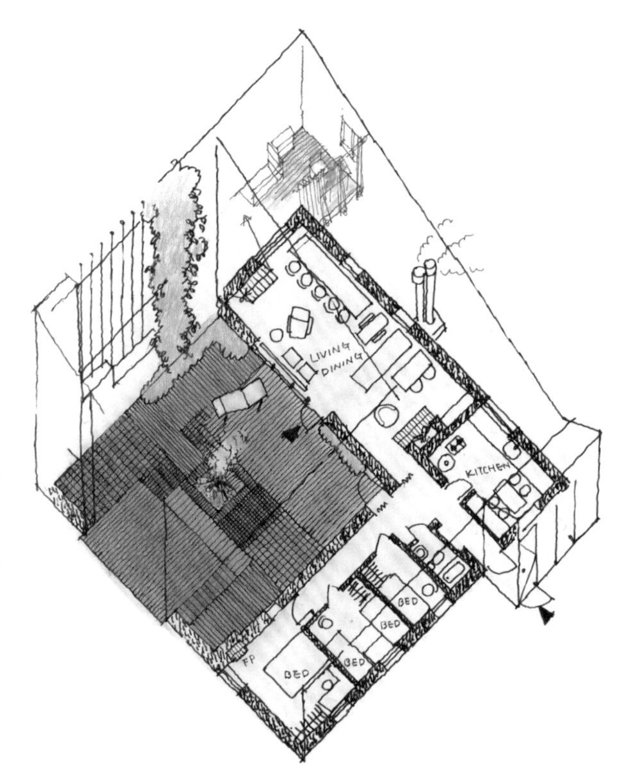

夏季别墅［1953年］

阿尔瓦·阿尔托

客厅如果是人们聚集在一个舒适的环境里度过的场所，那么根据住宅的条件也可以不限于室内。这栋住宅仅在气候宜人的夏季使用，阿尔托认为室外才是最舒适的场所，将主要的客厅设于中庭。比室内客厅大几倍的中庭客厅的中央有暖炉，四周有围墙，即使是在室外也有被安全包围的舒适感。

客厅是与客人度过时光的家中的亮点

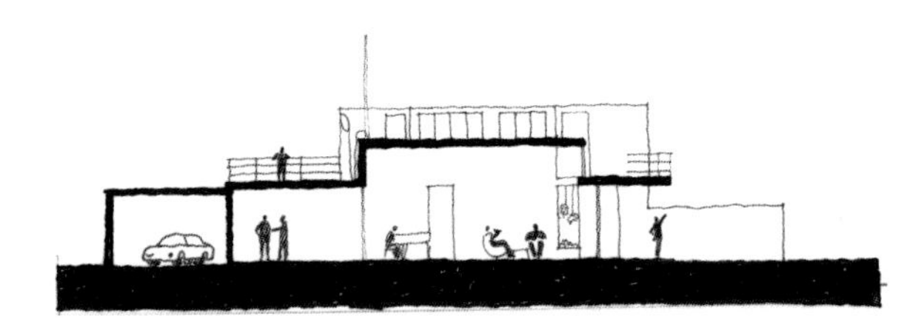

未来之家［1929年］

阿纳·雅各布森

这栋住宅的客厅叫做“舞厅”，比起接待客人更带有公共场所的性质。这间房间的天花板比其他房间的都高，有1.5层，进入房间后立刻可以感到这里与其他房间不同，具有特殊意义。

客厅在家中的位置

客厅在房子中的位置，可以根据居住者的意见来定义客厅。既可以放在家里正中央的位置，也可以与大门口直接连接的位置，作为设计师可以有许多考虑方式。比如目的是聚集更多的人，欢迎更多的人到来，则可以让客厅设计得与其他房间非常不一样，比如加大客厅的天花板高度，就是一种处理方式。

雅各布森未来之家的客厅又被称作“舞厅”，除了位于房子正中央以外，设计成高于一层的通高天井，也突出了客厅在这栋房子中的重要位置。

另外，客厅要成为房子中最舒适的地方，也不一定非得是室内，可以是中庭，可以是屋顶，也可以是伸出去的平台。

阿尔托的夏季别墅主要客厅是中庭。因为别墅只在气候较好的夏季使用，阿尔托认为屋外才是最舒适的场所。他的设计巧妙之处不只是设计了一个露天的院子，还将四周用围墙围起，形成庭院式的舒适空间。

10 做饭与进餐，厨房与饭厅的基本功能

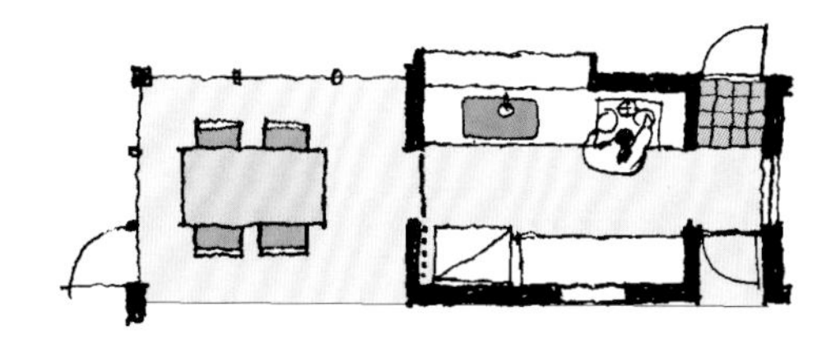

单间类型

厨房和饭厅完全分离的方式。虽然这样分离使做饭的人变得比较孤立，但好处是可以把饭菜味道和热气与其他房间分开，使用起来更方便。但因为厨房与饭厅的距离太远的话送餐时会感到不方便，所以厨房和饭厅设计为相邻空间的情况居多。

相邻类型

饭厅与厨房之间是打开的，同在一个房间，只是空间相邻，这样递送食器更加容易。

吧台类型

饭厅、客厅、厨房都在一间屋里。做饭的人与客厅里的人同处一个空间，不会感到孤立。吧台式的饭桌虽然递送饭菜更容易，但是与坐在两端的人谈话不太方便。

做饭与就餐之间的关系：饭厅与厨房

有人认为做饭的地方和就餐的地方越近越好，这样刚做好的饭菜趁热就可以端上饭桌。但每个人的想法不同，有人喜欢自己一个人集中精神做饭，但有人则喜欢和家人一起热热闹闹地做饭。另一种想法是，做饭的时候饭菜的味道和热气较多，为了不让它们扩散到其他房间，厨房和饭厅分开更好。其实，无论是哪种考虑都有自己的道理，这些想法反映到设计中，就形成了厨房和饭厅都是单间的类型，或者饭厅、厨房、客厅都在一起的类型。

究竟哪种设计对住宅最合适呢？虽然从设备的角度来考虑是很重要，但最重要的是要了解厨房在这户人家究竟起到什么样的作用。这里只是准备饭菜的地方，还是家人用于沟通的重要场所？一定要从户主的需求出发来决定厨房的类型。

11 无论远近，都是厨房与饭厅之间应有的距离

饭厅／厨房——相邻类型
雅各布住宅［1936年］
弗兰克·劳埃德·赖特

饭厅设计在厨房的旁边，朝东打开的窗户和沿窗定制的长沙发，沙发前是配套的长长餐桌，这是一处可以安静就餐的饭厅。

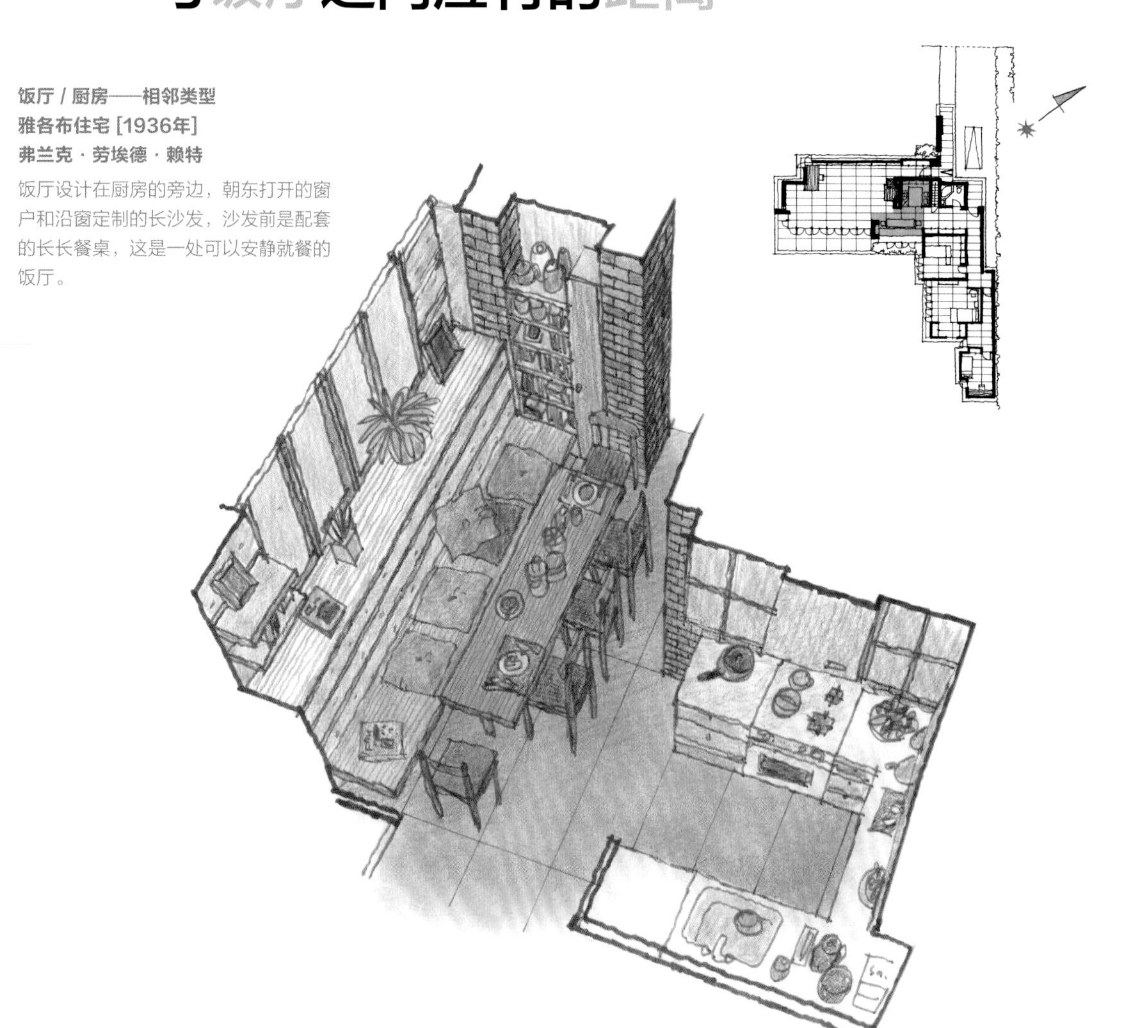

饭厅是家人聚集较多的场所之一。饭厅的主要目的是就餐，虽然要考虑上菜是否方便，但是如果饭厅能看到做菜的厨房杂乱环境，也影响就餐环境。所以要仔细考虑饭厅和厨房之间的关系，设计好家人在饭厅里一边快乐地聊天，一边高兴地吃饭的就餐环境。

相邻的厨房与饭厅

雅各布住宅的饭厅设计在厨房的旁边，做好的菜可以马上端到饭厅，同时也让饭厅具有充足的空间和令人放松的就餐环境。在这一空间打造中起到重要作用的，是朝东打开的窗户和沿窗定制的长沙发。通常饭厅朝东较好，可以在早晨暖暖阳光照射下就餐，这栋住宅长长的餐桌能沐浴到早晨的阳光，可以舒适享用早餐，白天还可以坐在长沙发上眺望庭院。

饭厅 / 厨房——单间类型
施罗德住宅 [1924年]
格里特 · 托马斯 · 里特维尔德

施罗德住宅中厨房在一层，饭厅在二层。因为是主要的楼层而面积有限，最终成为这样的设计，配备小型升降机以弥补送餐的不便之处。

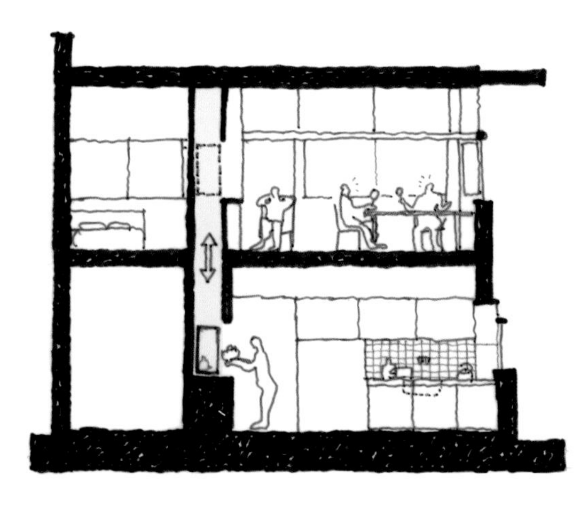

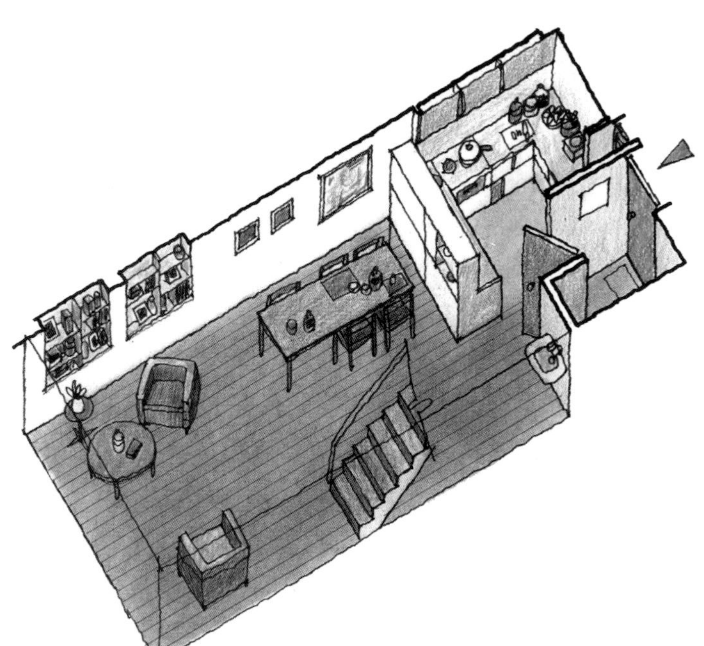

饭厅 / 厨房——半开类型
马赛公寓大楼 [1952年]
勒 · 柯布西耶

厨房虽然与饭厅和客厅相接，但厨房操作台的高度刚好遮挡了坐在饭厅里人的视线，厨房内部并没有露在明面。这个操作台的竖板上开有小窗，可以从窗口递出饭菜。

可以看到做菜人的脸，但不会看到散乱的厨房内部。

有时也需要分开

施罗德住宅中的厨房和饭厅是分开的，分别在楼上和楼下。这种设计对于普通的住宅来说比较少见，但是这一设计可以让需要进出买菜和倒垃圾的厨房在一楼，采光较好，经常有人出入的饭厅在二楼（也是这栋住宅的主要楼层），而小型升降机的配备弥补了送餐的不便。

越过操作台对望

马赛公寓大楼的厨房则是与饭厅邻接，而且用操作台分隔开彼此的空间领域，操作台竖板的高度刚好遮挡坐在饭厅里人的视线，厨房内部并没有露在外面，让做饭的人也能看到饭厅里的人。操作台的竖板上在人手的高度开有小窗，可以从窗口递出饭菜。

12 身心均可放松的卧室

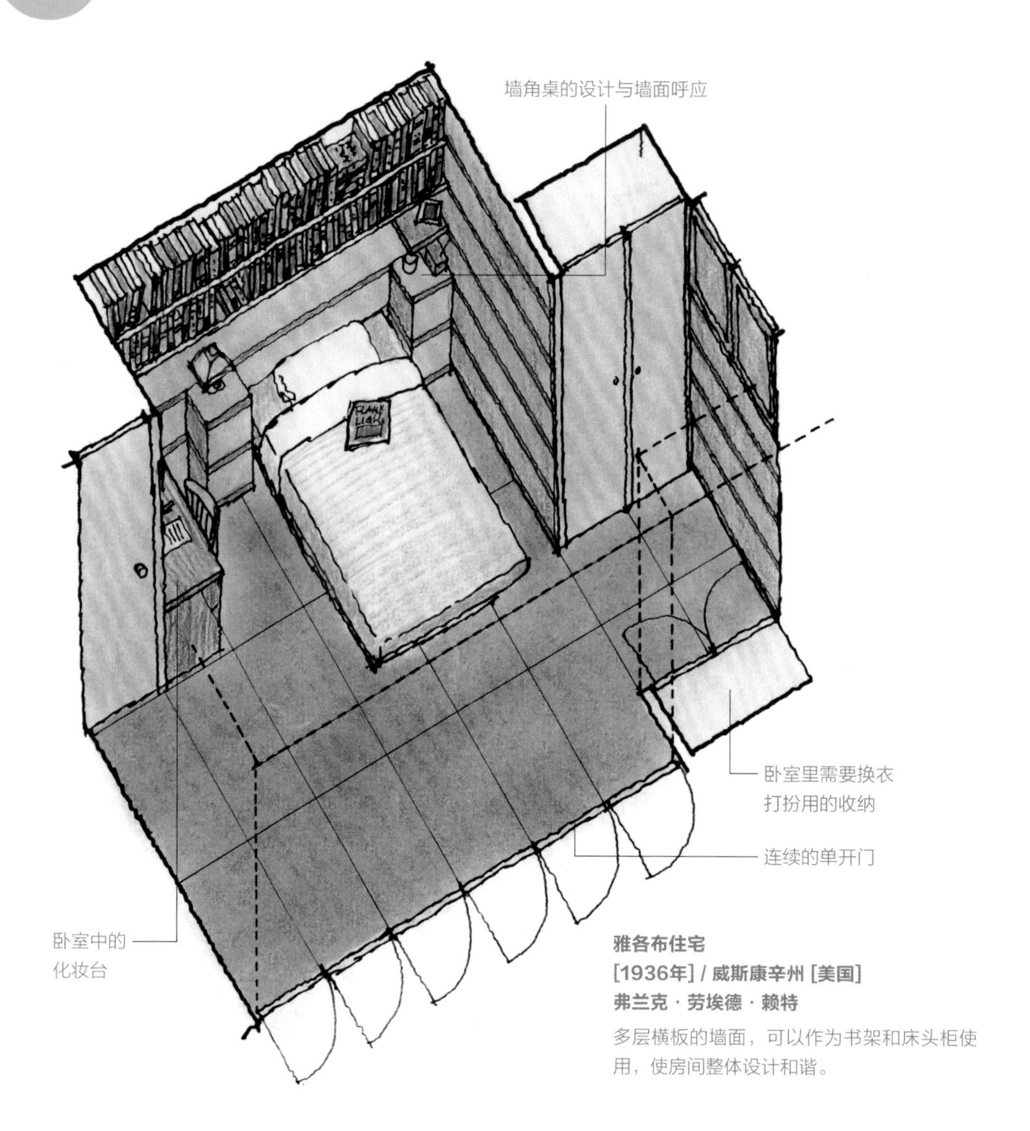

雅各布住宅
[1936年] / 威斯康辛州 [美国]
弗兰克·劳埃德·赖特
多层横板的墙面，可以作为书架和床头柜使用，使房间整体设计和谐。

与客厅等房间不同，卧室是一个人或两个人使用的，私密性更高。它的主要目的是睡眠，需要安静和放松的环境。通常都会设计在房内靠里的、离大门最远的地方。

卧室的功能也不单单是睡眠，也是房主可以独自一人放松的地方，可以读书、听音乐，沉浸在个人世界里，所以设计上要格外注重舒适程度。另外，还要考虑好衣服或书籍的储物方便，防止个人的物品占用到客厅这种家人共同使用的地方。

雅各布住宅的卧室

这间卧室的天花板比客厅要低，空间虽小却很安逸。从窗户可以看到中庭的景色：备有书架、书桌、衣柜等。除了睡觉的时间以外，白天也可以一个人安静地度过，氛围安静而舒适。

13 设计储物要根据收容物品的大小

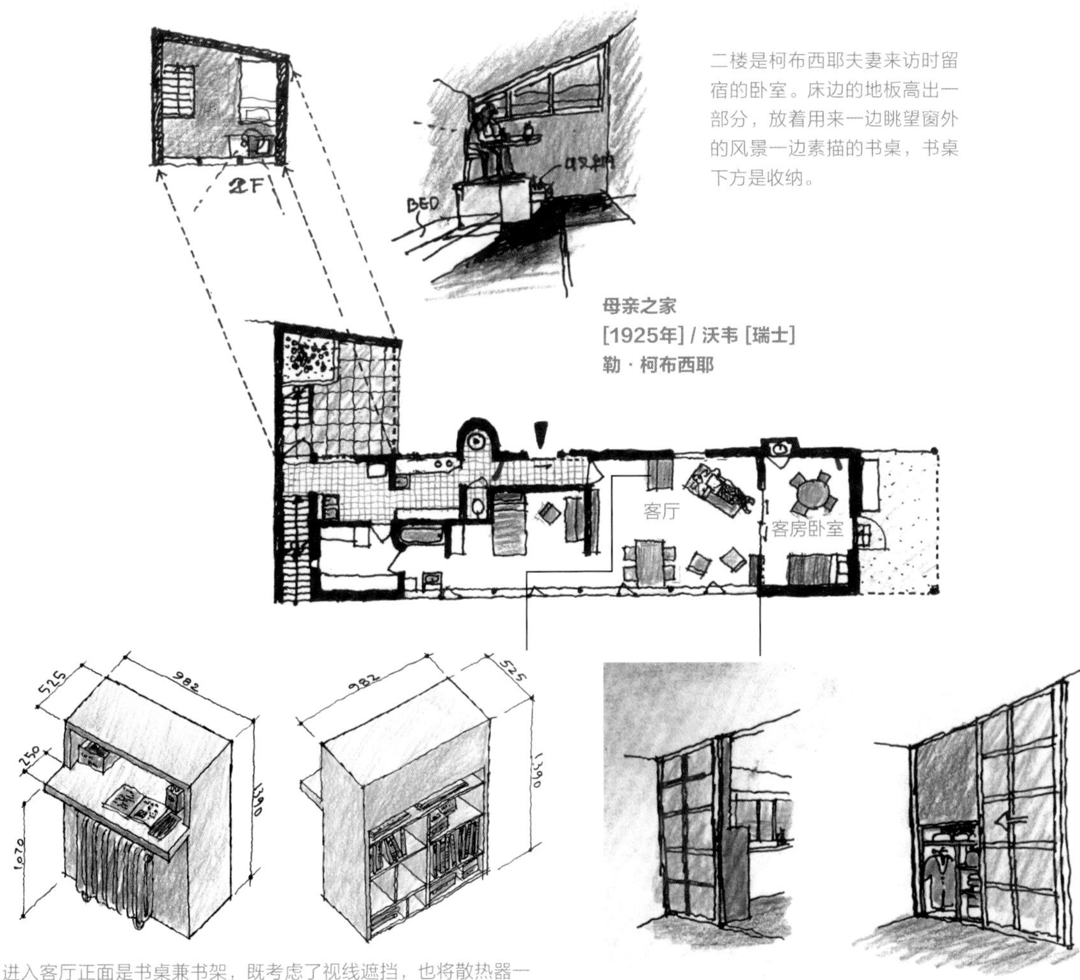

二楼是柯布西耶夫妻来访时留宿的卧室。床边的地板高出一部分，放着用来一边眺望窗外的风景一边素描的书桌，书桌下方是收纳。

母亲之家
[1925年] / 沃韦 [瑞士]
勒·柯布西耶

进入客厅正面是书桌兼书架，既考虑了视线遮挡，也将散热器一起收到家具中，属于建筑连体家具。这张书桌放在客厅正中央，还可以用于放些小物件。

隔开客房卧室与客厅的拉门背后有储物柜，拉门同时用作储物柜的柜门。

盖房子的时候房主比较关心的一个问题就是储物。新盖好的房子无论多么漂亮，如若储物设计得合理的话，物品就会没有容身之处，好不容易盖好的新家就会变得凌乱。

虽然可以购买成品的储物柜或衣柜，但最好是一开始就将储物家具和建筑一起设计。这样既可以有效地利用好家中边边角角的空间，还可以与室内风格达成统一。另外，设计储物家具最重要的是要符合放入里面的物品大小，还要设计在取放方便的位置。千万不要让储物变成只是用来藏东西的地方，最后想用的时候根本找不到。

母亲之家的储物设计

母亲之家又名“狭长的小房子”，名副其实的小，所以要在储物设计上下功夫，寻找缝隙空间用于储物，或与其他功能兼用等，以保障储物所需要的空间。

比如隔开客房的卧室与客厅的拉门背后就设计了储物柜，这道拉门同时也用作储物柜的柜门。从这些细节中不难看到设计师对生活的体验和观察。

14 通过家具来营造房间氛围

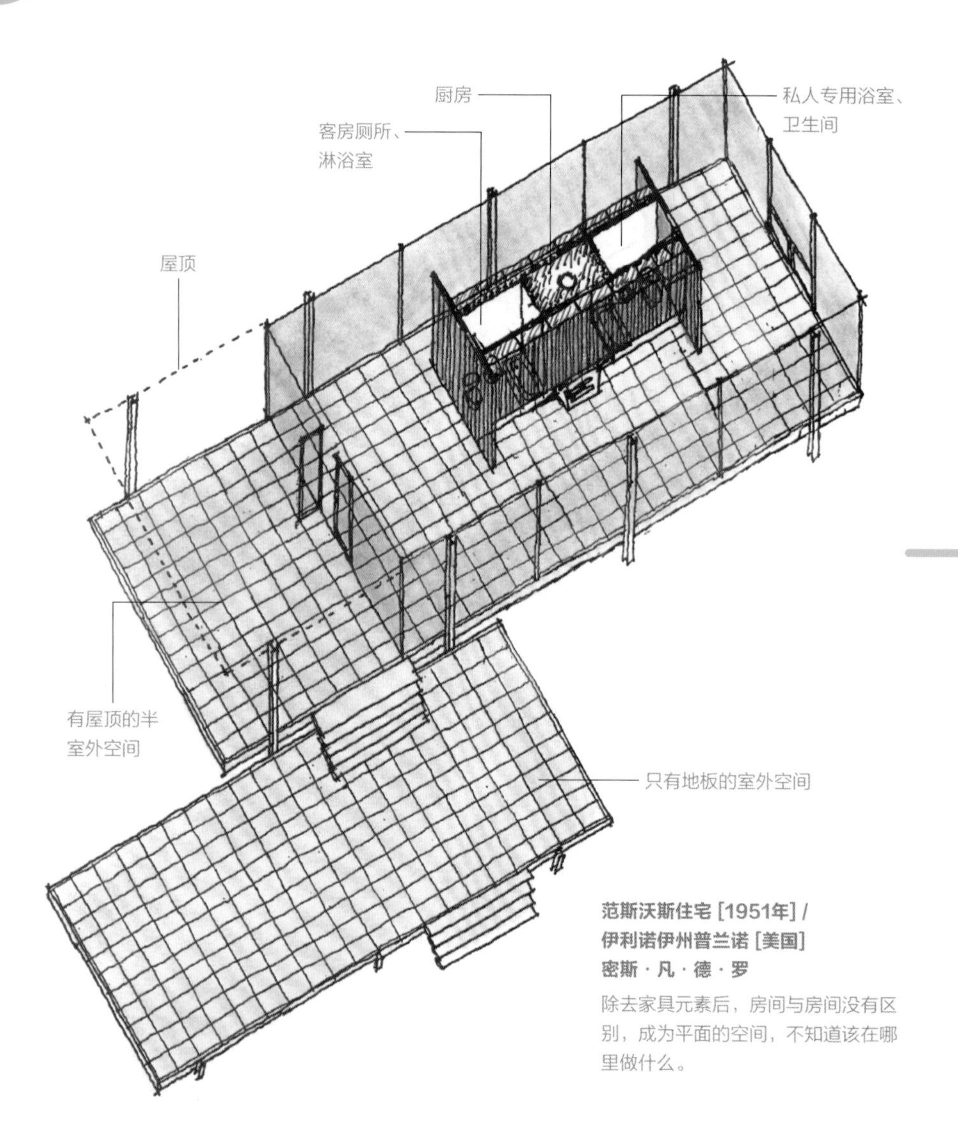

范斯沃斯住宅 [1951年] /
伊利诺伊州普兰诺 [美国]
密斯·凡·德·罗

除去家具元素后，房间与房间没有区别，成为平面的空间，不知道该在哪里做什么。

人们在房间里需要实际睡觉、用餐等活动的家具。房间里如果什么都不放，这个房间究竟是书斋还是卧室就弄不清楚了。家具的摆放是标注房间主人性格的重要因素。

房间里的家具有可以移动的“放置家具”和作为建筑一部分而定制的“连体家具”。放置家具可以自由移动，根据需要增减，比较方便，大部分都能买到成品，但是选择家具时一定要注意与房间的尺寸和氛围相符。相反，连体家具是按照房间定制的，尺寸和材料都与建筑吻合，唯一的问题是正因为与建筑连成一体，将来一旦需要改变时会不灵活。所以设计师在选择放置家具或连体家具时一定要选对合适的位置。

范斯沃斯住宅除了中央核心部分以外，其他空间什么都没有，性质均一而同质，通过放置家具或地毯为房间的性质定位。

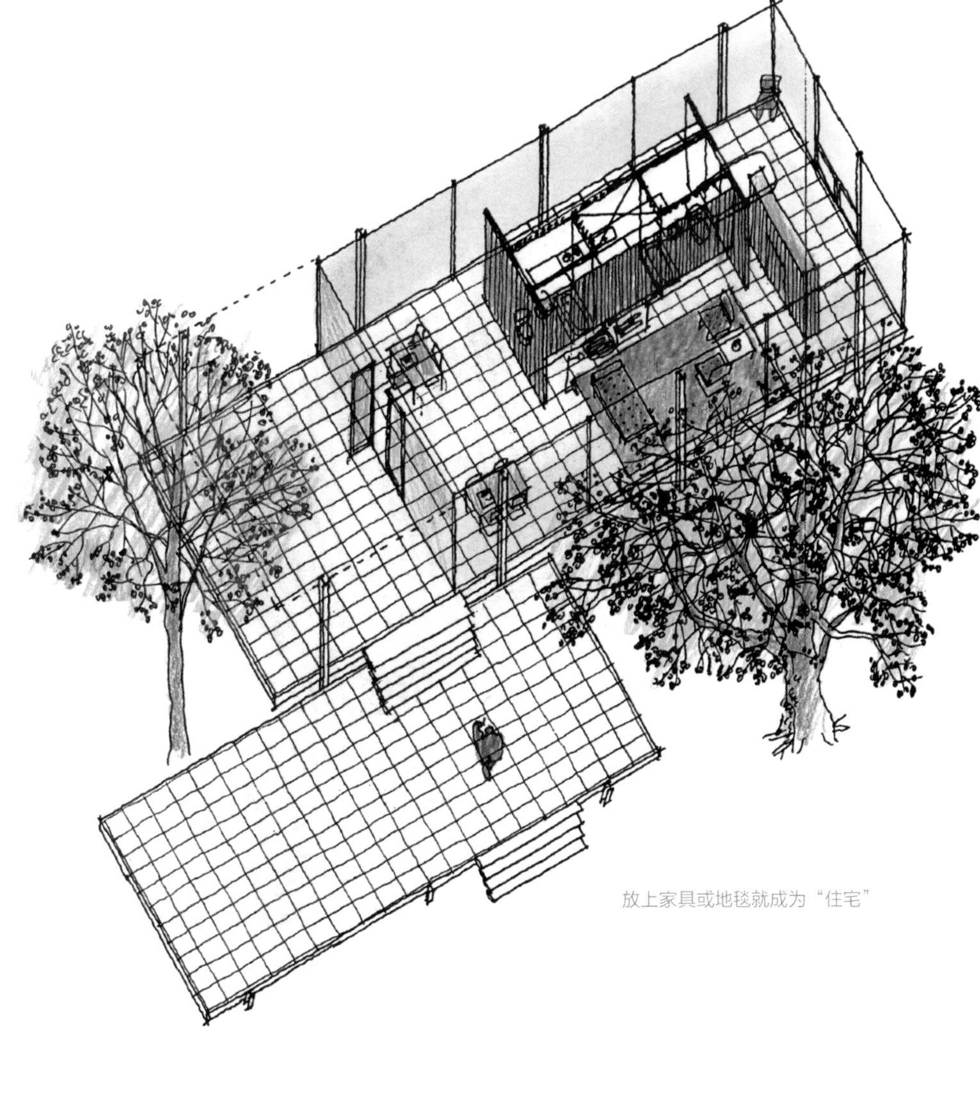

放上家具或地毯就成为“住宅”

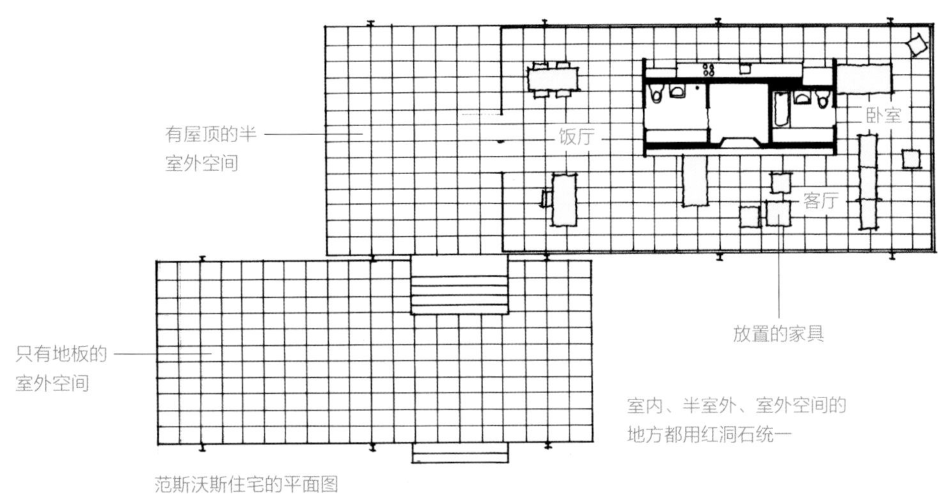

范斯沃斯住宅的平面图

15 住宅的“内”与“外”

公共房间与私密房间分开的例子

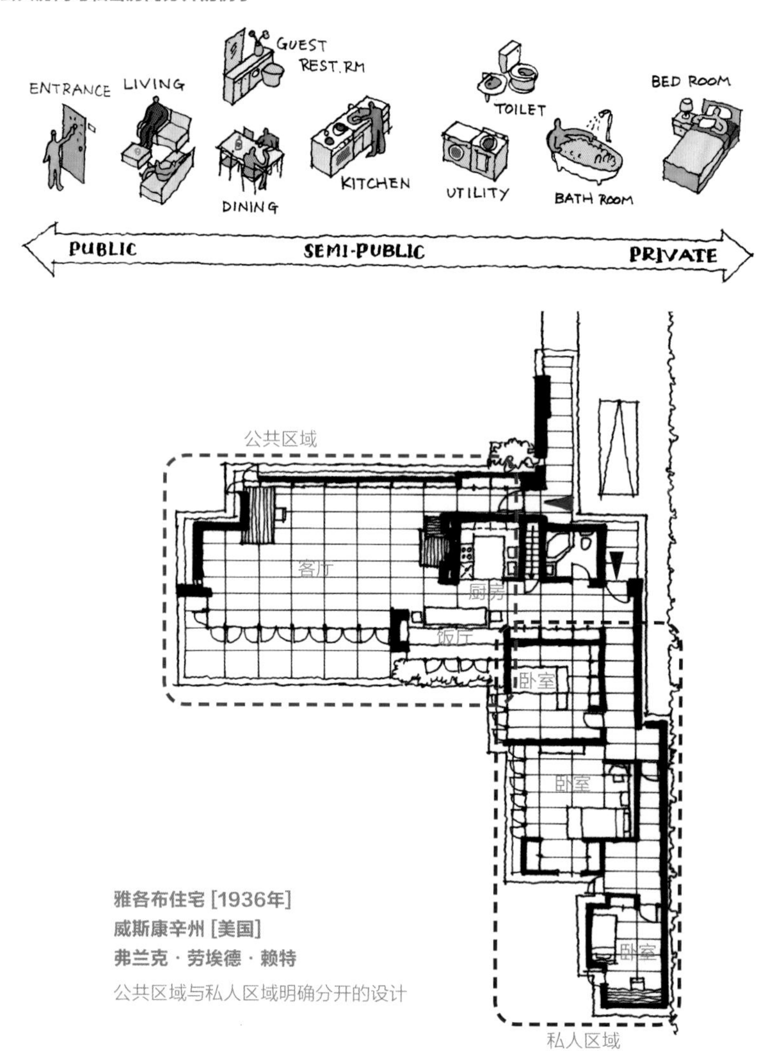

雅各布住宅 [1936年]
威斯康辛州 [美国]
弗兰克·劳埃德·赖特
公共区域与私人区域明确分开的设计

如何将住宅的元素组合起来

住宅有公共的一面与私人的一面，比如住宅中最具有公共性的房间就是房主与外来人（客人）交流的大门或客厅。相反私人的房间，就要算房主个人的卧室了。

考虑住宅中房间与房间的关系，需要先将房间分类为公共房间与私人房间。

哪个房间是公共的，哪个房间是私人的，并没有固定的定义，会随房主的居住方式而变化。而且两者之间还存在着半公共区域或半私人区域。所以设计师需要仔细推敲含这两种半区域的四类区域的定义，审视居住人的生活状态与房间的关系，再将住宅的各种元素组合起来。

施罗德住宅 [1924年]
乌德勒支 [荷兰]
格里特 · 托马斯 · 里特维尔德

采用移动隔断将公共区域变为私人区域的设计
蓝色地板部分是公共区域（客厅、饭厅等），橘色地板部分是私密的卧室。

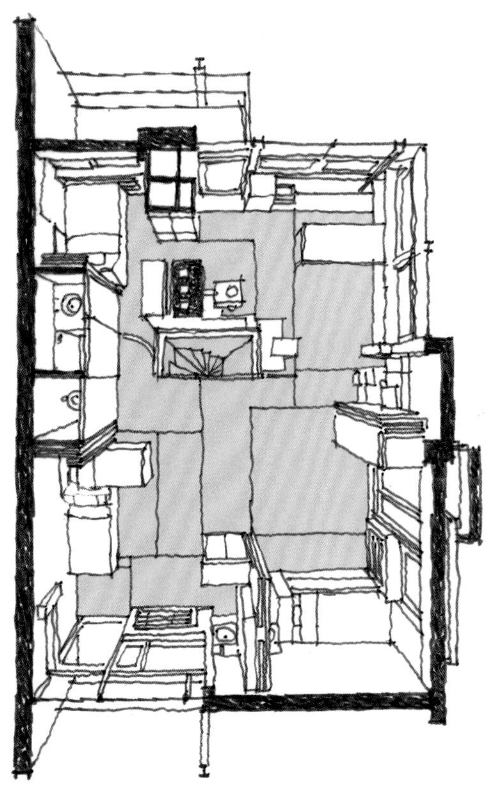
打开隔断时的状态。成为宽敞的一间大客厅

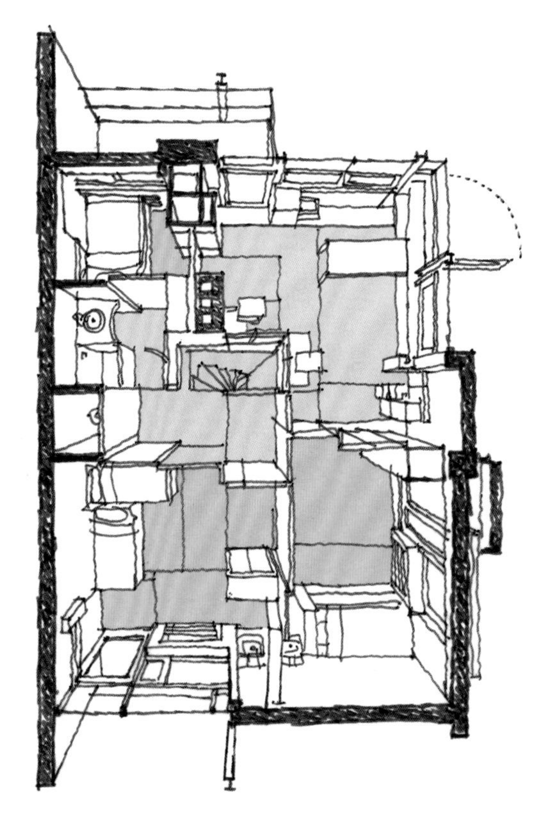
关闭隔断时的状态。分成三个独立的房间（卧室）

分开公共区域与私人区域

住宅中的公共区域与私人区域明确分开的案例有赖特的雅各布住宅。L字型平面的两边，各分成公共区域和私人区域，各个区域都有固定的入口，互不干涉，两边相交的直角部分是厨房和浴室这些具有公共功能的房间，用此将两个区域分开。

渐变类型、混合存在类型

除了公共区域与私人区域明确分开的案例以外，像雅各布住宅一样，离大门越近公共性越强，离大门越远私密性越强的渐变类型也比较常见。

施罗德住宅则属于较为少见的案例。平时作为客厅、饭厅（公共区域）的一个房间用可移动隔断区分成私人卧室。一个房间根据不同的时间段，或者根据需要可以是私人的也可以是公共的。这种方式不仅节约空间，而且与传统的日本房屋的思维方式很接近。

16 平面之外的立体思考：纵向关系

研究剖面的构成

迦太基别墅第一方案
勒·柯布西耶

带屋顶的露天平台有两层，客厅与饭厅错开一层后相连接。这是为了住房整体换气所考虑的设计，立面的四个空间竟然没有断开而是错开连接，组合方式非常有趣。遗憾的是，这第一方案没有能够实施。

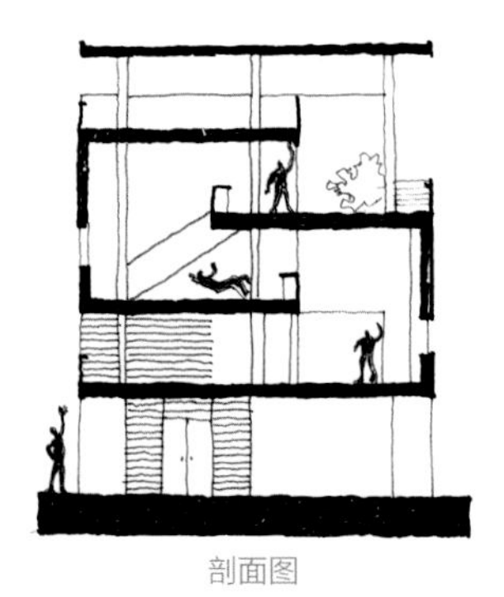

剖面图

从客厅仰视平台层

由于住宅是立体的，在考虑房间之间的关系时，除了平面以外，还要考虑三维关系。那么纵向的研究便可以利用剖面图。

天井的效果

天井是去掉上面一层楼板的一部分而形成两层高空间的做法。这样不仅让室内的天花板变高，而且可以让上下层之间在空间上成为一体。空间不是用四面围墙围起来的、封闭的，而是可以立体交叉视线，与上一层的人甚至可以通话，能够得到扩展的空间。

有人指出由于天井使天花板变高，这部分的空气流通也变大，因此影响冷暖气的效率。但是，根据空气在高处聚集的特点，可以在高处和低处开口，利用暖空气上升的特点促进自然换气，所以天井手法对环境来说也并非不好。

立体地研究房间之间的关系可以创造更加充实的空间。

萨伏伊别墅
[1931年] / 波阿西 [法国]
勒・柯布西耶

萨伏伊别墅的一楼到三楼是通过楼梯连接的，但除了楼梯以外还有斜坡。特别是沿着屋顶花园的二楼上到三楼的斜坡，可以在人们沿着斜坡缓缓上楼的过程中，看到各个方向，是设计师有意让人从立体空间欣赏花园所特别设计的。

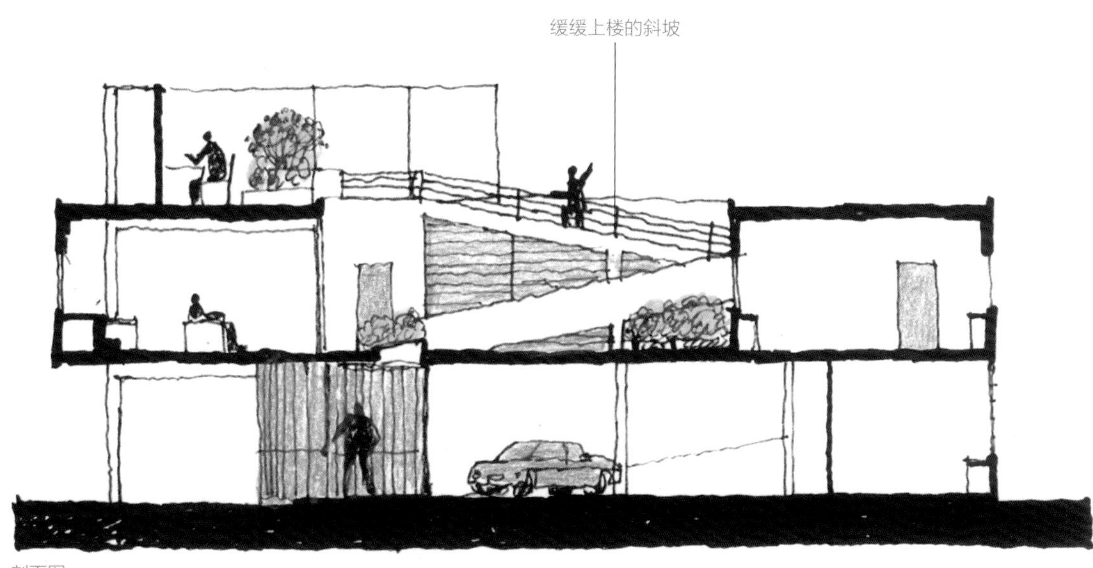

剖面图

考虑纵向动线

二层以上的建筑，需要纵向的移动手段（纵向动线）。在纵向动线中，楼梯最为常用，但楼梯也有陡的、缓的、或直线型的、螺旋形等种类。除了楼梯以外还有像梯子一样不需要太多面积的纵向动线，相反也有像斜坡一样缓慢上升的动线。

在选择上升动线时，重点除了平面占据的面积以外还有上升速度问题。楼梯越陡越站不住，不得不尽快向上走。斜坡则使平面式的移动距离长，花费时间较长，但相反也可以慢慢体会“去往另一个房间”的流程。

除此以外，螺旋楼梯是一边旋转一边上升，由此可以有360° 的视角。纵向动线的不同方式，带来不同的移动体验，需要意识到这些问题来选择合适的方式。

COLUMN

了解阿尔托的人：古利克森夫妻与阿尔德克公司

本文中非常遗憾没有篇幅介绍阿尔托的名作玛丽亚别墅（1938年）。这栋别墅聚集了当时阿尔托对住宅的所有思考，是建筑面积达1400多平米的大豪宅。阿尔托在设计这栋别墅时做了很多尝试：不定形的敞开空间、新材料的组合、新技术等，这些都为他以后的设计方向打下了基础。这栋别墅属于玛丽亚·古利克森和她的丈夫哈利，玛丽亚的父亲是有名的芬兰大亨。对建筑师来说，与理解自己的房主相遇是很重要的事情。而对阿尔托来说，玛丽亚夫妻对自己不能只用理解来形容，他们之间跨越了富豪与建筑师的立场，彼此共鸣，建立了坚固的友谊关系。

阿代克公司的成立

双方之间是因为阿尔托的家具认识的。玛丽亚·古利克森钟爱艺术，被阿尔托的艺术感极强的家具所吸引，1935年向阿尔托提出来希望和他一起成立一家销售阿尔托家具的公司。这个建议正是阿尔托求之不得的。之前他通过代理店销售自己的家具，销售情况太好以至于生产完全跟不上，但是阿尔托对生意的事情毫无兴趣，与追求经济效益的代理店之间关系逐渐恶化。而古利克森与阿尔托夫妻共同成立了阿代克公司以后，阿尔托终于拥有毫不妥协地将他的设计思想反映到家具中的销售渠道。

阿尔托与阿代克公司

阿代克公司的成立，对于阿尔托的设计生涯有两个重大的意义。一个是经济收益上获得稳定，另一个是在造价上，家具比建筑更便宜，可以大量生产，以至于阿尔托虽然在芬兰这个在欧洲并不起眼的国家做艺术活动，他的才能和思想依然广传到了世界各地。

阿代克公司的经营理念是优先反映阿尔托的艺术性和产品的品质，而不是利润，所以一直也没有扩大业务，但是现在依然在销售以阿尔托的遗产为主的艺术性和高品质的家具，这样的公司堪称罕见。

（松下希和）

阿代克公司的样品间。这里除了销售阿尔托设计的家具以外，也销售现代设计师的新作品

7 集合住宅设计重点

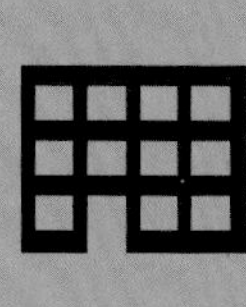

集合住宅的设计要点

集合住宅需要考虑的内容

- 住户单元的组合方式→118页
- 共同动线的形式→124页
- 住户单元→130页
- 居民共享空间→136页

湖滨公寓的外观，两栋玻璃大厦互成90° 拔地而起

集合住宅是一个建筑物中多家住户聚集在一起居住的形态，有町屋、小区、郊外别墅（联排式住宅）、公寓、集资合作建房等各种类型。近代以来，由于人口的增加和集中，需要迅速应对不断增加的住宅需求，于是建成了大量的集合住宅。比起独立住宅，集合住宅每户使用的土地面积少，土地利用更加有效，成为了主要的城市住宅形式。

由于多家住户集中在一起，施工、维修、安全等方面都具有高效经济的特点，但与独立住宅相比，互不相识的人密集地居住在一起，存在动线、噪音、视线等保障私密性的问题。而且，因设计集合住宅时尚未开始销售的情况居多，只能按照大众化的居住条件考虑，设计容易变得单调、一致。但另一方面，如果大门、大堂、庭院等公共空间的设计比较充实，也可以获得整体比独立住宅更加舒适的环境。

那么，集合住宅都会有哪些类型呢？让我们按照①住宅单元的集合；②共同动线；③住户单元；④共有空间的顺序看一下。

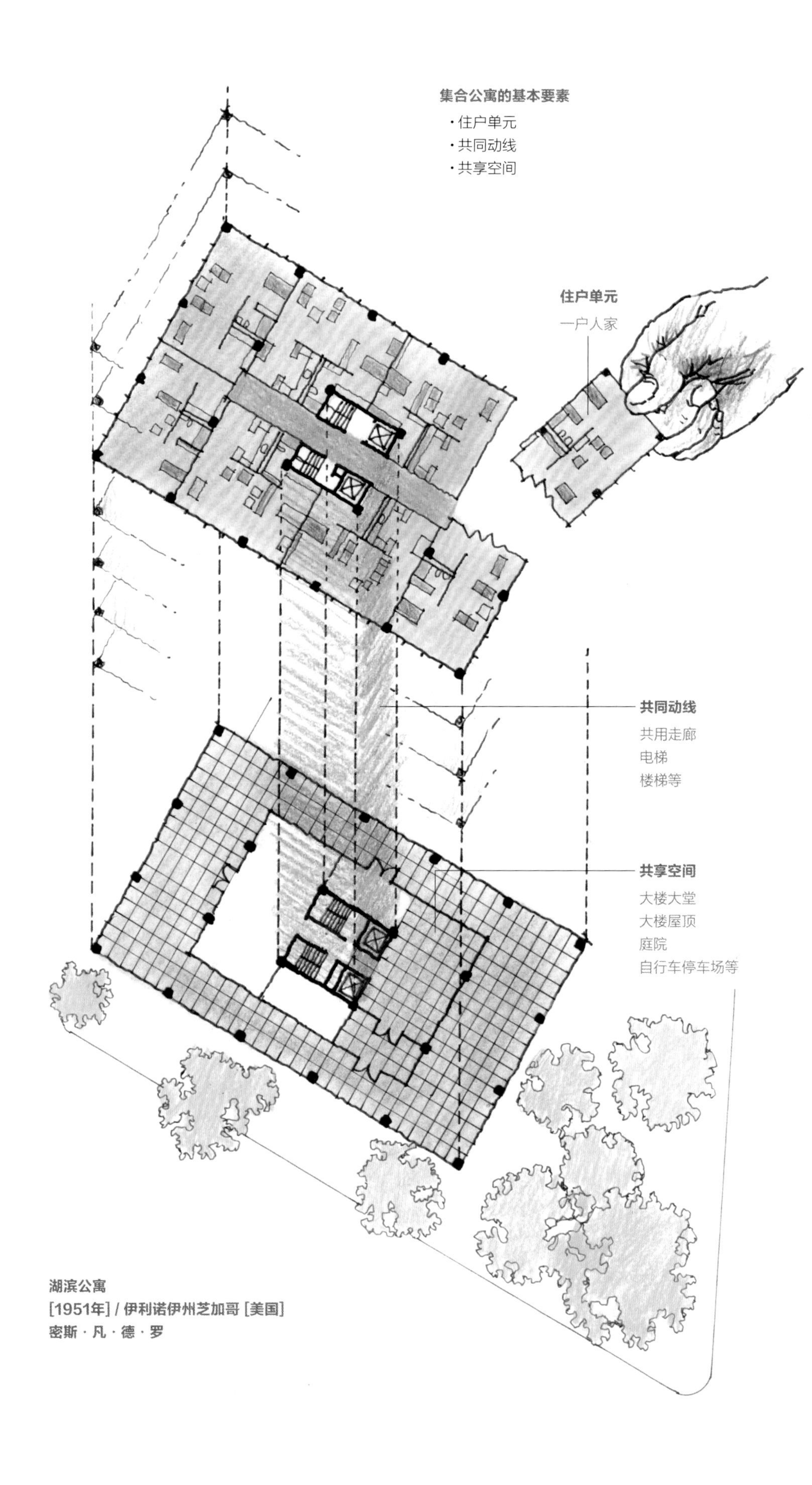

湖滨公寓
[1951年] / 伊利诺伊州芝加哥 [美国]
密斯·凡·德·罗

② 住宅单元的集合方式

4种集合方式

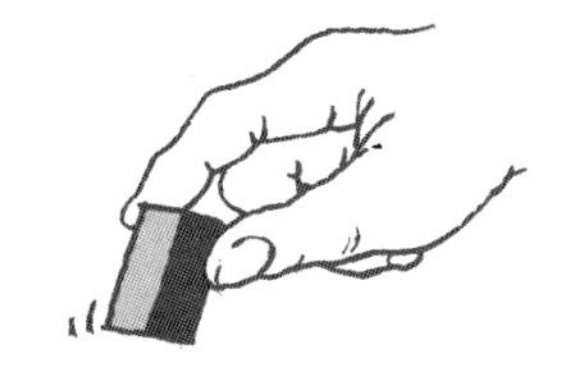

住户单元的摆放方式决定集合住宅的类型

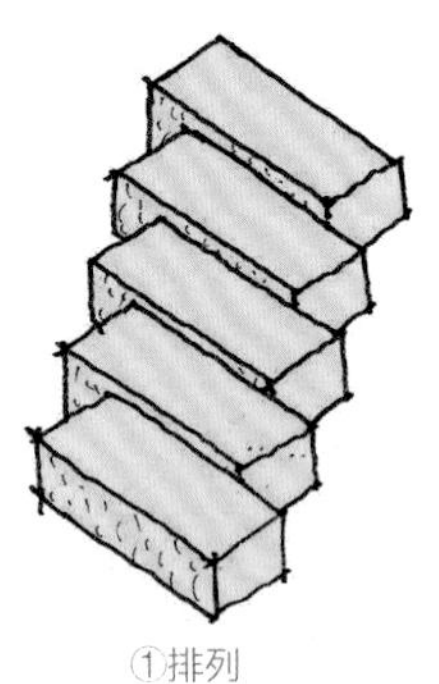

①排列

②围合

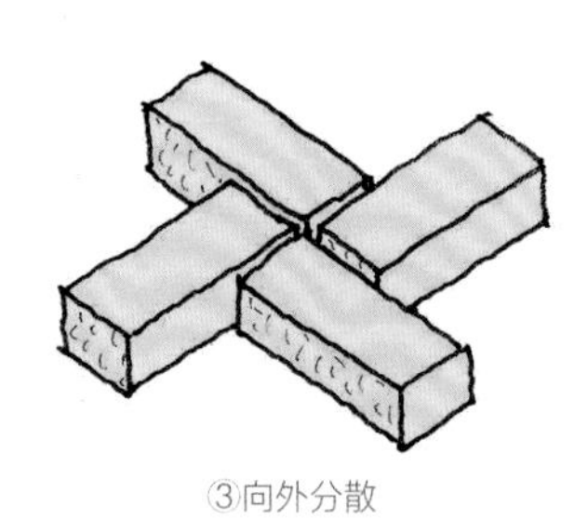

③向外分散

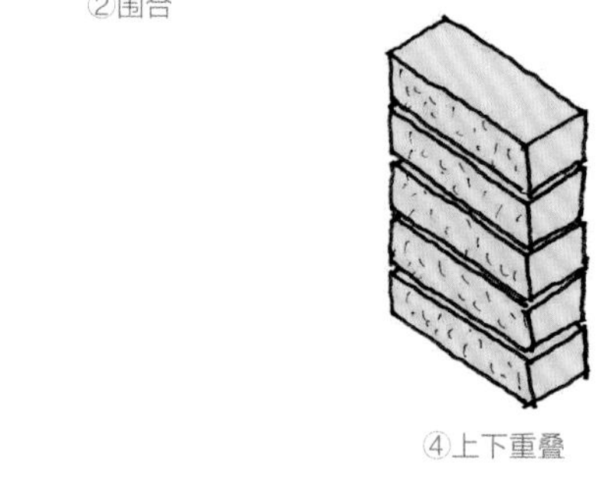

④上下重叠

集合的原理

设计集合住宅时，如何组合各住户单元部分的系统很重要。迄今为止，出现过的集合方式有无数，经过整理大致可以分为四类：①排列；②围合；③分散；④重叠。这四种类型各自都有各自的特点，而且不同类型之间还可以组合。下面举出一些具体例子，请大家参考。

排列

平面上让住户单元挨着排列的方式，挨着的单元之间共有一面墙，联排式住宅（Townhouse）以及日本传统的町屋（町屋是日本的传统住宅，相当于中国城市中的街屋或商住两用住宅。町屋的特色是木制，楼高两层，狭长的基地，前店后住，中间是安静的庭院）都是这种方式。类似于建筑整体呈长方形的伊拉斯谟线低层集合住宅，不少是单元列队的形式。也有像苏赫姆集合住宅那样，单元排成大雁飞行的形式。“重叠”起来的设计，同样也被应用于中高层住宅。

3 将单元排列

长方形——单元之间并排排列，
整体成为一个大的长方形

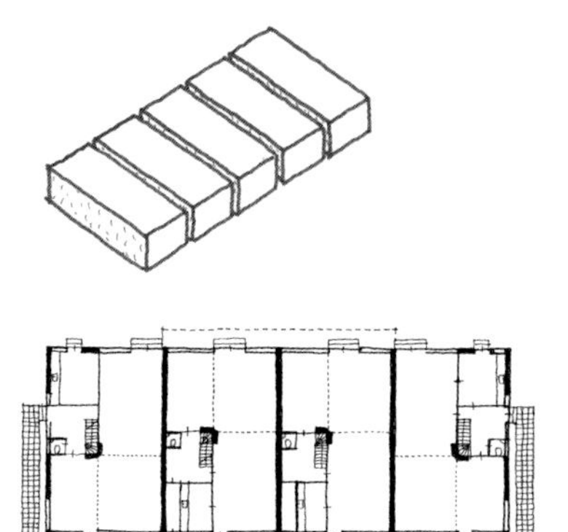

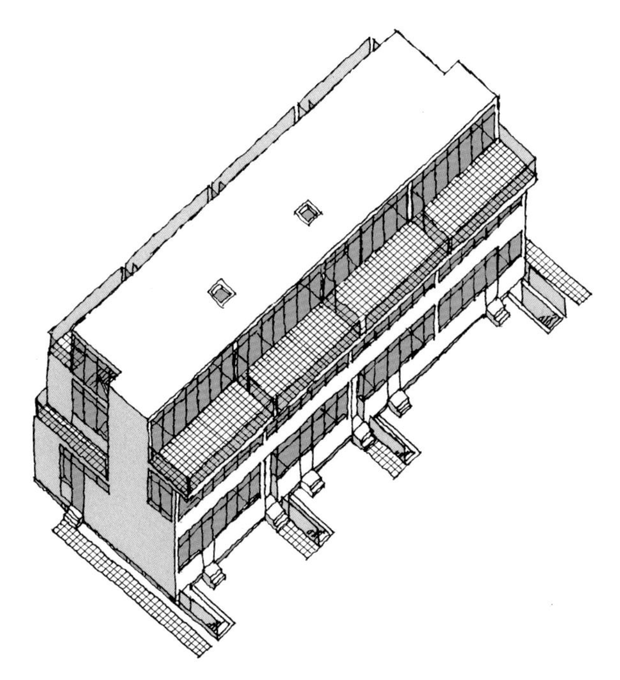

伊拉斯谟线低层集合住宅
[1931年] / 乌得勒支 [荷兰]
格里特·托马斯·里特维尔德

每家住户都由地下一层、地上三层构成，4户人家组成一个集合住宅。

大雁形——单元之间均匀错开排列，如同大雁飞行的形状

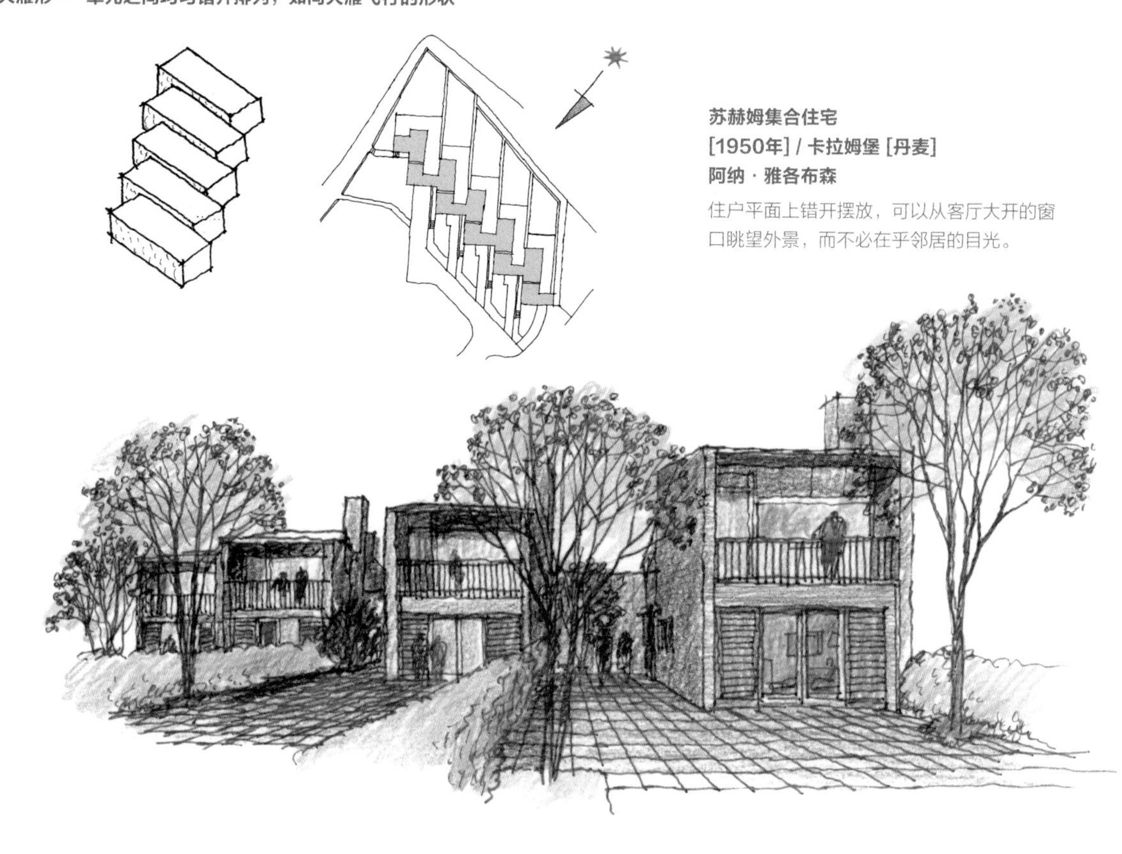

苏赫姆集合住宅
[1950年] / 卡拉姆堡 [丹麦]
阿纳·雅各布森

住户平面上错开摆放，可以从客厅大开的窗口眺望外景，而不必在乎邻居的目光。

4 将单元围合 / 分散

像围起中庭一样摆放单元的方式

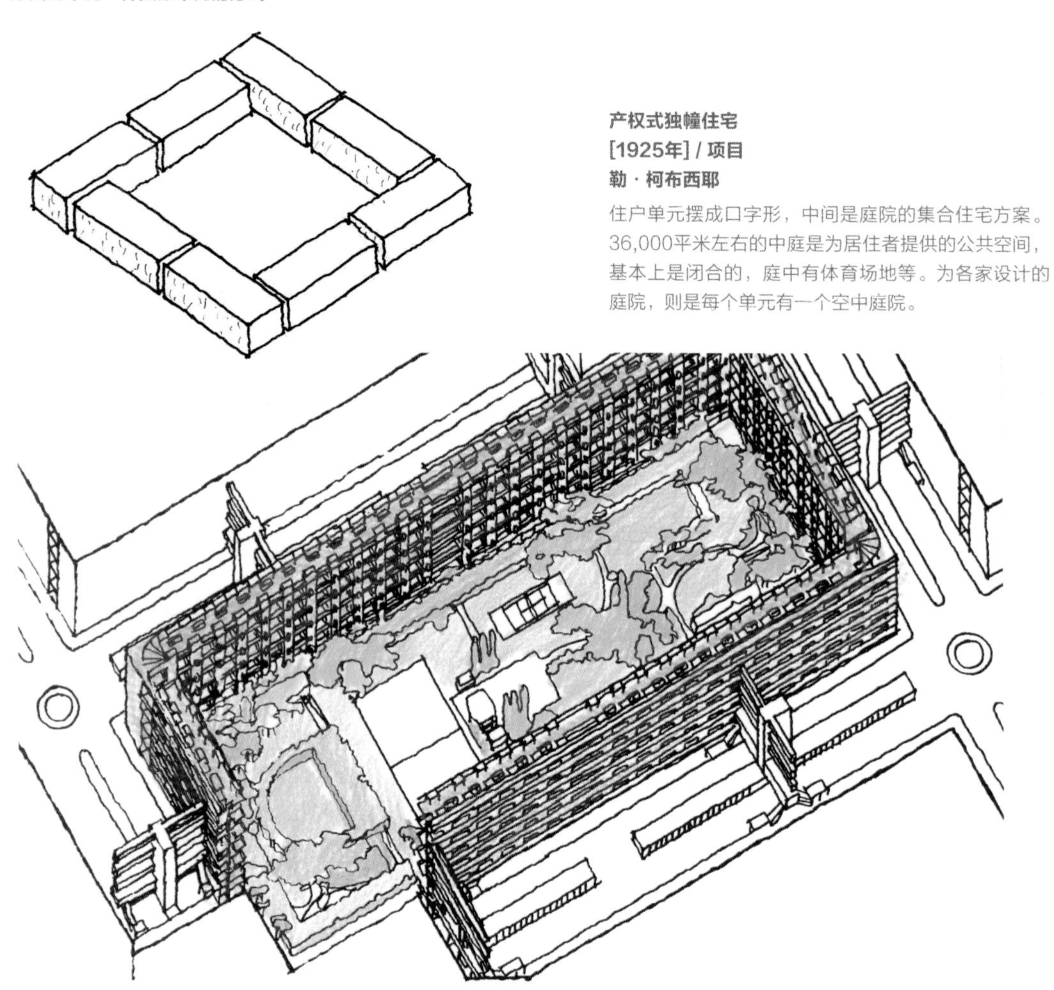

产权式独幢住宅
[1925年] / 项目
勒·柯布西耶
住户单元摆成口字形，中间是庭院的集合住宅方案。36,000平米左右的中庭是为居住者提供的公共空间，基本上是闭合的，庭中有体育场地等。为各家设计的庭院，则是每个单元有一个空中庭院。

围合

围合是将单元围起来而中间是中庭的形式。有的是完全围成口字形的，有的是一面打开的。由于住户共有中庭，可以增加住户之间的交流。中庭部分有些是只供居住人使用的，有些还对附近的居民开放，重叠起来建成高层的情况较多。

分散

分散是将复制的单元分散排放的方式，其单元之间接触的部分较少，或者像莫顿的集合住宅一样完全没有接触，乍一看不像是集合住宅，但实际上连同外部空间在内是一个整体群落。为了使整体有统一感，将单元之间的庭院或小路等外部空间设计得协调是很重要的。

将复制的单元分散摆放的方式

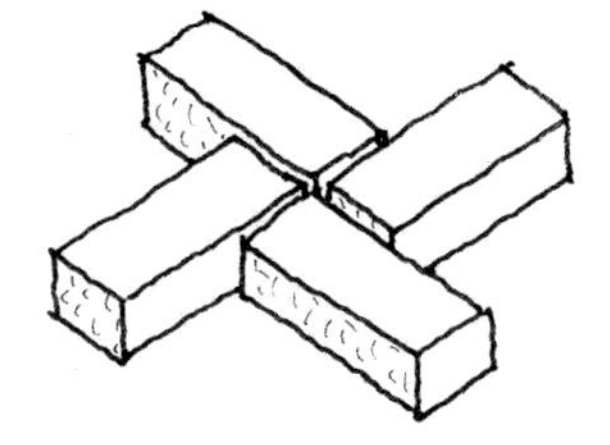

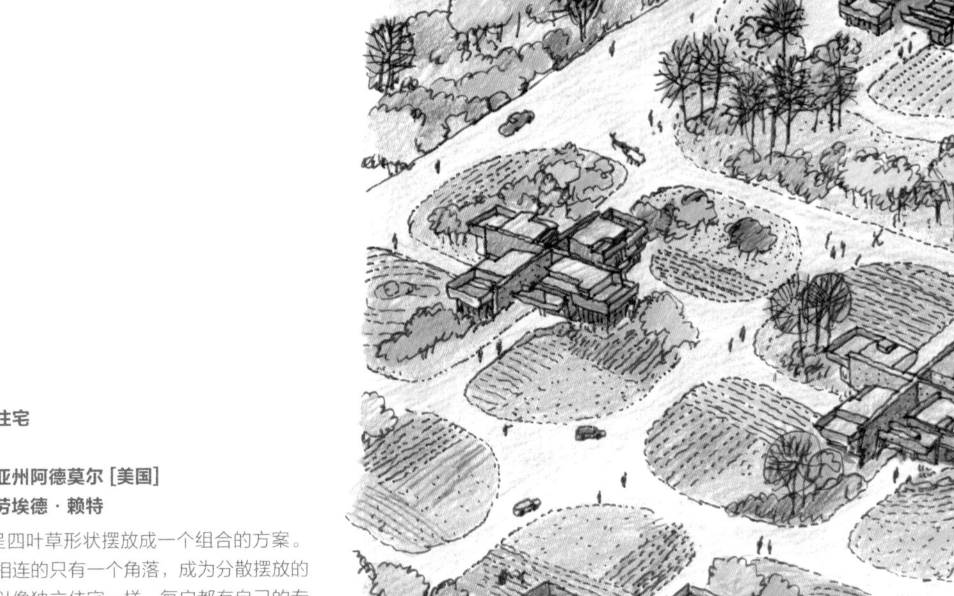

Suntop住宅
[1931年]
宾夕法尼亚州阿德莫尔 [美国]
弗兰克·劳埃德·赖特

4个单元呈四叶草形状摆放成一个组合的方案。单元之间相连的只有一个角落，成为分散摆放的形式，可以像独立住宅一样，每户都有自己的专用庭院，遗憾的是没有实现。

经过改装后的住宅现在依然被精心使用。

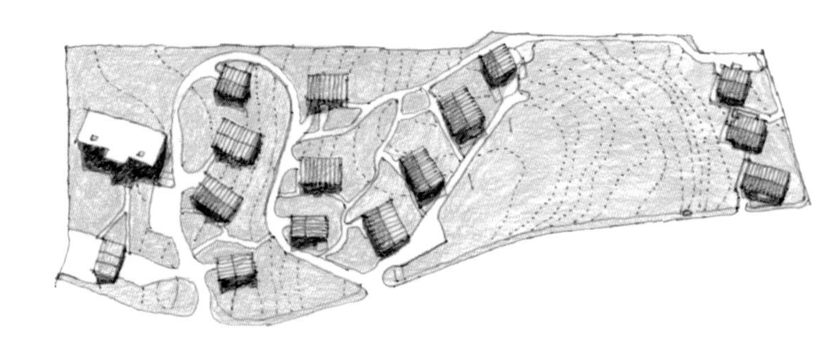

莫顿的集合住宅
[1952年] / 莫顿 [法国]
简·普鲁威

为战后迅速供给住宅所建的简易住宅群。金属与木制的板材构成的14栋住宅，随着地形原有的斜坡和自然环境而摆放，既分散又能集合成一群。

5 将单元重叠

不莱梅公寓住宅
[1962年] / 不莱梅 [德国]
阿尔瓦·阿尔托
22层的高层集合住宅，
主要为单身或没有孩子的夫妻设计。

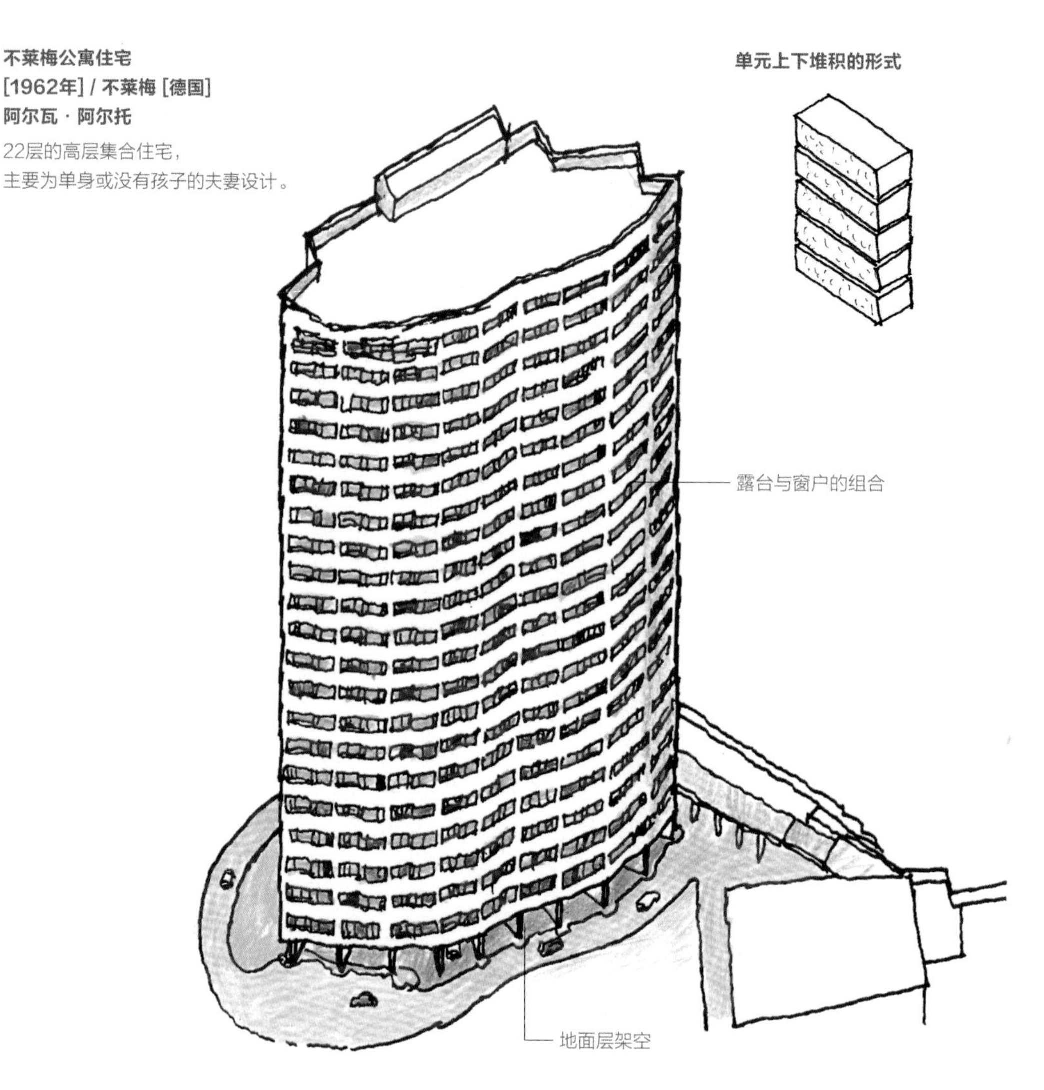

重叠

重叠是将单元纵向堆积起来的方式，常与排列和包围方式一起使用。其3层以下称为低层，5层左右称为中层，高于6层的高层集合住宅是近年发明了电梯以来较为发达的新形式。即使地面面积有限，但向高处可以不断加盖楼层的话，土地的利用效率很高，同时能增加地面层的绿化面积，高层住户的景观眺望和采光效果也很好。

但是，高层建筑会留下长长的影子，影响周围环境，做计划的时候要注意大楼的方位以及与周围建筑物的关系。此外，由于从低层向高层的移动手段只能使用电梯，还要考虑人们等待电梯的时间以及发生灾情时的应对方式。

单元密度高代表着居住的人多，会存在隐私与社区的问题。因为单元的户型大都类似，居住人群的家庭构成也会相似，很难获得多样性。即使如此，在人口密集的地区，高层集合住宅是解决住房

马赛公寓大楼
[1952年] / 马赛 [法国]
勒·柯布西耶

柯布西耶设计的一连串集合住宅（公寓大楼）中最有名的作品，是8层共计337户的巨大住宅。

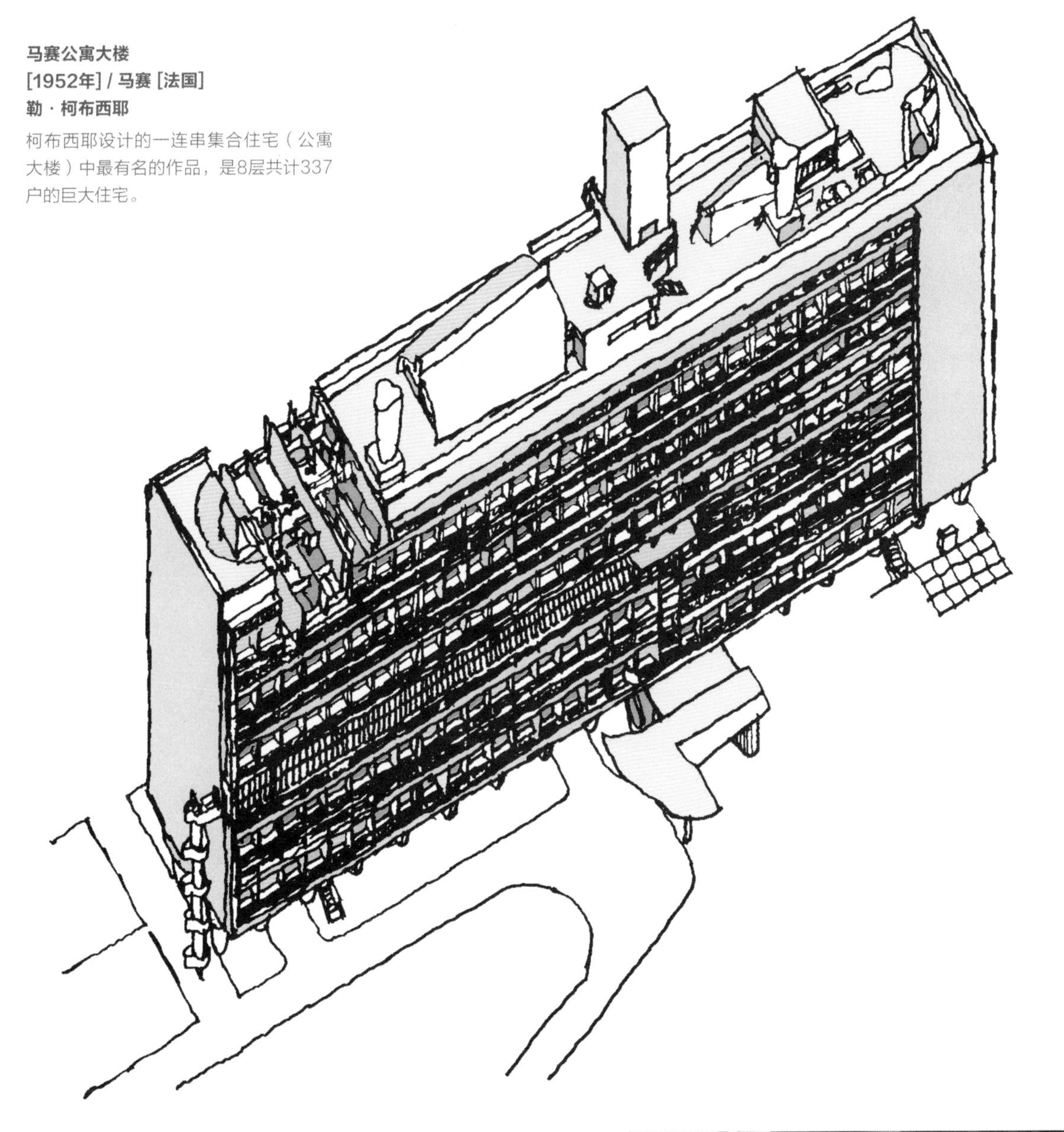

问题既经济又快速的有效手段，对需要建成大片住宅的地区也很奏效。现在已经有了高达50层以上的高层住宅，这类住宅如何设计才能让居住方式更为舒适，还是有待于解决的课题。

马赛公寓的地面层用柱子架空，人可以看到对面的场景

⑥ 半公共空间形式的多样性：共同动线的形式

如何考虑共同动线

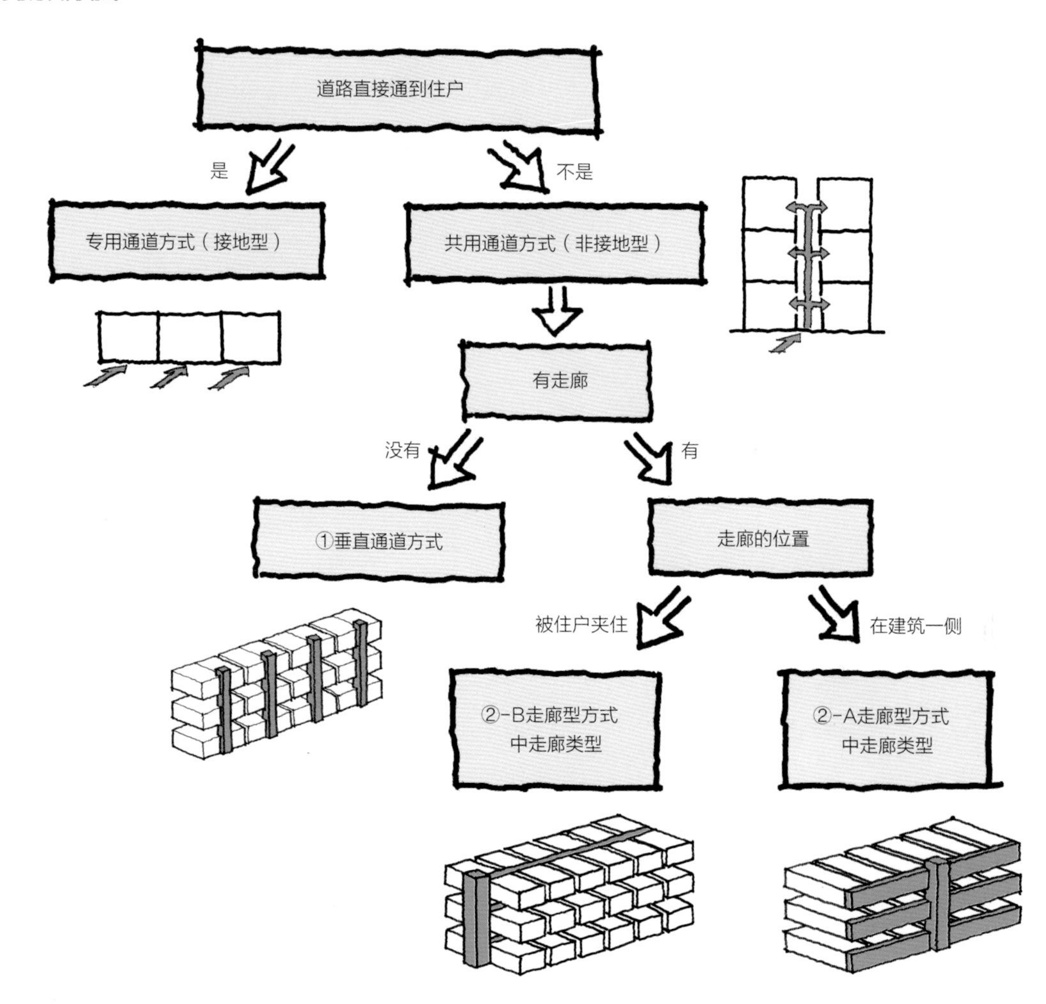

独立住宅通常从公共区域的道路进入大门后就直接进入住户的私人区域。但是对于集合住宅来说，通常道路和私人宅门之间有一处称为“共同动线”的次级公共性的动线，主要是集合住宅住户共同使用的走廊、楼梯、电梯等。

共同动线越少，经济性越高，但也并不是越少越好。因为在发生紧急情况时，居住者都要利用共同动线避难，因此动线的长短、宽窄、位置、数量都要仔细研究。一方面，使用共同动线的住户越少，设计上就越能接近独立住宅，隐私的保障性也就越高；另一方面，虽然走廊很容易被设计成没有生气的地方，但如果能将它看做是居民的汇聚点，不单单把它作为一个路过的空间，而是有活力、有动感的空间，也可以为走廊赋予新意。

共同动线的形式与住户单元的集合方式、各单元的开口朝向、方位等有关，上方的图就显示了各种各样可以考虑到的关系，这里介绍几种具有代表性的动线。

7 直接通向住户的走廊形式

从专用的前院进入大门

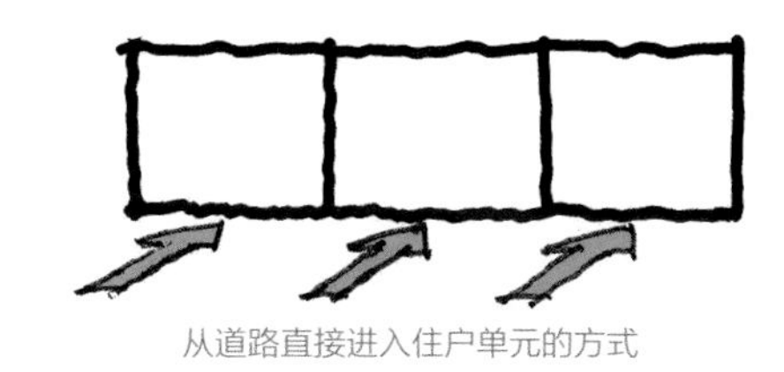

从道路直接进入住户单元的方式

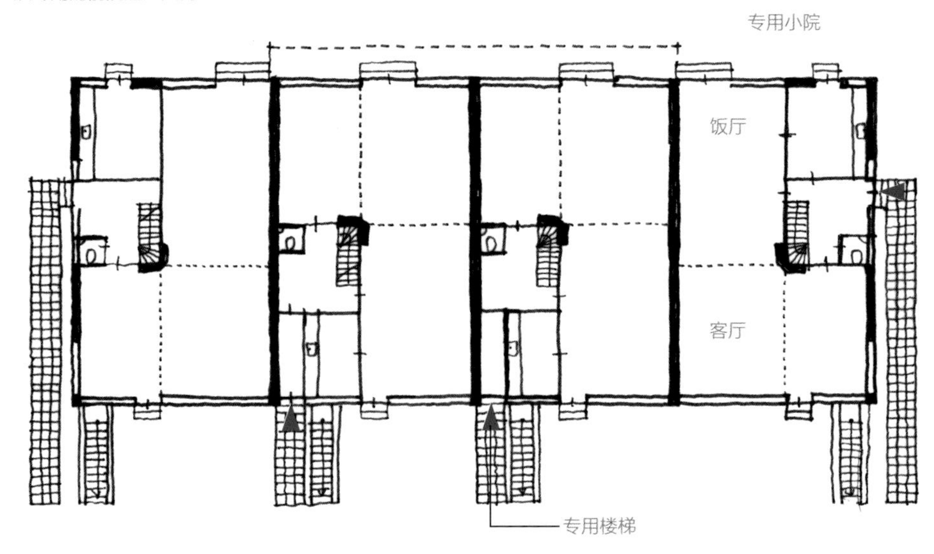

伊拉斯谟线低层集合住宅
[1931年] / 乌得勒支 [荷兰]
格里特·托马斯·里特维尔德

每个住户单元相邻，共有界限墙的联排式住宅（町屋）形式，是典型的专用道路案例。每家住户都可以从专用道路直接进入，而楼房背面则有专用小院。

在专用道路方式中，每个单元都有只能进入这个单元的道路，没有共同动线，这是联排式住宅或者町屋经常采用的方式。各单元都在地面层，可以设计单元专用的院子，也可以在每户单元旁边设计它们专用的停车位。这种方式更接近独立住宅，可以说是私密性较高的住宅形式。

上述方式，需要每家住户都与道路相接，无法将单元重叠。但每家住户可以拥有上下楼（通常是1~3层），以低层住宅为主。

这里举出的伊拉斯谟线低层集合住宅案例就是典型的专用道路方式。各单元有各自专用的大门，人们可以很容易地进入单元前后的客厅与饭厅的院子，这种形式沿袭了荷兰最普通的低层住宅方式。

8 共同动线的变化：垂直动线与单侧走廊

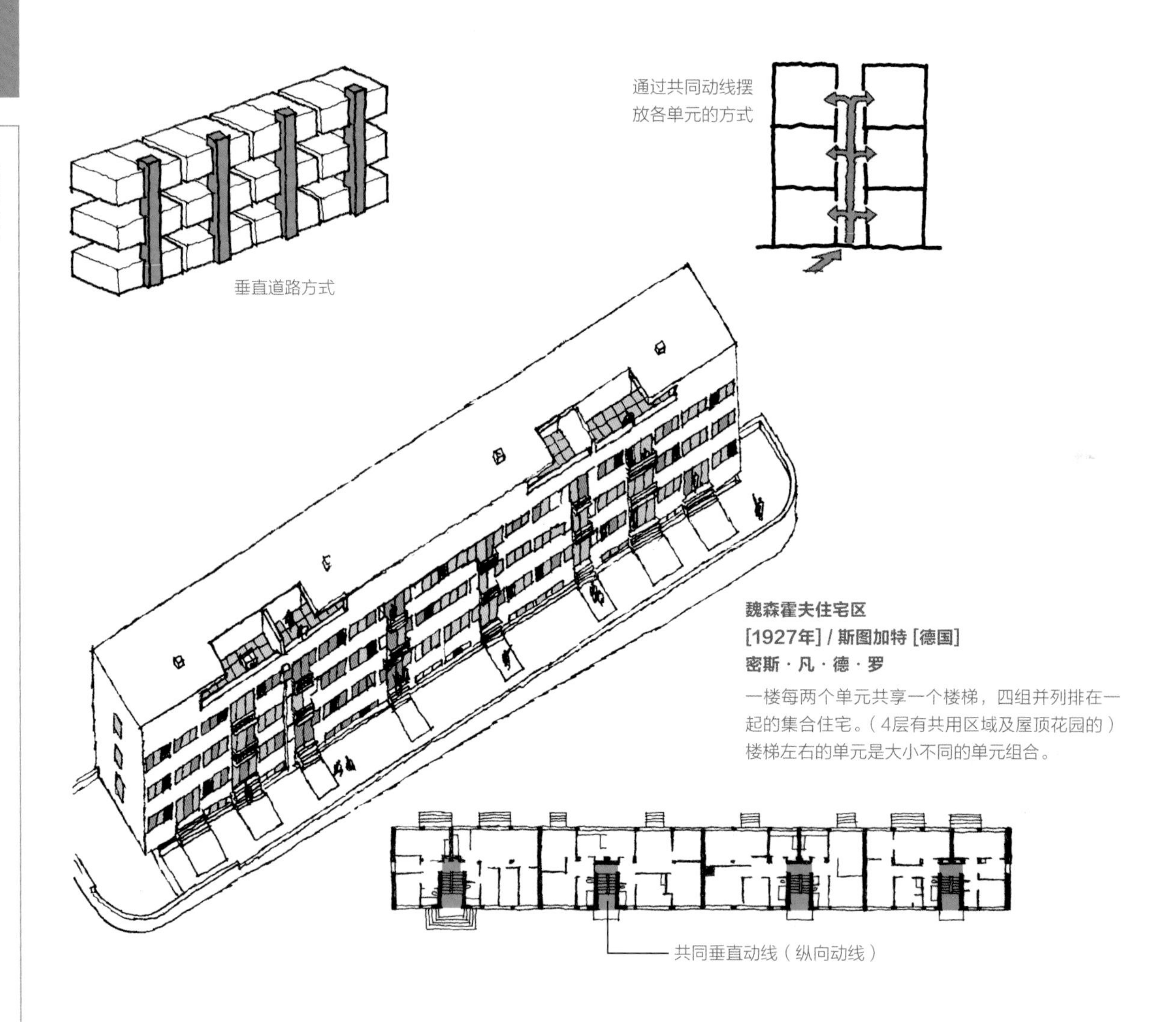

魏森霍夫住宅区
[1927年] / 斯图加特 [德国]
密斯 · 凡 · 德 · 罗

一楼每两个单元共享一个楼梯，四组并列排在一起的集合住宅。（4层有共用区域及屋顶花园的）楼梯左右的单元是大小不同的单元组合。

通过共同动线进入单元的方式。除了一层的住户，其他住户都与地面不相接，成为多层堆积的“重叠”形式。

共同的垂直动线

共同的垂直动线是纵向动线不经过走廊直接到达单元的形式。几个集成小组的单元共同使用一个纵向动线。由于可以共同使用纵向动线的单元数量有限，相较于走廊型方式私密性更高些，但因需要的纵向动线数量较多，所以造价上经济性较低。纵向动线除了楼梯以外，还可能需要电梯，但不是特别适合高层楼，主要还是以中低层楼为主。

走廊型方式

纵向动线通过走廊连接各个住户单元的形式，对于住户较多的高层集合住宅来说，可以说是最合理的方式。高层住宅中，纵向动线需要楼梯和电梯，以及其他设备管线等都集中在一起成为“核

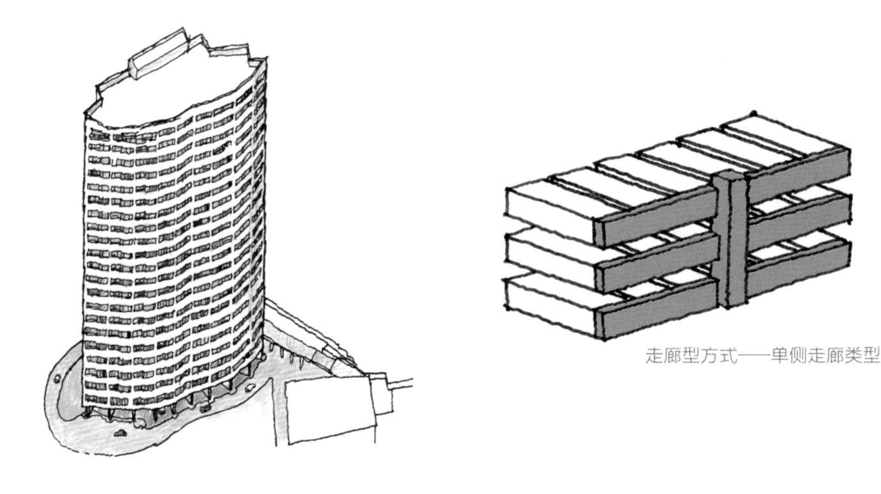

走廊型方式——单侧走廊类型

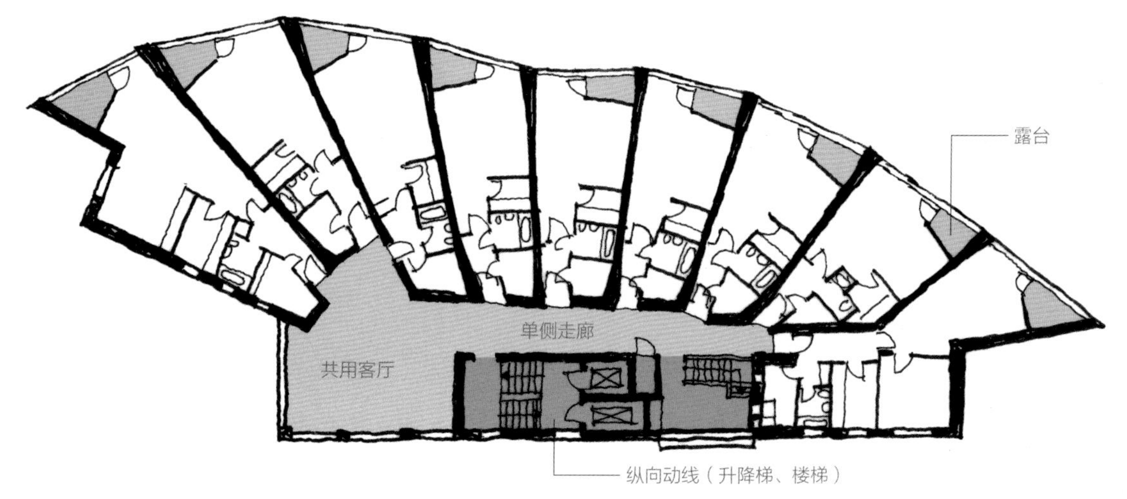

不莱梅公寓住宅
[1962年] / 不莱梅 [德国]
阿尔瓦 · 阿尔托

通常这类方案都是长方形的平面较多，而这栋住宅的特点则是类似扇形的不规则图形。这一形状可以合理地缩短走廊的长度。走廊中的粗线部分是类似共用客厅的空间。

心”。设计走廊型方式时，建筑的“核心”位置与走廊的关系十分重要。

单侧走廊类型

纵向动线通过集中在大楼一侧的单侧走廊进入各个单元的方式。走廊有的在室内，有的在室外，室外还可以建成木制的平台方式。走廊的窗户或门被打开时，各单元可以保证两面的采光与换气。这种方式的建筑单元通常都是同一个朝向，容易形成条件均质化。

单侧走廊类型的集合住宅以长方形平面居多，而不莱梅公寓住宅的特点则是类似扇形的不规则图形。在扇面较宽的部分布置住户，较窄的部分集中布置共同动线，合理地缩短了走廊的长度。走廊基本上是室内的，但通过打开的窗户实现了换气功能。

9 走廊的变化：中间走廊

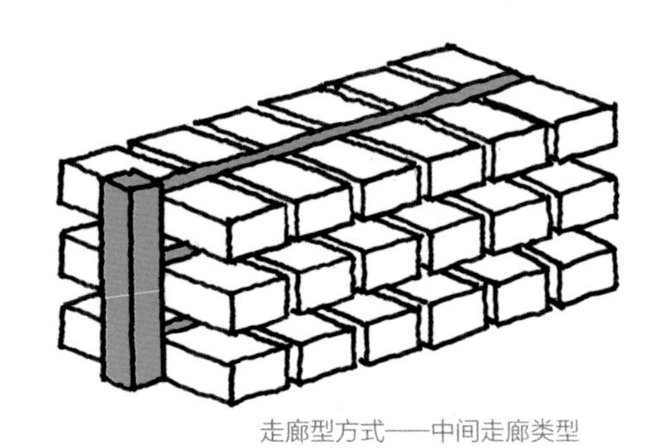

走廊型方式——中间走廊类型

马赛公寓大楼
[1952年] / 马赛 [法国]
勒·柯布西耶

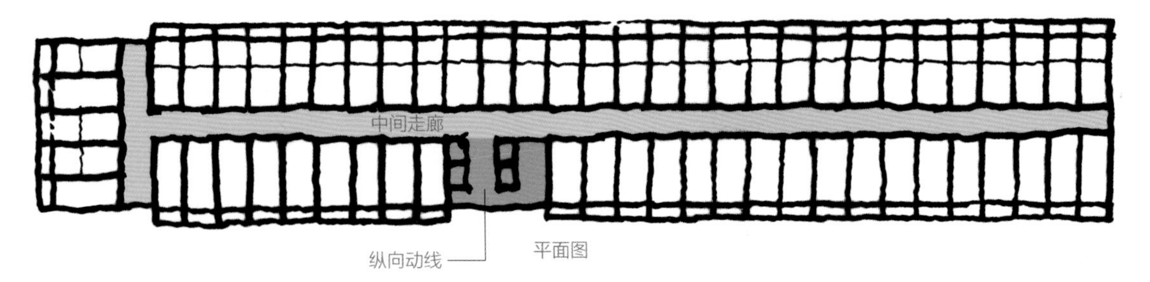

平面图

剖面示意图

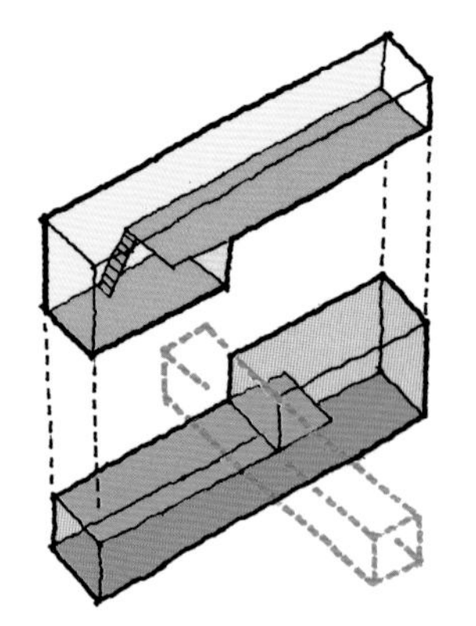

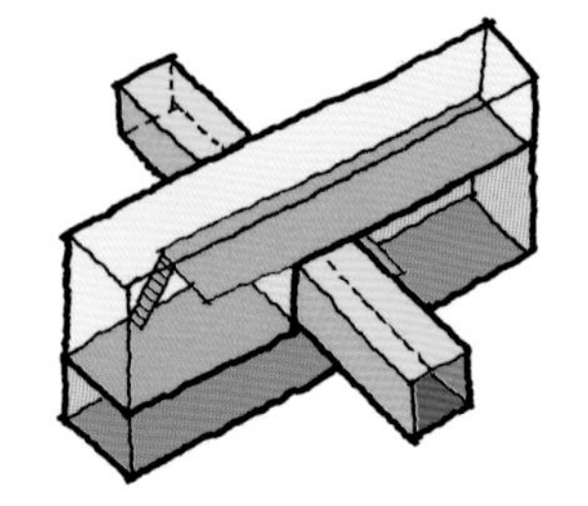

单元的中间走廊，不只是从平面上看走廊被住户夹住，而且从剖面上看也同样被上下住户夹住。因此，中间走廊每3层有一个，其他楼层的走廊部分都分给了单元住户，可以说是一个很有效率的结构。

何谓中间走廊类型

中间走廊类型是纵向动线到住户之间的走廊两侧摆放住户单元的类型。由于单元通常只有一面可以设置窗户，所以保障自然采光和换气较为困难。而走廊也是只有两头可以设置窗户，但通常是封闭的，成为较暗的空间，在这方面，设计师需要仔细思考。

为了弥补这一缺点，每2层或3层设置中间走廊，形成住户包围走廊的摆放方式，就可以让窗户两面打开。柯布西耶的马赛公寓大楼就是采用的这一方式，将住户两端的面打开，保障了自然换气和采光。

密斯喜好的中间走廊

中间走廊类型的优点是，由于住户摆放在走廊两侧，一个走廊可以成为多家住户的共享动线，动

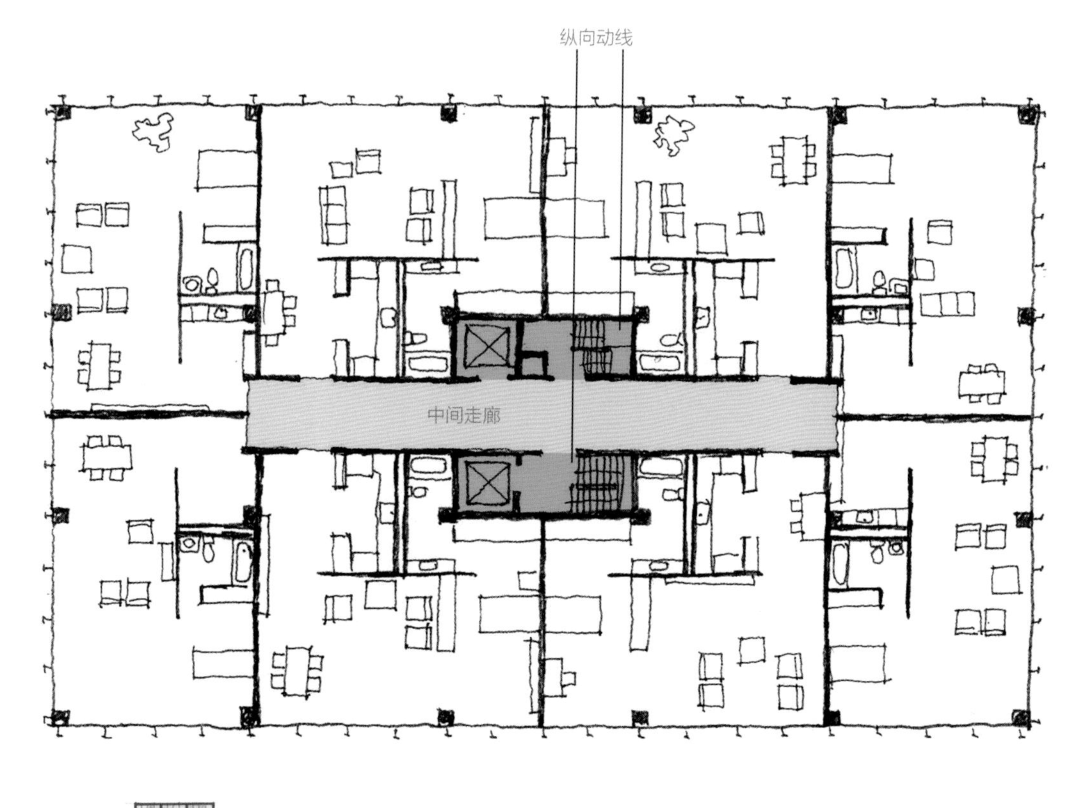

湖滨公寓
[1951年] / 伊利诺伊州芝加哥 [美国]
密斯 · 凡 · 德 · 罗
每个建筑物都具有核心部分，从其正中央的走廊可以通到各单元。走廊尽头也布置了单元，针对单元数量设置来说，走廊较短是一个有效率的方案。这一设计将纵向动线和走廊放在中央，使得大楼四面均可以采用玻璃作为外墙。

线的使用效率较高。密斯设计的集合住宅采用这一方式较多。同样，湖滨公寓的中间走廊被住户包围，完全没有自然采光，但也因此将走廊缩到最短，这是一种合理的考虑方式。对于一层这栋住户数量较少的公寓来说也是适合的。另外，将“核心（core，指楼中的主要功能部分，如楼梯、电梯、厕所、用水处、电机室等，位于每层同一个位置）”部分设置在建筑中央，结构上也比较稳定。但事实上，密斯喜好中间走廊的最大原因是将走廊和核心部分设置在建筑中央，则建筑四面可以全部用玻璃覆盖，成为一个长方体的玻璃盒子，这才是他真正的喜好。

中间走廊类型，因为走廊完全没有对外敞开的面，相对于敞开的单侧走廊类型更具安全性。这一形式现在也多采用于无法将楼梯设置在外部的高层住宅中。

10 朝南？两面对开？住户单元的开口

①一面开放

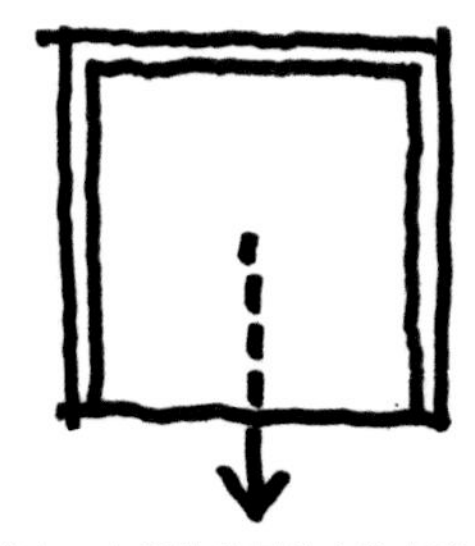

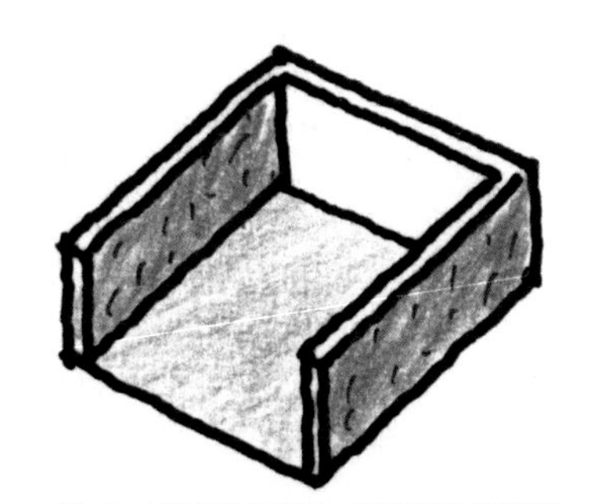

优点：容易做分割住户的方案　　缺点：容易产生采光、换气不好的房间

②两面成90°打开

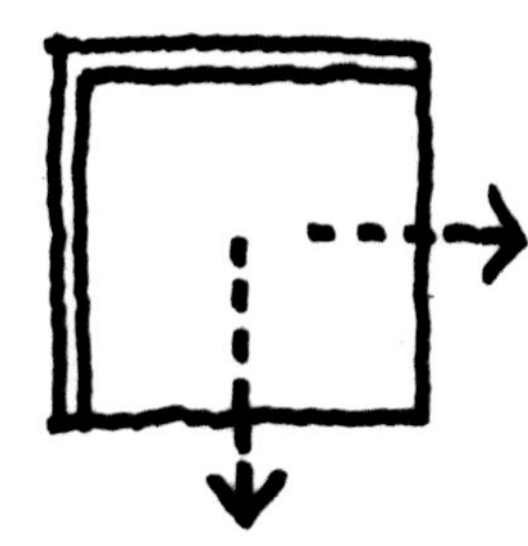

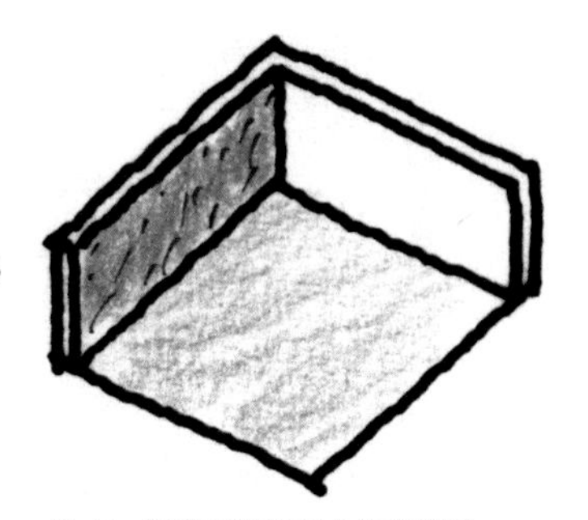

优点：可以获得大面积景观视角　　缺点：很难获得较多个住户数量

③两头两面打开

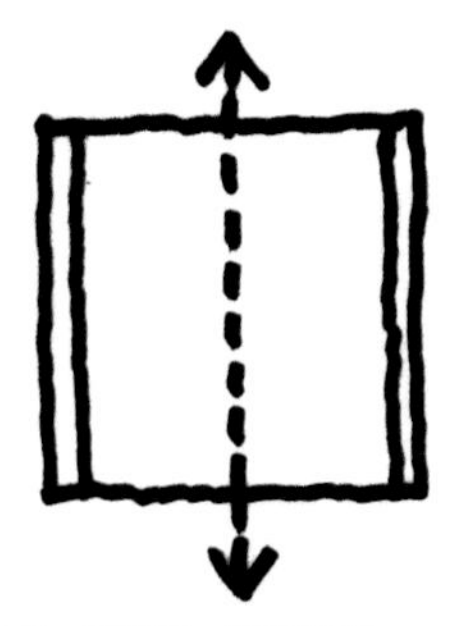

优点：对采光、换气有利　　缺点：走廊和楼梯的安排上要仔细考虑

集合住宅是住户单元的集合，通常设计集合住宅时，居住人尚未决定下来的情况较多，需要针对多数不特定人做设计，所以单元内部设计一般会将住户的家庭成员构成进行分类的设计。日本对房型的表示方式是按照nLDK（n个卧室加上客厅、饭厅、厨房），这里我们想换个视角对户型分类。

打开面的朝向

宣传户型的广告词中常常用到“朝南房间”这样的语言。的确，房间里有朝南打开的窗户通常采光采热较好，但是不是只考虑这一点就够了呢？从采光和换气的角度来说，当然是对外打开的面越多越好，而集合住宅中能够将四面打开的房间首先就不存在。如何尽量保证房间有更多的面可以打开，打开的一面到单元各房间的距离才是影响单元居住环境的重要因素。

⑪ 单侧敞开需要在户型上下功夫

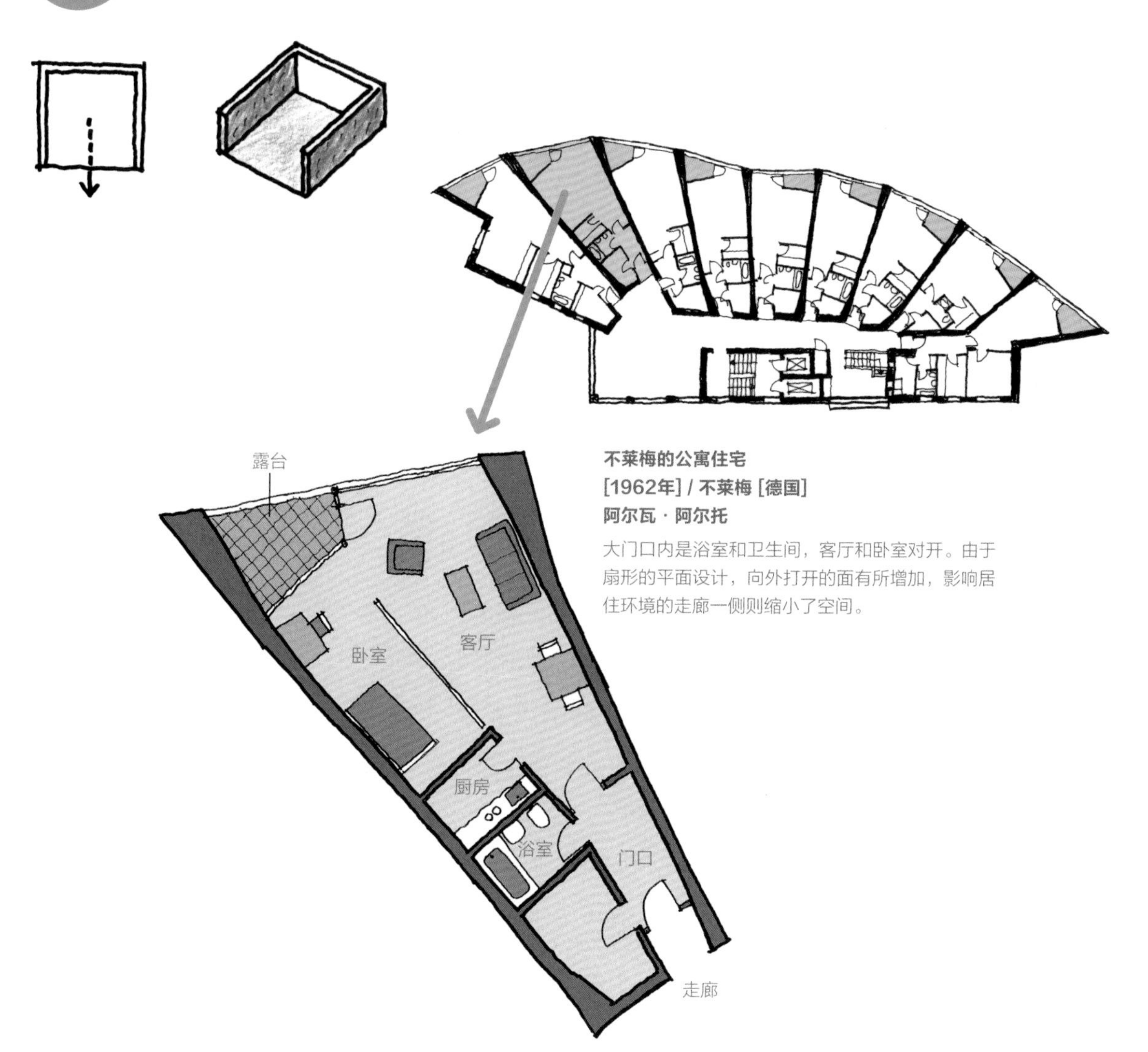

不莱梅的公寓住宅
[1962年] / 不莱梅 [德国]
阿尔瓦 · 阿尔托

大门口内是浴室和卫生间，客厅和卧室对开。由于扇形的平面设计，向外打开的面有所增加，影响居住环境的走廊一侧则缩小了空间。

共通道路方式的走廊类型是设计师最经常采用的形式。它的特征是：由于每个单元只有一面是可以打开的，开放面的朝向对室内环境影响很大。而进深较大的单元，走廊一侧光线不足，不太适合设置为经常待的房间（如客厅等），通常是浴室、厕所靠走廊一侧。另外，开放一侧开的窗户，都朝一个方向开则无法换气，设计师还需要在这方面多加考虑。

不莱梅的公寓住宅为了将单元开放的一面尽量扩大，同时尽量缩小影响居住环境的走廊一侧，便可让最里侧的房间尽量扩大。一般的长方形平面中、无论哪个单元都会朝着同一个方向，而这一扇形方案不仅将对外一侧面积设置很大，各单元的窗户朝向也一点一点地错开方向，可以眺望不同的风景。在开放面一侧还设置了小露台，为这一面带来了变化，增强了空间和视野开放感。

12 更具敞开感的两面对开需要以90° 打开

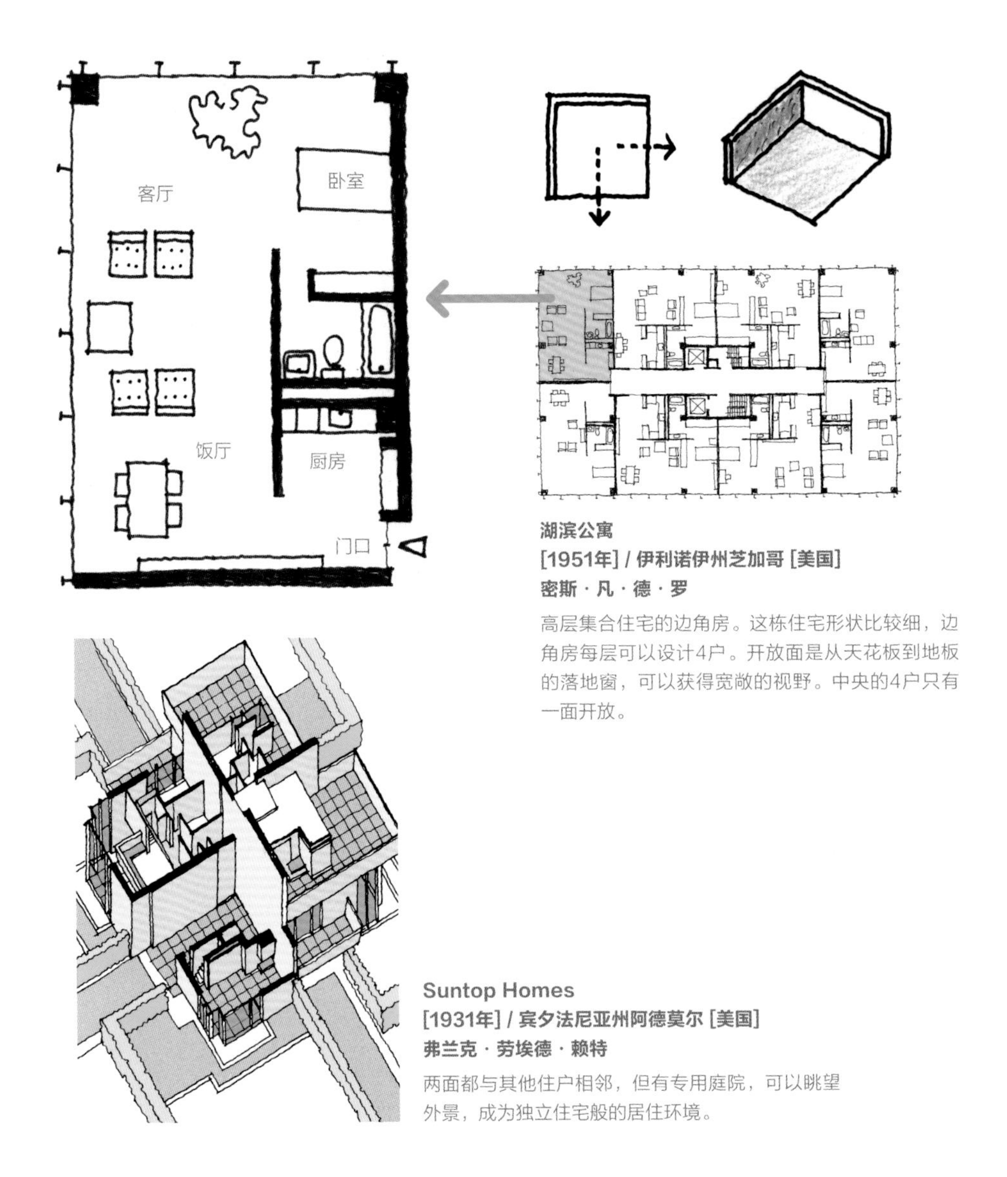

湖滨公寓
[1951年] / 伊利诺伊州芝加哥 [美国]
密斯 · 凡 · 德 · 罗

高层集合住宅的边角房。这栋住宅形状比较细，边角房每层可以设计4户。开放面是从天花板到地板的落地窗，可以获得宽敞的视野。中央的4户只有一面开放。

Suntop Homes
[1931年] / 宾夕法尼亚州阿德莫尔 [美国]
弗兰克 · 劳埃德 · 赖特

两面都与其他住户相邻，但有专用庭院，可以眺望外景，成为独立住宅般的居住环境。

两面对开是单元的两面打开成90° 角的形式，也叫“边角房”。因为有两面对外，自然采光和换气都较为容易。设计中高层集合住宅的时候，像湖滨公寓这种细塔状的建筑物可以让边角房数量占总住户的比例更高。

在设计单元内的平面图中，要尽量让两面开放的优越性显示出来。私密性高的房间靠向内侧墙面，在开放墙面设置客厅、饭厅等面积较大的房间，尽量让窗口面积也开得较大。如果在靠窗一侧设计较小的房间，两个方向的换气就不能被充分地利用。特别是像湖滨公寓这样的住宅，采用了落地窗的设计，若将两面都开放的话，就能获得广角眺望，让整个房间感觉更开阔。

Suntop Homes是将四个单元各转90° 角摆在一起，可以将面对专用小院的另外两面墙打开。

13 换气、采光都有利的顶端两侧对开

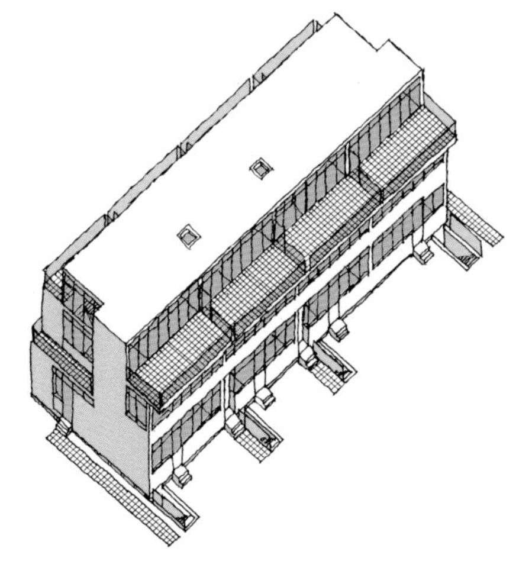

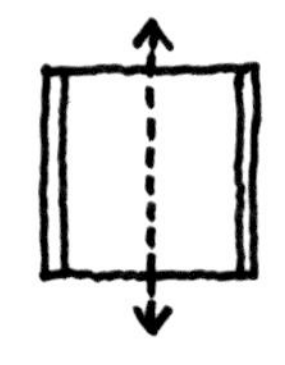

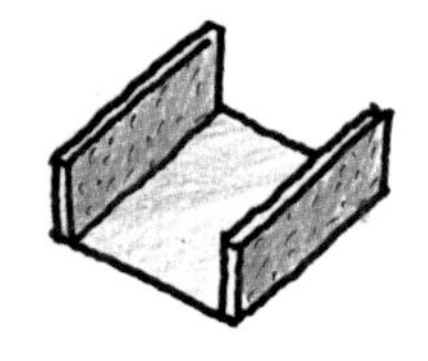

伊拉斯谟线低层集合住宅
[1931年] / 乌得勒支 [荷兰]
格里特·托马斯·里特维尔德

以联排式住宅（町屋）的形式建成，界限墙以外的两面都是开放的。开放面除了窗户以外，还带露台，可以眺望专用庭院。

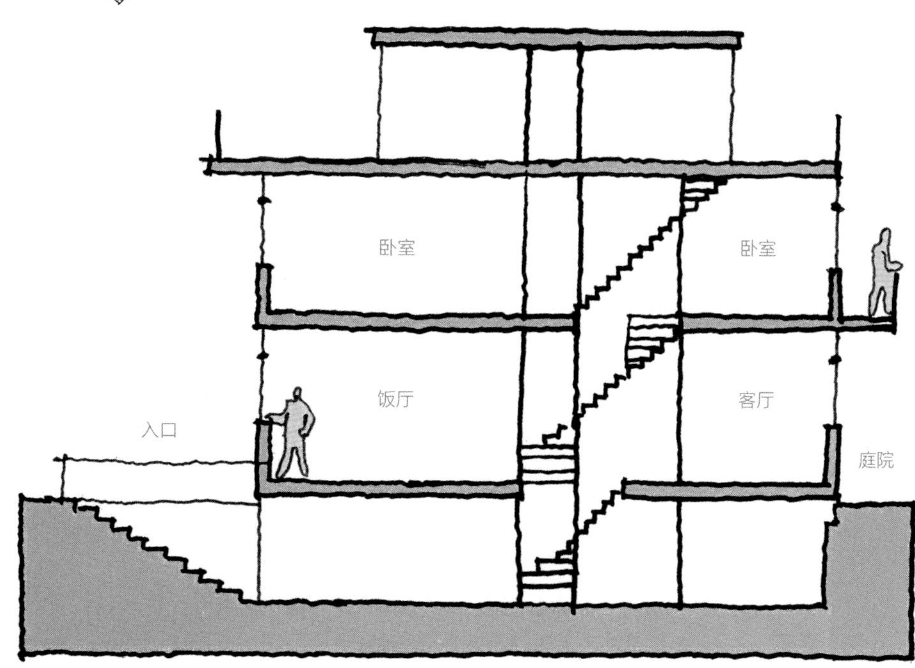

顶端两侧对开是单元两面开放的案例，主要多见于联排式住宅以及单侧走廊型的住宅。这种形式的单元整体换气最好，采光也容易，但如果房间进深太大，里面很难射进阳光。这个问题可以用中庭的形式解决，但是高层集合住宅却很难做到，所以一定要仔细研究进深多少。由于单元两端可以取得采光，所以通常用水处以及楼梯等设置在难以射入阳光的中央位置，连续使用的房间（客厅）则放在靠窗的一侧。但里面的房间如果太封闭，两面采光的优越性就不能被充分利用，所以在设计时要多加研究。

伊拉斯谟线低层集合住宅就是这个类型的典型案例。各单元都有朝西北和东南的专用小院打开的窗口和露台，一楼为了保障两个方向的换气和采光，将客厅、饭厅和书斋设计成一个大房间，根据需要可以利用隔断分割开来。

14 不仅限于横向排列，单元内的纵向联系

苏赫姆集合住宅
[1950年] / 卡拉姆堡 [丹麦]
阿纳 · 雅各布森

一楼的饭厅与二楼的客厅通过天井部分连接。而且，在斜面屋顶开天窗，这种可以近似于独立住宅的设计方法，是町屋的优势。

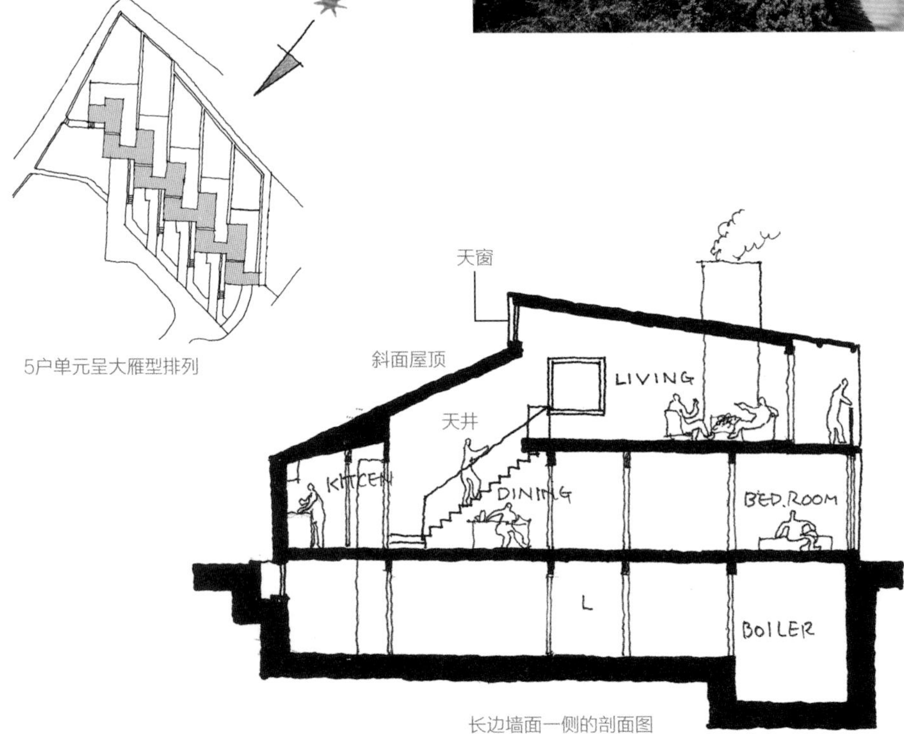

5户单元呈大雁型排列

长边墙面一侧的剖面图

集合住宅的各单元住户也不限于町屋设计。就像我们在第六章住宅中看到的，天井就是一个让居住环境更充实的元素之一。而排列的联排式住宅，上下楼都是一户人家，与独立住宅相似，容易获得较为自由的剖面。比如苏赫姆集合住宅的长边一侧的剖面图，天井、斜屋顶、天窗等设置，大多都是独立住宅中用到的设计手法。

单元重叠在一起的多层住宅虽然自由度较低，但从剖面去考虑设计，会让单调的方案有很多改变，成为思考新方案的契机。比如马赛公寓大楼中，将通常很难做到的自然采光和换气的中间走廊类型的问题，通过L字型剖面重叠两侧得以解决。阳光从两层高的天井客厅的落地窗射入，一直射到单元里侧。这个例子让我们学习到高层集合住宅也可通过考虑纵向的连接方式，让居住环境变得更加舒适。

马赛公寓大楼
[1952年] / 马赛 [法国]
勒 · 柯布西耶

共用中间走廊每三层有一个，连接面对面的两个单元的门口。这一设计，不仅使L字形的剖面成为两层，也实现了通常的中间走廊的两面开放。

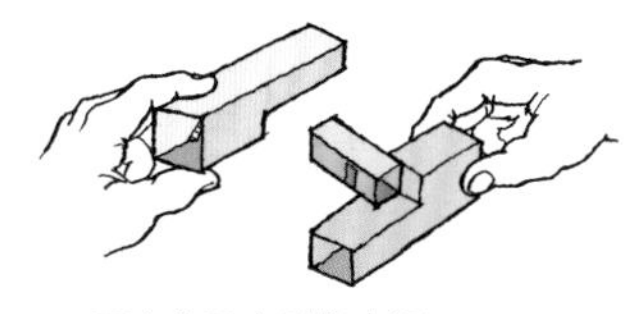

两个单元户型将中间走廊夹在中央

整体剖面图的蓝色部分是住户单元

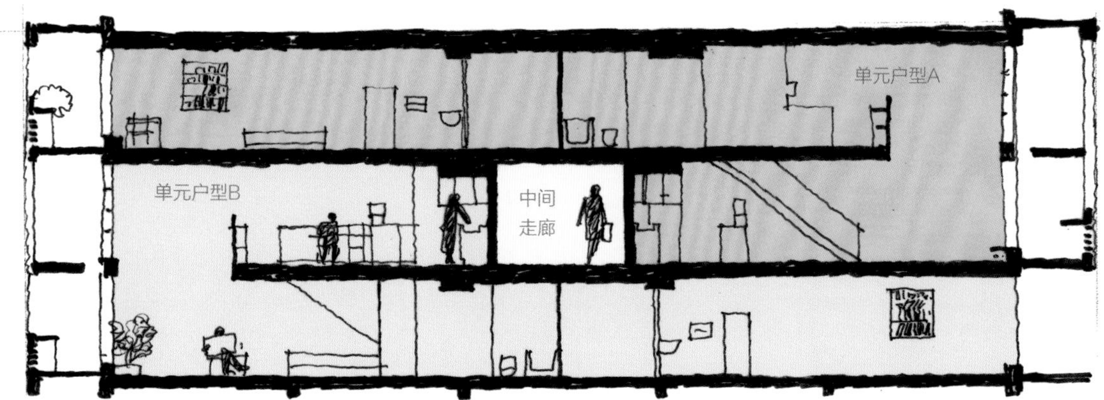

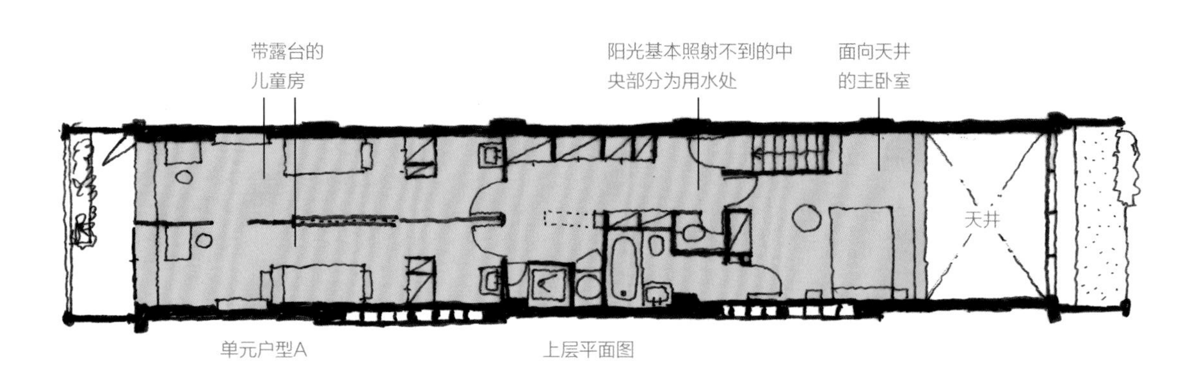

上层平面图

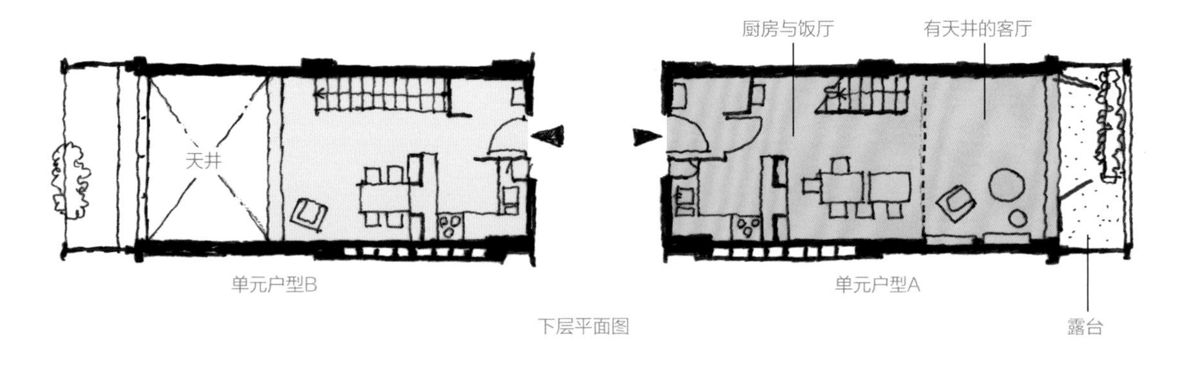

下层平面图

⑮ 打造社区的居民共享空间

顶层的屋顶花园——住居的延伸

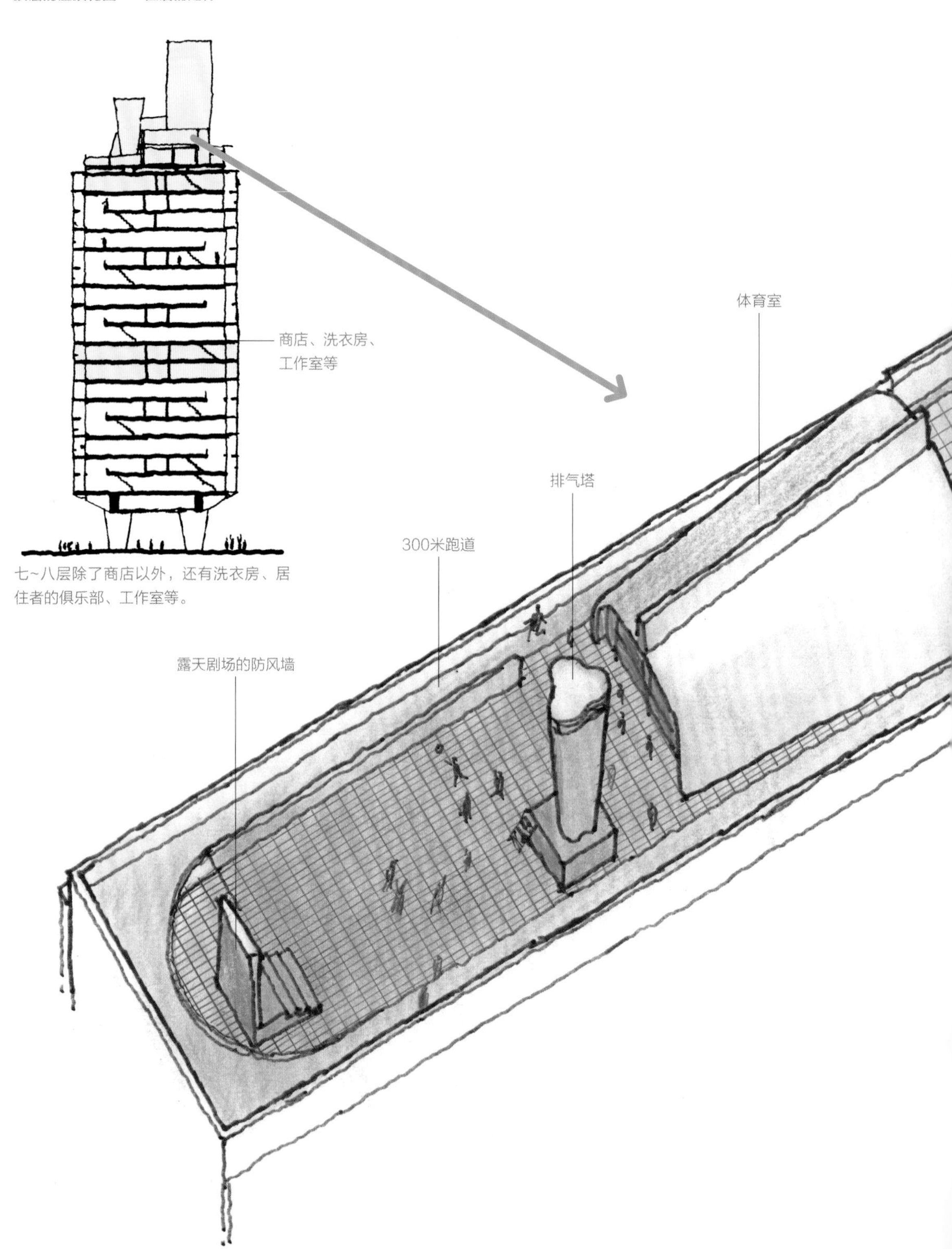

七~八层除了商店以外，还有洗衣房、居住者的俱乐部、工作室等。

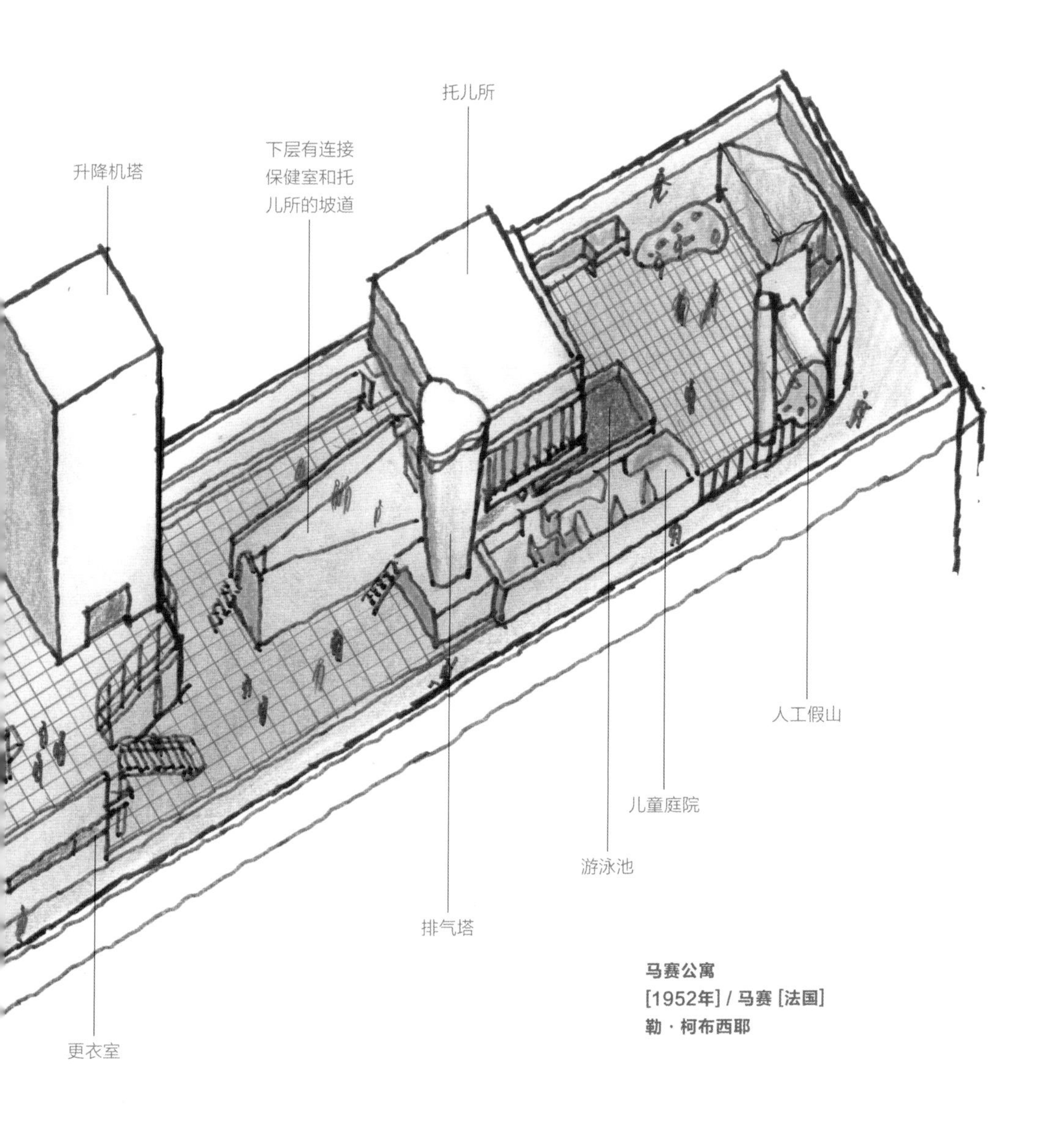

马赛公寓
[1952年] / 马赛 [法国]
勒 · 柯布西耶

集合住宅特征是公共空间是独立住宅中所没有的。正因为是很多人都在一个房檐下生活才产生了舒适的环境。通常谈论公共空间大都会联想到大门口、大堂、庭院这些部分，事实上，为集合住宅的社区可考虑的公共空间有不少类型。

马赛公寓中就有多样的公共空间。因为当初设想的是一栋楼里居住1600人，所以这栋建筑甚至可以称作为一个社区。为了让居民在集合住宅里足不出户就能够正常生活，中间层安排了商店和共用洗衣间；顶层和屋顶还有体育房、托儿所等设施，利用建筑的长平面设计了300m跑道，可以在离天空较近的屋顶奔跑，这也是在集合住宅中才能设计出的空间。而且，设计师还考虑到了让居民们通过共享这些公共空间可以自然加深交流，形成社区。

COLUMN

范士沃斯住宅能住人吗?

估计在建筑界再也没有比这位女外科医生更有名的人了，她叫Edith Farnsworth，是密斯的名作范士沃斯住宅的委托人。

她对这个被称作名作的周末住宅并没有特别喜爱，因为除了对施工时间大幅度延长，实际花费达到了预算的两倍非常不满以外，更重要的是，她在这个周末住宅中没有找到一处可以轻松自在的空间。为此，她曾起诉密斯，最终因败诉而放弃这栋房子。

针对这一名作，人们有众多不同的观点。

仔细想想，无论是功能方面还是空间方面，或者是技术或艺术方面，这都是一栋合格的建筑，当然也足够被称为名作或杰作。但是人们对范士沃斯住宅的评价却大有不同。例如“没法住”、“只是周末的话可以住”、“希望在这样的空间里住一辈子”等等。而这也正是建筑中难以突破的关键。如果仅仅易于居住不能称之为名作，仅仅漂亮也不能称之为杰作。只能说，范士沃斯住宅打破了传统的建筑观念，为以后的建筑带来了巨大的影响。

不管结果如何，如果女医生范士沃斯没有认识密斯，没有请他设计这栋房子，名作甚至无法问世，这是铁定的事实。

从这一意义上来说，范士沃斯女士为建筑界做出了杰出的贡献，让她的名字范士沃斯名垂青史。

（中山繁信）

范士沃斯住宅的东侧是卧室 [摄影：粟原宏光]

8 住在美丽的街区

1 街区的环境

美国芝加哥的住宅用地。行人道与车道之间的绿带用橡树隔开，近似公园的街边风景。

街道必须美丽

通过前几章介绍七位建筑大师设计的住宅，我们学习了不少知识。这些知识，无论是居住的生活样式还是空间设计大小，或者功能与安全等，都是不可或缺的重要因素。

而超越这些因素更为重要的就是建筑周围的环境。再优秀的住宅，如果周围环境不好，住宅也不能算是好的处所。

这里所说的环境也称占地面积范围内的住宅外围，设计应与住宅和自然和谐，使我们拥有舒适的居住环境，这需要用地与道路之间的良好关系、建筑与庭院的存在方式，还需要培养居民们较高的共同体意识。

本章将通过例举建筑大师们的作品，学习他们对待住宅周围环境的思考和设计方式。本页上图是以芝加哥的高级住宅区为例子画的，夹道绿带、车道、行人道都明确地被区分开来。

道路与住房之间恰到好处的关系

雅各布住宅 [1936年]
弗兰克·劳埃德·赖特

半圆状低矮灌木围绕的庭院生活，与过路行人可以打招呼聊天，感觉生活很快乐。

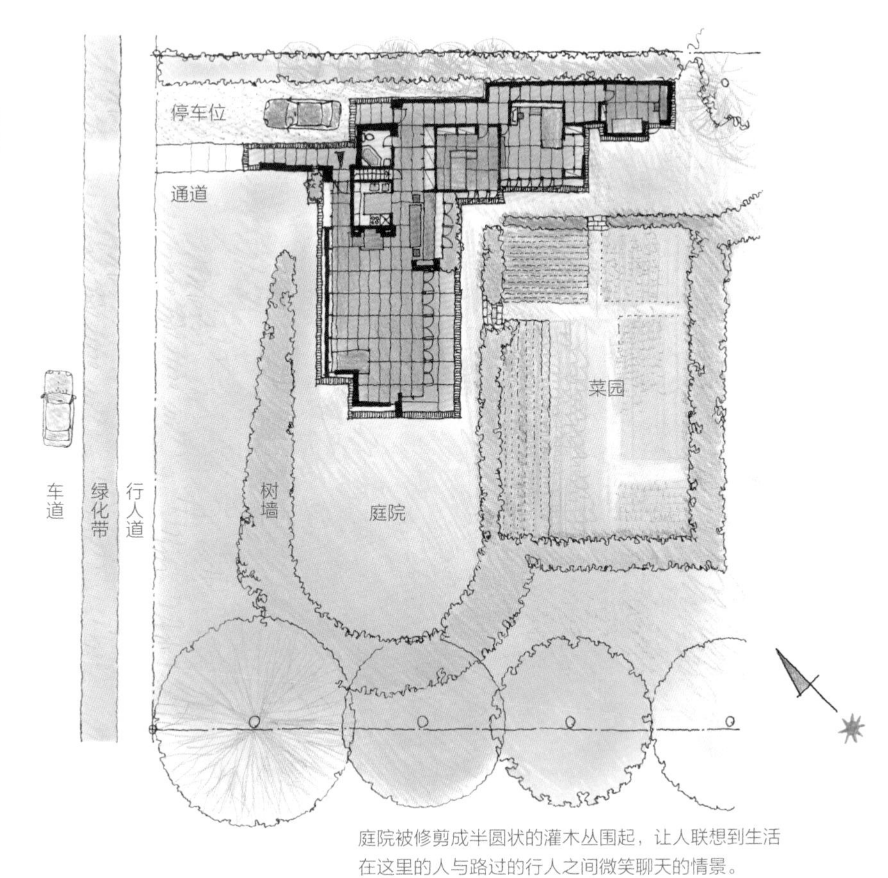

庭院被修剪成半圆状的灌木丛围起，让人联想到生活在这里的人与路过的行人之间微笑聊天的情景。

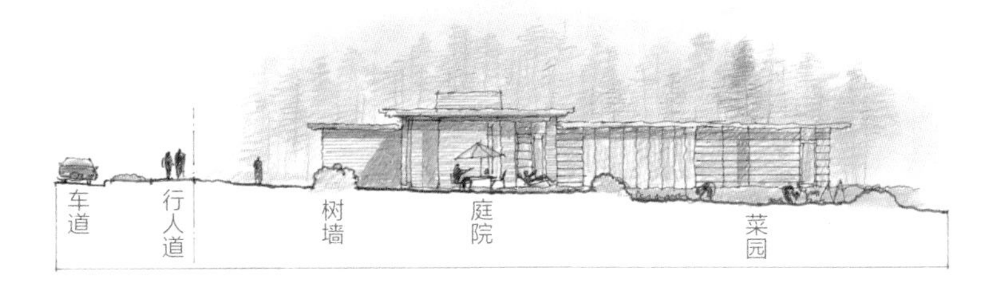

公共区域的车道与行人道，私人区域的入口处、庭院之间的缓慢过渡很重要。

“公”与“私”的领域之间的关系

建筑用地必须面向道路。一般来说，道路属于地方政府等机构管理的区域，而道路连接的个人用地则属于土地所有者的管理范围。道路环境与个人住宅用地环境这两个区域之间良好的关系与协调决定了居住环境的好坏。土地虽然属于个人所有，但也是构成周围环境的重要因素，没有这种意识，无法谈到良好的居住环境。

雅各布住宅的外部空间

我们可以从雅各布住宅的外部设计方案中，学到不少的东西。如巧妙利用从道路缓缓下坡的用地，没有在用地周围建围墙；西侧客厅外的庭院用低矮的灌木丛围成半圆状，形成了静谧的外部空间。用地上最低矮的菜园部分，是既顾及了兴趣爱好又有实际收益的区域。这种从“公”到“私”的缓慢过渡，对营造良好的住宅环境是非常重要的。

3 如何保护隐私与安全

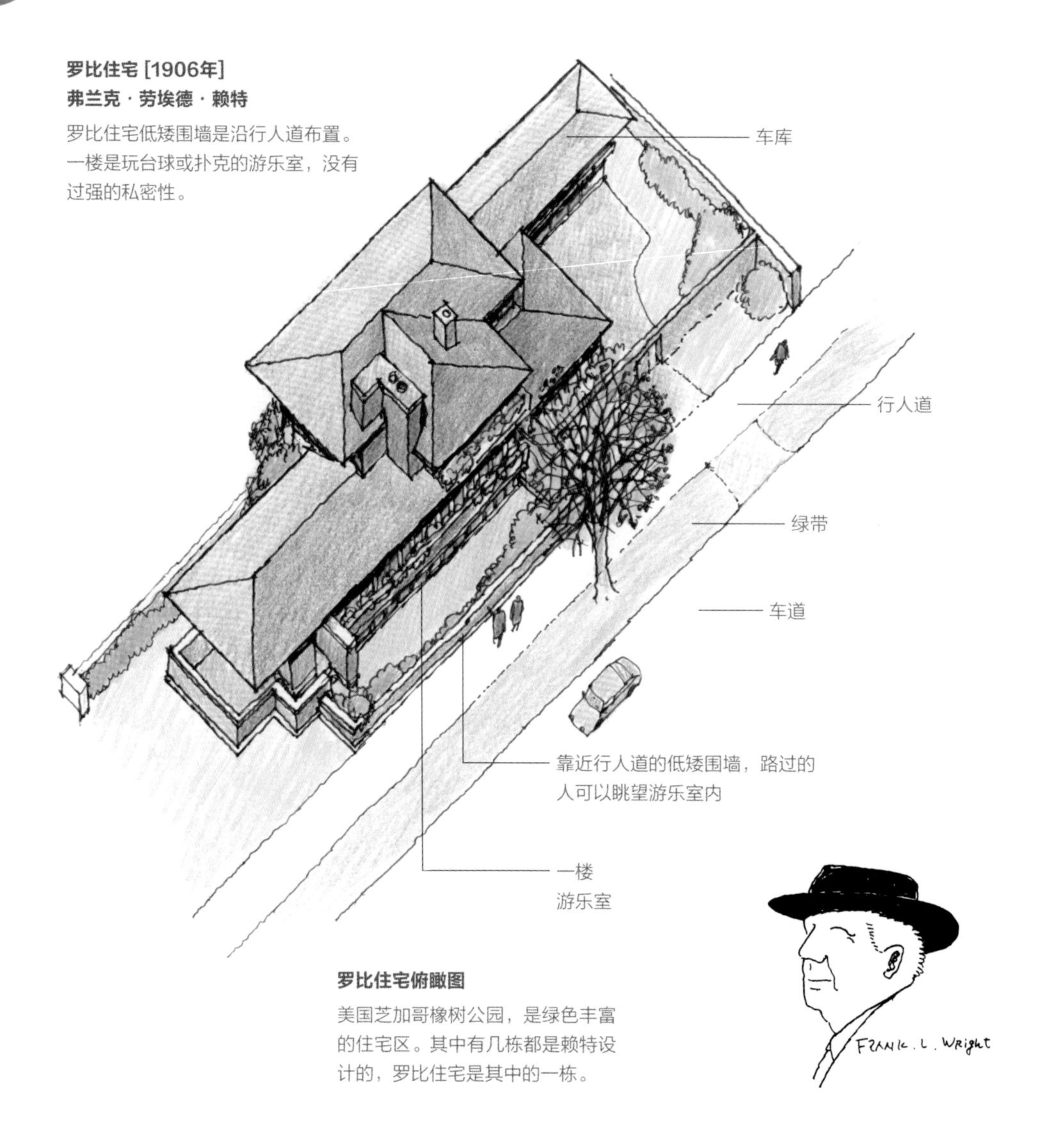

罗比住宅俯瞰图

美国芝加哥橡树公园，是绿色丰富的住宅区。其中有几栋都是赖特设计的，罗比住宅是其中的一栋。

罗比住宅的围墙为什么要那么矮

美国芝加哥的橡树公园，有一条美丽的大道，两侧林立着高质量的住宅，周围绿地植被丰富，是很有名的一条住宅街。在橡树公园有几处住宅是赖特设计的，其中之一便是罗比住宅。罗比住宅在赖特的众多住宅作品中也是最有名的设计之一。

实际看到罗比住宅的时候，会惊讶于建筑离道路如此之近。通常，在考虑街道整齐与环境的设计中，不会让建筑占满用地，也不会盖围墙。但是，罗比住宅则沿着道路建了一排低矮的围墙，不仅可以越过围墙看到一层室内的情景，而且想跨过围墙走进院内也不是那么困难。

这一理念与罗比住宅的功能、区域设计有着很大的关系。一层是玩台球或扑克的游乐室，二层是房主生活居住的空间，因此这里不需要太高的私密性和安全性，仅有矮墙就足够了。

美国典型的高级住宅区案例

车道与行人道分开，穿过公园（也是住宅的庭院）就是住宅。

住宅剖面图

带公园的美丽居住环境

舒适的住宅用地条件是：街道整齐美丽、绿化率覆盖高、境界线上没有围墙、在宽广的大地上建起的高品质住宅等。这些可被称作高级住宅用地，如之前例举的有橡树公园以及比弗利山庄等。

将这些典型的高级街道的特点整理出来，主要包括：尺度合理的车道、两侧种植有夹道树木的绿化带，接着是人们可以悠闲散步的行人道，树木的绿荫落在行人道上，以保护人们不受强烈阳光的照射，截止到这里是公共区域；接着是私人土地：经过精心打理的草坪公园，再向里是高品质的住宅围绕树木环保而建。这里的居民对周围的景观有着强烈的保护意识，存在共同打造美丽环境的想法。

正因为每一位居民都对环境有着较高的保护意识，所以保证了居住环境较高的隐私性和安全性。

4 社区的形成是保证居住舒适的基本条件

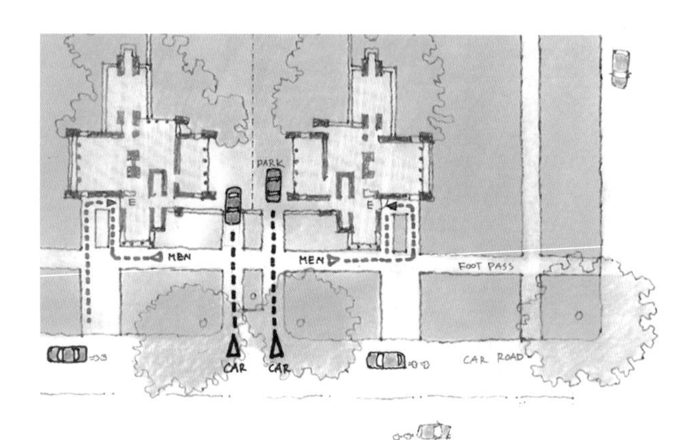

考虑了停车位的方案

人与车的入口分开

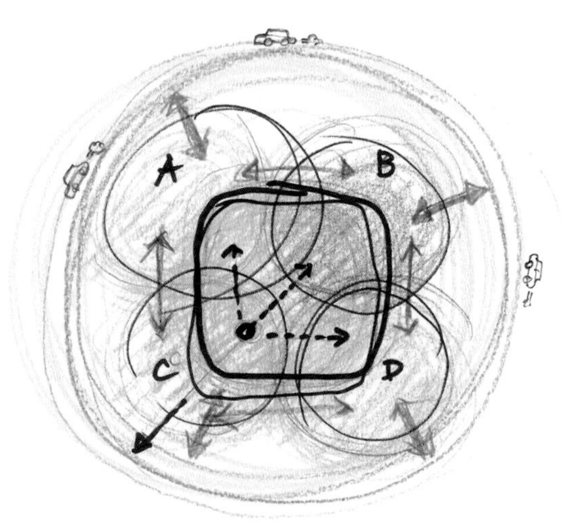

赖特建议集合住宅的公共空间与私人空间的概念图

即使是美丽的居住环境，如果居民之间没有保持良好的邻里关系，也不能算是良好的居住环境。所谓居住，并不是个人或家庭单位的问题，而是社区应该形成的社会责任。具体来说，就是共同打造保障安全、共享喜悦、可以放心培养小孩健康成长的居住环境。

赖特的集合住宅就是住宅区的模范

早在20世纪初，赖特就计划了“CE罗伯茨的四栋集合住宅”，在此展现了他的理想住宅。这是四个家庭集成一个单元的方案，现在这一方案也依然适用于现代社会。在道路方面，车道与人行道明确分开，并种植了街边树木，以车道、夹道树木、人行道构成街道环境。

四户住宅各自拥有专用的小院，这四个小院用低矮的围墙像缝衣服一样将四栋建筑连起来，矮墙内侧是四户人家专用的小院。虽然院内根据个人喜好种植或管理，但因彼此的小院之间没有设计隔断

CE罗伯茨的四栋集合住宅 [1903年]
弗兰克·劳埃德·赖特

四栋住宅的专用庭院集合在一起，形成共用庭院，而且道路一侧还有各家的公园。分开公园的低矮围墙起到了将四栋楼房聚集在一起的作用。在考虑的几个方案中，初期因汽车尚未普及，所以下图中没有考虑停车位。

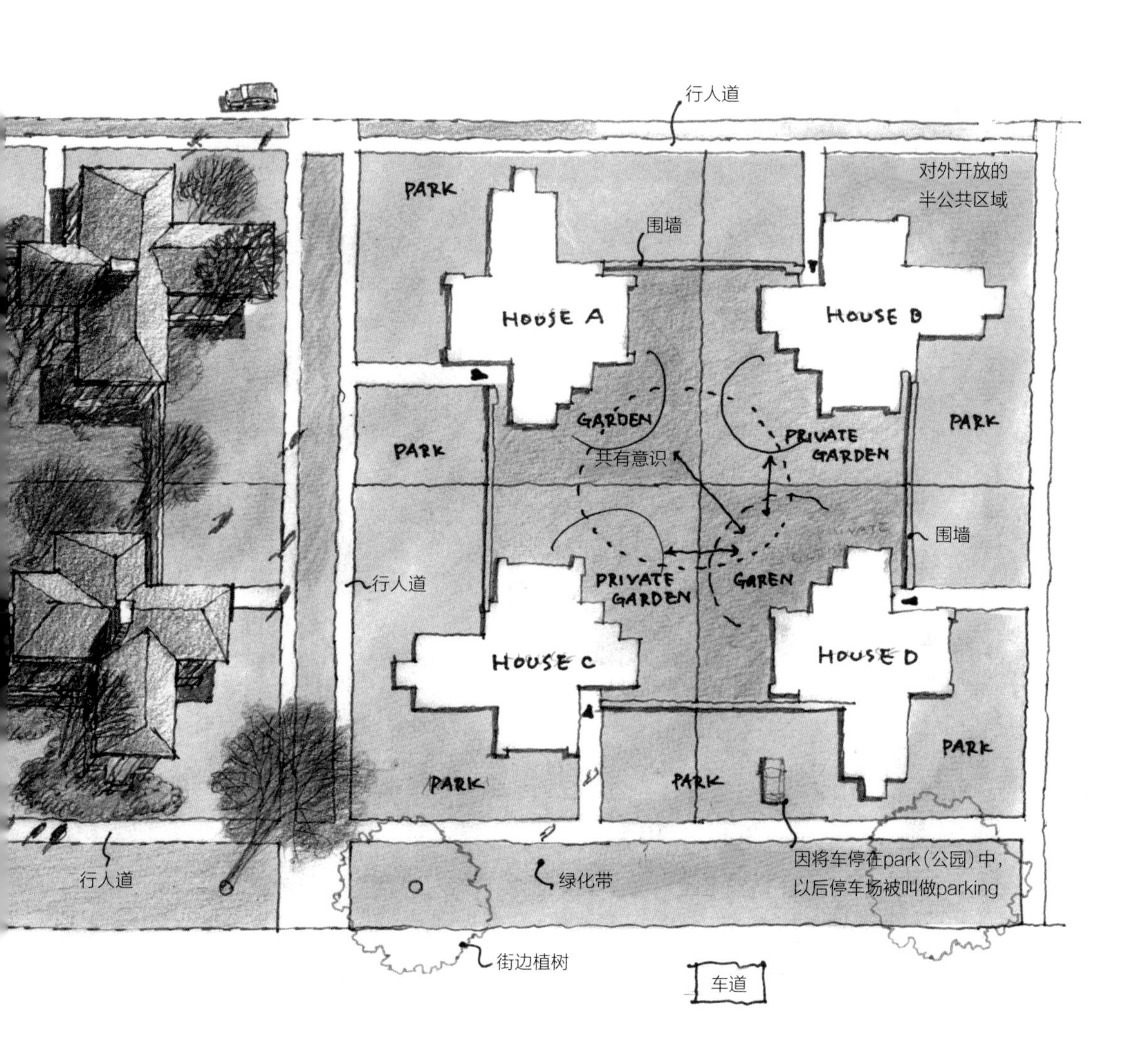

界线，在院内操作很容易增进互相之间的往来，以达到日常交流的目的。院内鲜花盛开，果实丰硕，到了收获季节，四家人可以抬出桌子，一起聚会。

矮墙外侧的私有地面向人行道，这一片是被称作park（公园）的半公共空间。公园为路过的人和居民带来了交流的机会。

私人空间（用矮墙围起来的院子）、半公共空间（park）、公共空间（人行道、车道）之间的缓慢过渡关系营造了一个优雅的居住环境。

赖特为这里设计了几个方案，在20世纪初，私家车尚未普及，所以没有设计车库。但是，后期的规划中，可以看到车库与住宅道路分开的方案，车库、停车位这些概念尚未形成的时代，由于Park这一区域用来放置汽车，此后停车场的名词便成为了parking。

5 思考一下住户间的界限

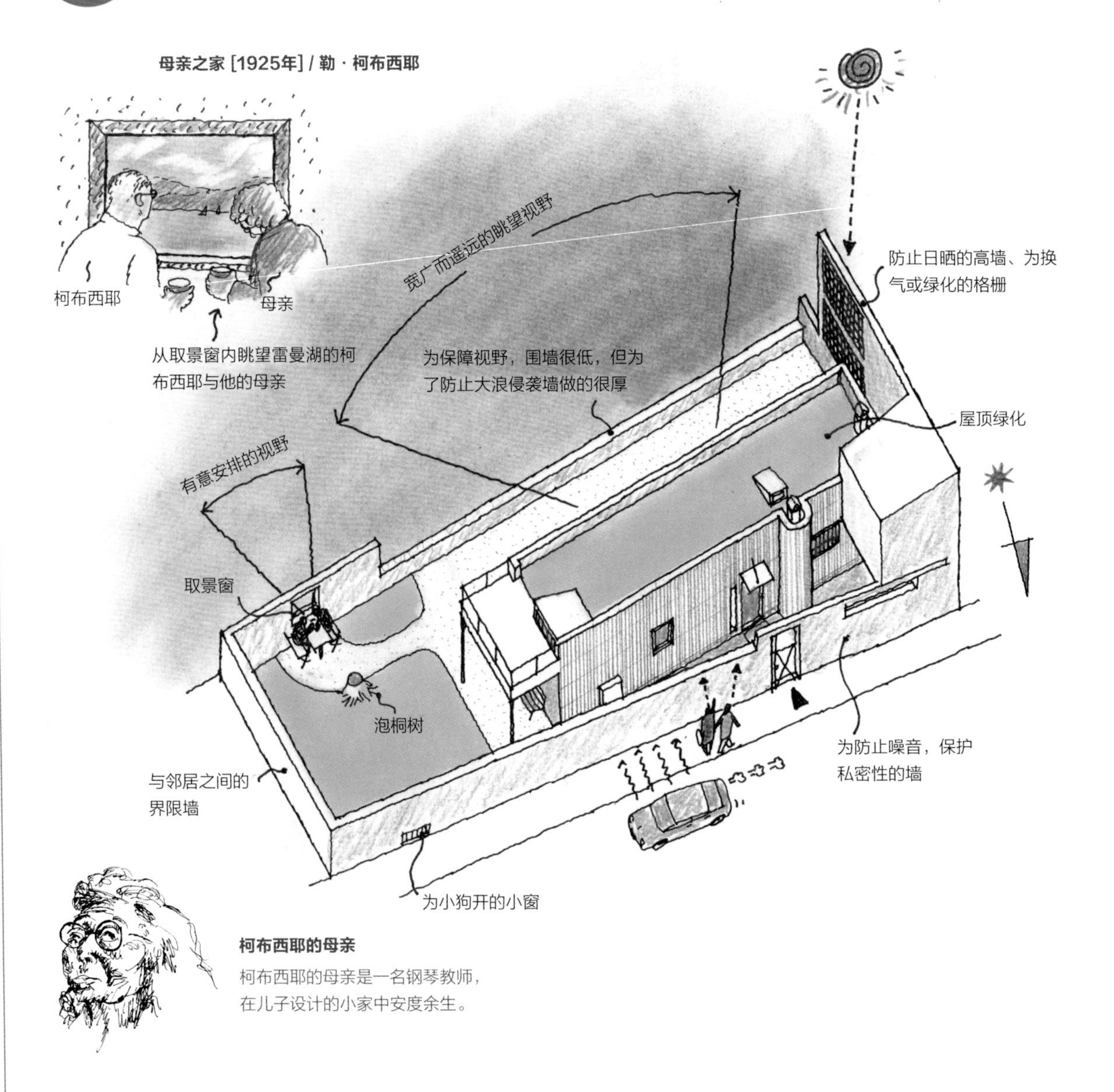

柯布西耶的母亲

柯布西耶的母亲是一名钢琴教师，在儿子设计的小家中安度余生。

住宅相邻的土地，大致可以分为两类：一类是道路等公有地；另一类就是邻居的私有地。隔断可以用来明确区分彼此的界限与所有权关系，也可以用来保护私人居住环境。根据不同的目的，隔断可以是树丛也可以是水泥墙。设计时，除了考虑安全和隐私以外，也要考虑周围的环境。

柯布西耶看中的住宅地

这栋母亲之家是柯布西耶为自己的父母所建的房子。这里可以看到柯布西耶对后来发表的新建筑五点的其中几项尝试。如被称作绸带窗户的横向长窗以及屋顶花园。

不知是不是出于这个原因，通常设计的流程都是先决定用地，再进行设计。而柯布西耶却先做出了住宅的设计图，然后才开始去寻找建房用地。

母亲之家的用地被美丽的风景所包围。其南面朝向雷曼湖，越过湖面可以眺望对面雄伟的阿尔卑斯山，而现在，这里成为了高级度假地区。柯布西

母亲之家中的五种围墙剖面

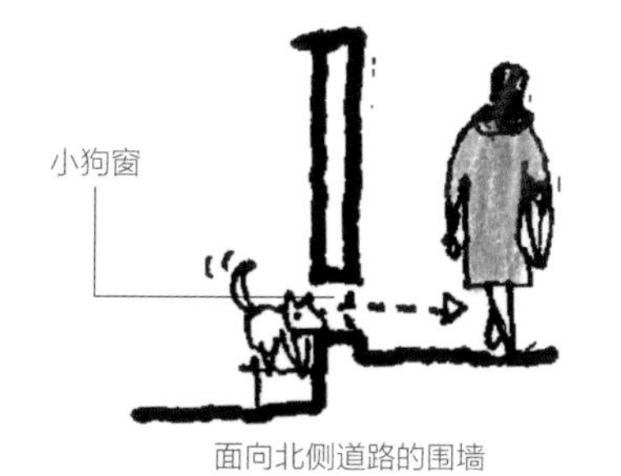

面向北侧道路的围墙

东侧，与邻居的界限围墙

东南侧有取景窗的围墙

南侧的低矮围墙

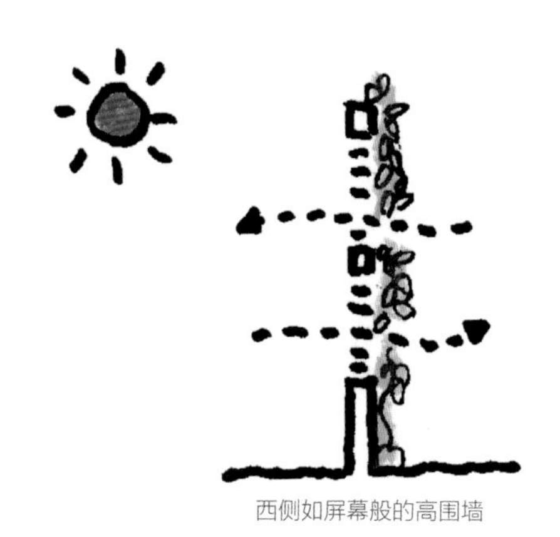

西侧如屏幕般的高围墙

耶1920年左右去看地的时候，这片土地是一片葡萄园。

母亲之家被五种围墙所守卫

从这栋建筑中，可以学到的东西非常多，这里特别关注一下东南西北四面的围墙。如果没有任何想法只是建起高高的围墙，会破坏居住环境。围墙的设计应该根据它要达到的目的来选择形状和材料。

这座建筑北侧是道路之间的境界线，这里的围墙主要用来阻隔来自道路的噪音，遮挡过路人的视线；东侧墙是邻居之间的界线；西侧是与建筑形成一体的高墙，其中一部分是水泥墙面。这堵高墙用来遮挡来自西侧的强光，格栅部分用来换气，也可以种植藤条让其爬上。南侧为了眺望景色采用的是低矮的围墙，以及开了一处取景窗的高墙。

6 院子、中庭、房顶小院是露天客厅

夏季别墅 [1953年]
阿尔瓦·阿尔托

在居住空间与卧室空间呈L字型的方案中，有一所与建筑成为一体的中庭，与自然相连接而又恰当区分开。

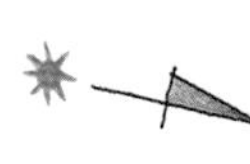

平面图　S=1:300

中庭俯瞰图

中央挖了一处暖炉，庭中的地砖铺成艺术图形。

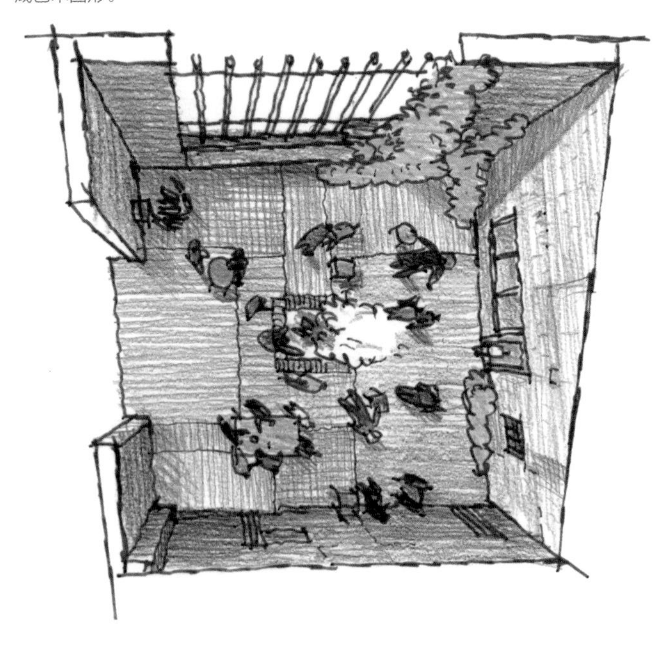

阿尔瓦·阿尔托

中庭是一个多功能空间，在采光和换气方面，它能让房间的每个角落都能进入光线，而且也具有通风的作用。在空间方面，从室内看去，中庭虽然在外面，从视觉上却感觉是内部空间的延伸，让室内空间得以扩展，也同时作为室外客厅，起到多方面增加生活乐趣的作用。

夏季别墅的中庭不可或缺

阿尔托的第二套住房“夏季别墅实验住宅”，建在北欧芬兰。为了在北欧短暂的夏季度过得更有意义，夏季别墅中的中庭是不可或缺的。

L字型方案的建筑两面墙与有高格子的南侧墙，以及宽广敞开的东侧墙围起来的中庭，用各种大小的地砖铺成艺术图形。阿尔托一边在这一栋别墅中尝试着地砖的质感与铺设方式，一边度过了他的假期。其中央挖成的暖炉在开派对的时候一定温暖了不少人的心。

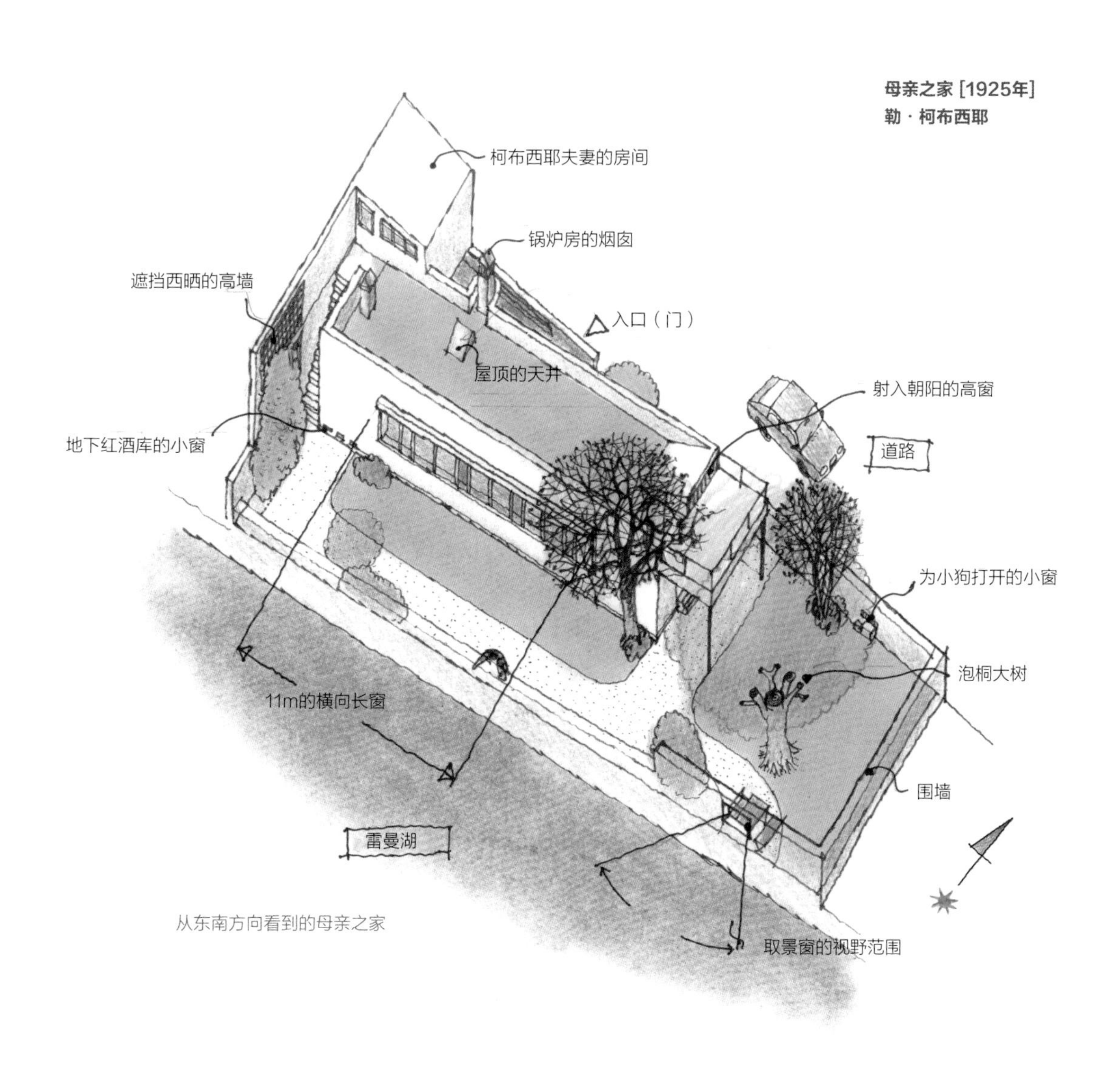

从东南方向看到的母亲之家

屋顶花园的魅力

柯布西耶将屋顶设计成平台，提出了屋顶花园的新建议。现在，因为城市化导致土地变少，针对地球环境恶化的原因之一：热岛现象也需要用屋顶绿化来解决，这正是我们现在急需解决的课题，虽然以后的众多建筑设计都一直在做屋顶花园，而大师柯布西耶却早已着手考虑这一课题，并已实现。

这一建议的实验案例就是这栋母亲之家的屋顶花园。在他的其他作品中，如萨伏伊别墅、马赛公寓中虽然看不到屋顶全面用土覆盖以及种植草坪的设计，但这栋母亲之家的屋顶花园，则是全都种植了草坪，以避免夏季强烈的阳光破坏室内环境。

我们甚至可以想象，柯布西耶的母亲偶尔会走上屋顶，欣赏着阿尔卑斯山的雄伟景观。

在现代，屋顶花园虽然毫不稀奇，但在母亲之家刚刚建成的年代（1925年），确实是一个划时代的居住方案。

萨伏伊别墅的屋顶是户外客厅与饭厅

萨伏伊别墅 [1931年]
勒·柯布西耶

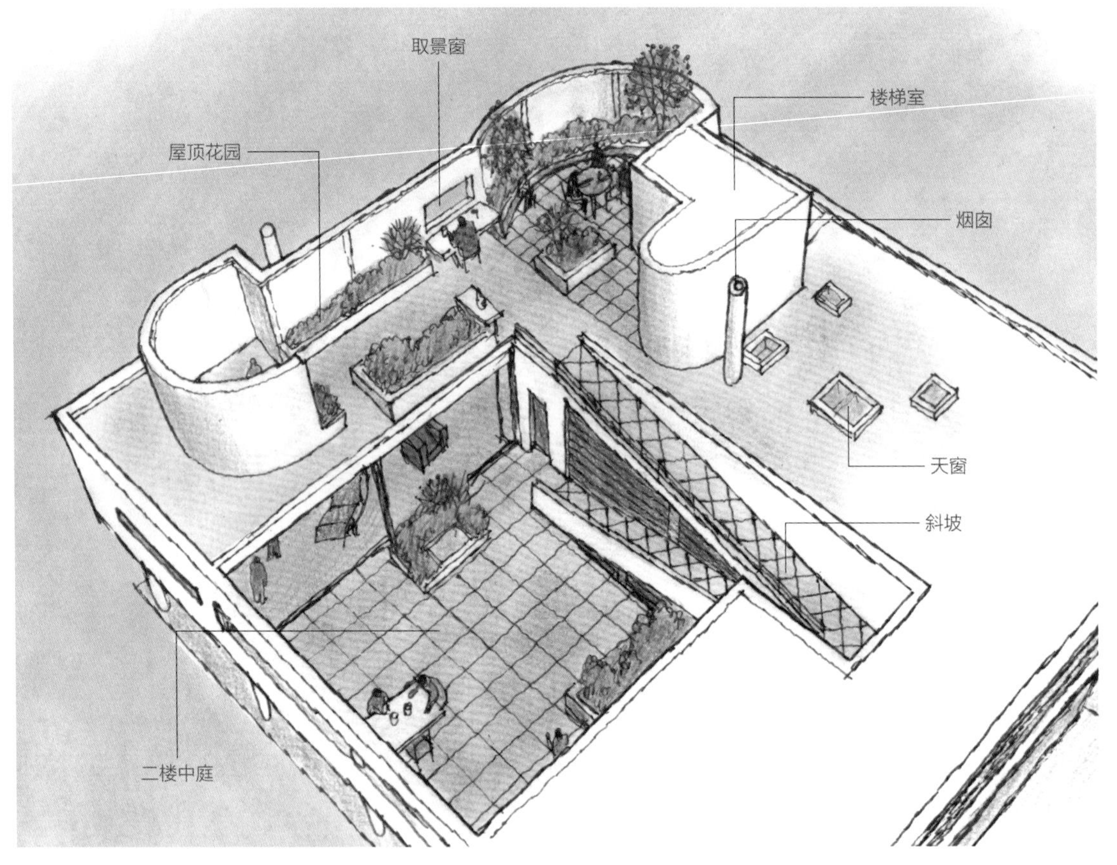

萨伏伊别墅俯瞰图

从二楼的中庭沿斜坡走上屋顶，正面就是取景窗。两个半圆形的墙围起来的空间遮挡风沙和视线，让空间显得宁静。

楼顶并不是只有房顶

柯布西耶在萨伏伊别墅中将屋顶花园的理想形态付诸实践。他在二楼客厅外的中庭里制作了几个符合室外客厅的桌子。夫人房旁边的房檐下的半室外空间、中庭、客厅这三个完全不同的空间，可以在不同的季节让人有不同的度过方式。

从中庭沿着缓和的斜坡上去，是两个半圆形墙围起来的屋顶花园，各类种植的树木营造了花园应有的氛围。墙上打开一处取景窗，窗前是定制的桌子，看上去感觉是室外饭厅或室外书房。

所谓充实的生活并不只是悠闲度过时光，还要静静地眺望景色，陷入沉思，使这一切成为可能才是真正充实的空间。萨伏伊别墅除了室内布置周到以外，中庭以及屋顶这些外部空间都设计得很充实，才使得实现充实的生活成为可能。

屋顶花园

右侧面是取景窗，窗前是与建筑一体打造的桌子。里侧是半圆围墙围成的凹室。

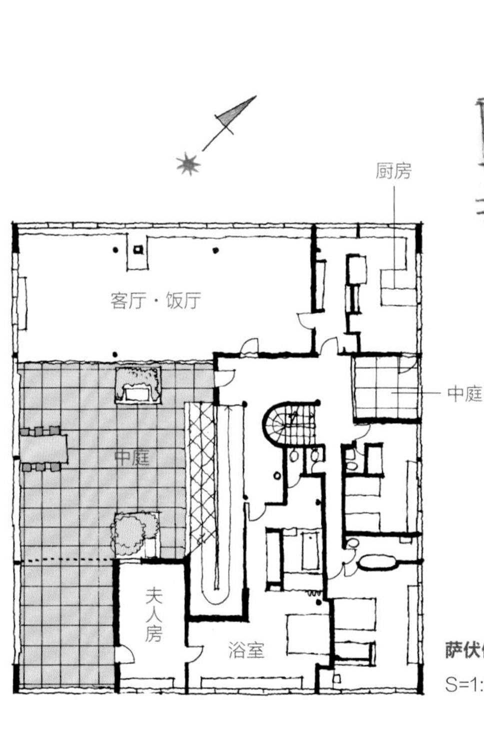

萨伏伊别墅　二楼平面

S=1:350

从客厅眺望中庭

中庭也有定制的桌子，看上去就像是室外客厅，也像是室外饭厅。里间的夫人房的旁边是一处带屋顶的半室外空间，可躲避日晒和风沙，天气不好的时候也能在室外舒适度过。

萨伏伊别墅西侧外观

可以透过二楼的绸带窗（横向玻璃长窗）看到去往屋顶的斜坡。

8 入口与停车场是通往舞台（家）的通道

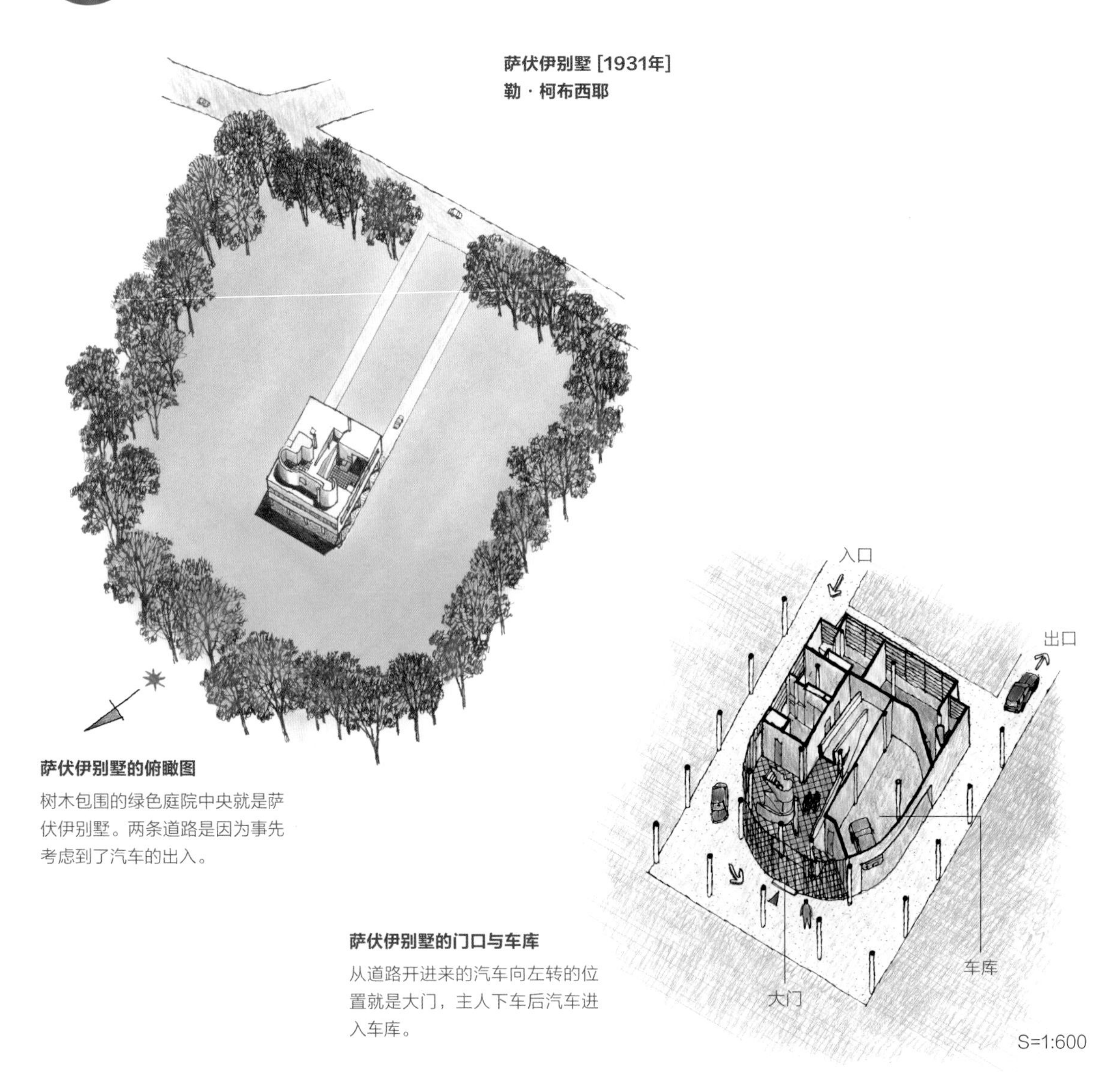

萨伏伊别墅的俯瞰图

树木包围的绿色庭院中央就是萨伏伊别墅。两条道路是因为事先考虑到了汽车的出入。

萨伏伊别墅的门口与车库

从道路开进来的汽车向左转的位置就是大门，主人下车后汽车进入车库。

即使是建造了舒适的居住住宅，但如果破坏了美丽的街道景观，舒适便毫无意义。所以，从道路到建筑用地到住宅大门的途径在必备的功能前提下，还应该对美化街景起到极大的作用。途径主要是为了人与车的出入。途径，一方面起到保护安全和隐私的作用，另一方面还要成为每天生活进进出出的方便空间以及热情迎接客人的温馨空间。

萨伏伊别墅里的两条途径

柯布西耶的萨伏伊别墅，是伫立在覆盖了草坪建房用地的正中央。与道路相连的两条途径伸向建筑，右边是进入方向，沿建筑侧面的架空部分转到正面大门，出门时则是沿左边的途径出去。通常建筑的大门会设计在面朝道路的方向，沿建筑侧面转到大门，车库也在从建筑正面看不到的位置，这样

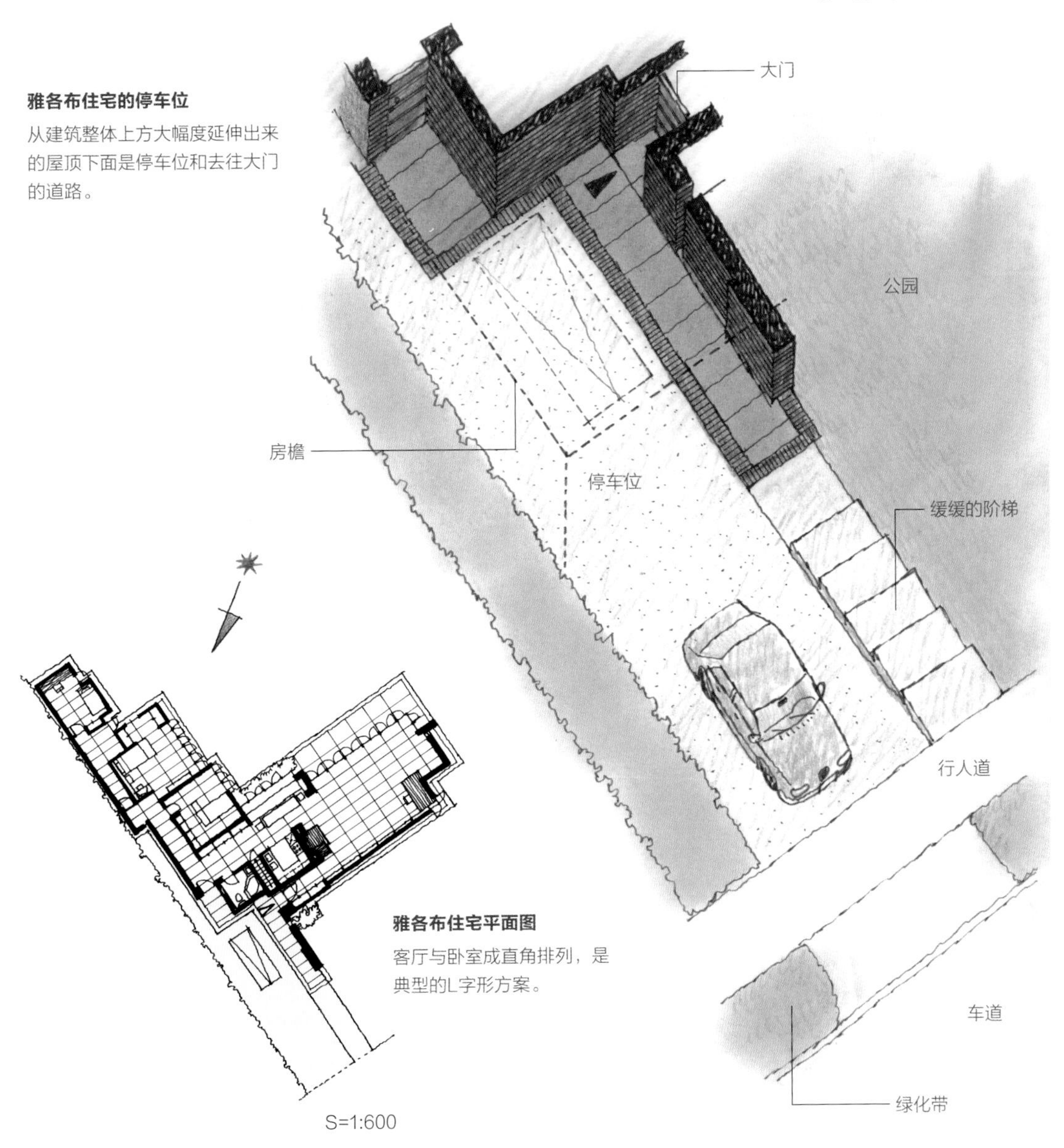

雅各布住宅的停车位

从建筑整体上方大幅度延伸出来的屋顶下面是停车位和去往大门的道路。

雅各布住宅平面图

客厅与卧室成直角排列，是典型的L字形方案。

的设计具独创性。

萨伏伊别墅以汽车出入为前提设计的途径虽然有些特殊性，但途径与大门口部分的建筑设计成架空的，为汽车出入提供了功能性的便利。

简炼的雅各布住宅途径

赖特设计雅各布住宅的途径，是普通住宅可参考的优秀案例。从坡度较缓的阶梯走下去，是红砖墙，右手是正面大门。这样，从道路一侧便无法看到建筑内部，打开大门还可以通风换气。另外，车位设计在从建筑大幅度伸出的屋檐下，可防止汽车受到风雨的袭击，即使是下雨天也可以不用打伞就上下车，属于具备了基本功能的途径设计。

9 温馨迎客空间：途径与停车场

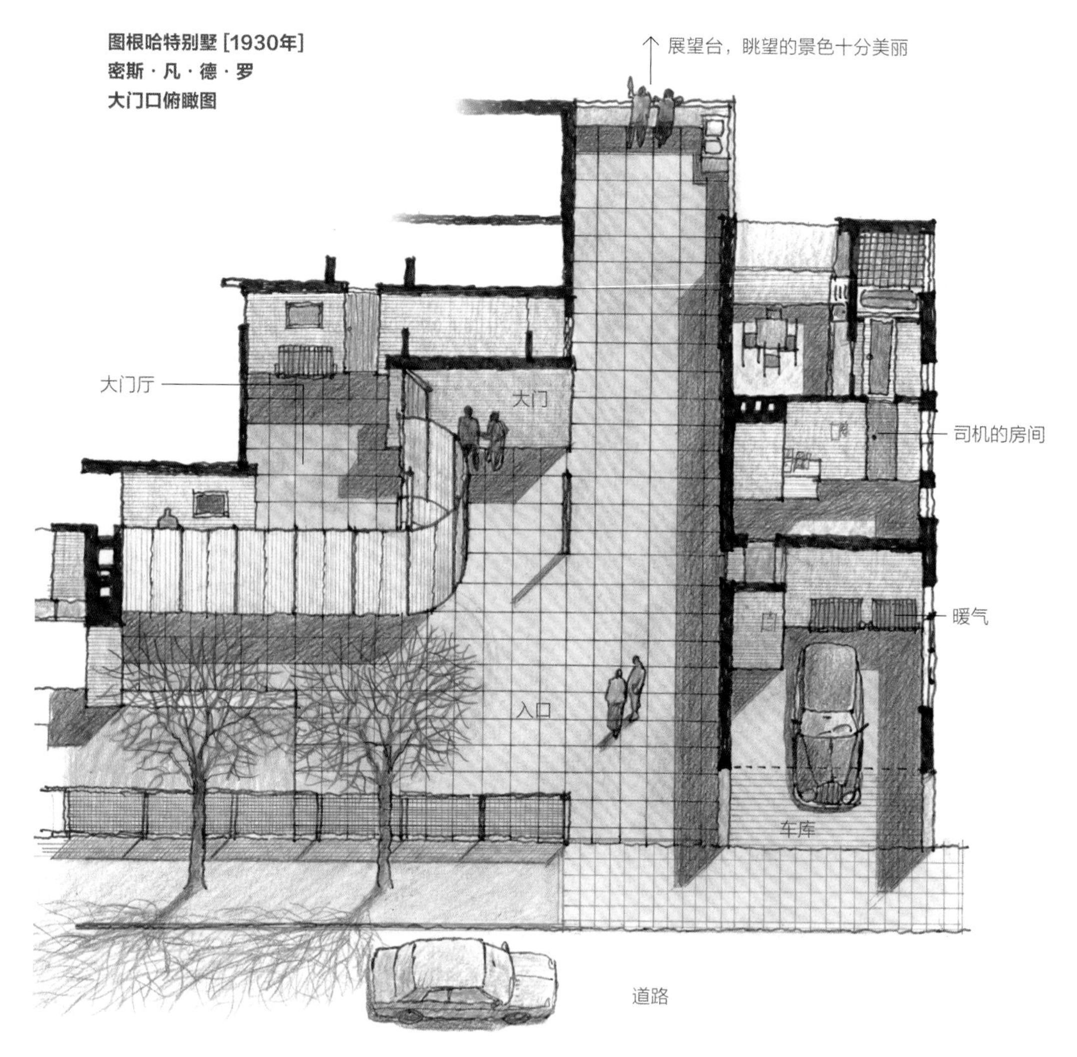

图根哈特别墅于2001年成为捷克斯洛伐克（现在的捷克共和国）的第11个世界遗产。

停车位是汽车的住宅

正如床的尺寸决定卧室的大小一样，停车位或车库的设计也和汽车的大小有很大的关系。

图根哈特别墅的途径设计就很成功。虽然这是一所豪宅，如若有机会建议去参观一下它的外观与途径。住宅面向道路是一片宽敞的空地，右侧有带百叶门的车库。从正面进入的时候，走到底是一片平台，从高地上建起的宅内可以眺望远处美丽的景色，沿玻璃曲面墙走过去稍稍隐蔽的地方是正面大门。来访的客人可以在宽敞的平台上眺望景色，这种迎客方式的设计很棒。车库安装有百叶门，但与现代的百叶门所具有的意义不同。车库里侧装有暖气设备，在冬天寒冷的季节，当时的汽车很难点着火，所以百叶门是用来防止暖气散发的热气泄漏才安装的。

各种入口与停车位

图根哈特别墅类型的入口与车库

大门与百叶门的外观

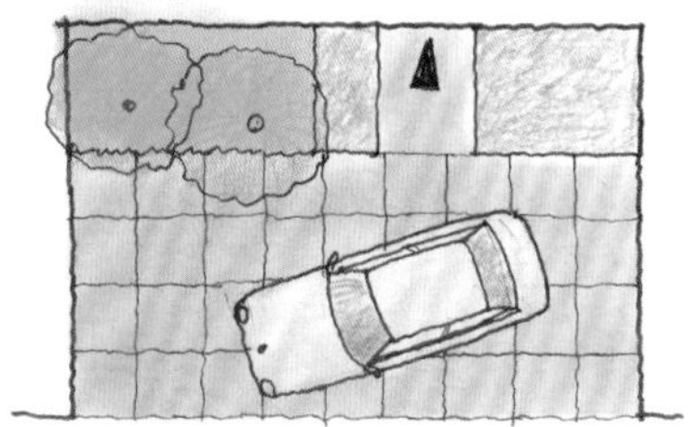

有树木和水池的开放性入口

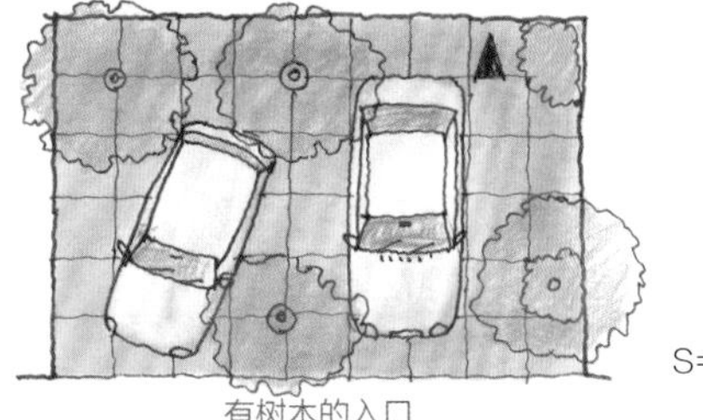

有树木的入口

S=1:200

自行车的尺寸

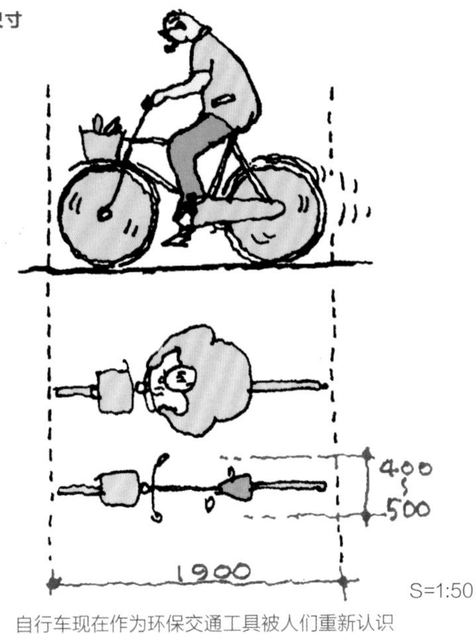

S=1:50

自行车现在作为环保交通工具被人们重新认识

停车位的尺寸

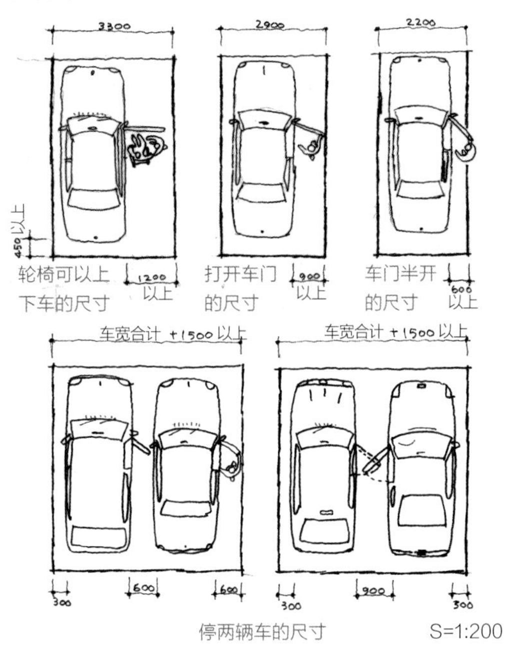

停两辆车的尺寸

S=1:200

未来之家［1929年］/ 阿纳 · 雅各布森

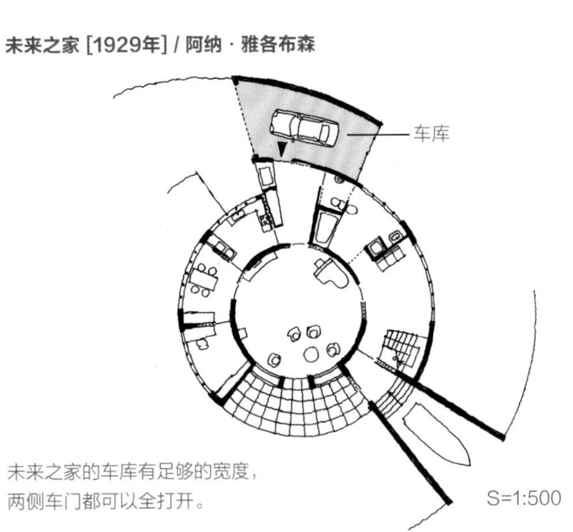

未来之家的车库有足够的宽度，两侧车门都可以全打开。

S=1:500

轿车的大小

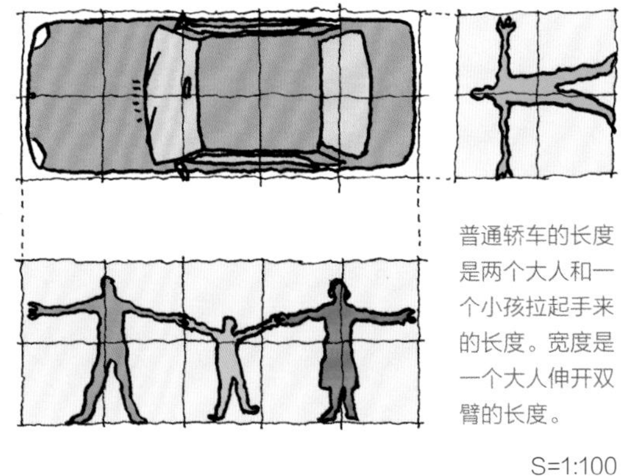

普通轿车的长度是两个大人和一个小孩拉起手来的长度。宽度是一个大人伸开双臂的长度。

S=1:100

REFERENCE DOCUMENTATION
参考文献

弗兰克·劳埃德·赖特

○《弗兰克·劳埃德·赖特全集》第2卷 二川幸夫编辑，A.D.A Edita出版，1987年

○《大师弗兰克·劳埃德·赖特》大卫·拉金编辑，布鲁斯·布鲁克斯·菲佛原著，大木顺子翻译，鹿岛出版会出版，1995年

○《美国风格别墅-GA TRAVE-LER 005》弗兰克·劳埃德·赖特著，菊池泰子翻译，A.D.A Edita出版，2002年

密斯·凡·德·罗

○《GA DETAIL No.1（密斯·凡·德·罗）范斯沃斯住宅 1945~1950》Dirk-Lohan著，安藤正雄翻译，A.D.A Edita出版，1976年

○《现代家具系列5：密斯的家具》Warner Brazier编辑，长尾重武翻译，A.D.A Edita出版，1981年

○《评论密斯·凡·德·罗》F舒尔茨著，泽村明翻译，鹿岛出版会出版，1985年

○ Weissenhof 1927 and the Modern Movement in Architecture, Richard Pommer & Christian F.Otto,The University of Chicago Press,1991

○ Mies van der Rohe at work,Peter Carter,PHAIDON,1999

○ Ludwig Mies van der Rohe & Lilly Reich Furniture and Interiors, Christiane Lange,Hatje Cantz, 2007

○ Mies van der Rohe at work,Peter Carter,PHAIDON,1999

勒·柯布西耶

○《模度I、II》勒·柯布西耶著，吉坂隆正翻译，鹿岛出版会出版，1976年

○《勒·柯布西耶全作品集 第1卷~第7卷》W.博奥席耶、O.斯通诺霍编辑，吉坂隆正翻译，A.D.A Edita出版，1978年

○《现代家具系列5：勒·柯布西耶的家具》雷纳德·德·弗斯科著，横山正翻译，A.D.A Edita出版，1978年

○《四个交通路》勒·柯布西耶著，井田安弘译，鹿岛出版会出版，1978年

○《精准（下集）》勒·柯布西耶著，井田安弘、芝优子翻译，鹿岛出版会出版，1984年

○《勒·柯布西耶的卡普马丹度假小屋》中村好文监修，石川早苗、青山真美翻译，TOTO出版社出版，1997年

○《勒·柯布西耶 建筑与艺术的创作轨迹》森美术馆编辑，Remixpoint出版，2007年

○《马赛公寓大楼》勒·柯布西耶著，山名善之、户田穰翻译，竹间文艺文库出版，2010年

格里特·托马斯·里特维尔德

○《现代家具系列5：里特维尔德的家具》丹尼尔·巴罗尼著，石上申八郎翻译，A.D.A Edita出版，1979年

○《里特维尔德的建筑》奥佳弥著，Kim Zwarts摄影，TOTO出版社出版，2009年

○ Gerrit Reitveld, Ida van Ziji, Phaidon, 2010年

○《里特维尔德的施罗德住宅——夫人谈乌得勒支的小住宅》，Ida van Zijl、Bertus Mulder编著，田井干夫翻译，彰国社出版，2010年

阿尔瓦·阿尔托

○ Alver Aalto Volume 1-3,Les Esitions d'Architecture Artemis Zurich,1963

○《白色桌子——现代时光》Geran Schildt著，田中雅美、田中智子翻译，鹿岛出版会出版，1986年

○ Alver Aalto architettura e tecnica,Renato lovino & Fravia Fascia, Clean Edizoni,1992

○ Alver Aalto-The Complete Catalogue of Architecture, Design,and Art,Goran Schildt,Ernst & Sohn,1994

○ Objects and Furniture Design Aiver Aalto,Sandra Dachs,Patricia de Muga and Laura Garcia Hintze,Ediciones Poligrafa,2007

○《特辑=阿尔瓦·阿尔托》Space Design 1977年1月2月刊

简·普鲁威

○ Jean PROUVE / Furniture,Jan van Greest,Taschen 1991

○《"紧凑设计作品"简·普鲁威》潘尼洛普·劳伦斯著，旦敬介翻译，株式会社Flexfirm出版，2001年

○《Jean Prouve The poetics of technical objects》策划：维特拉设计博物馆/庆应义塾大学DMF，监修：Catherine Dumont d'Ayot / Bruno Reichlin，日语监修：山名善之，TOTO出版社出版，2004年

阿纳·雅各布森

○ Arne Jacobsen, Carsten Thau & Kjeld Vindum, Arkitektens Foriag / The Danish Arkitektens Forlag / The Danish Architectural Pres,2001

○ Room 606 The SAS House and the Work of Arne Jacobsen, Phaidon,2003

○ Objects and Furniture Design Arne Jacobsen, Sandra Dachs, Patricia de Muga and Laura Garcia Hinze, Ediciones Poligrafa,2010

○《阿纳·雅各布森 超越时代的造型美》和田菜穗子，学艺出版社，2010年

其他

○《近代·时代中的住居》黑泽隆著，Mediafactory出版，1993年

○《空间设计系列1：住宅》主编：船越彻，新日本法规出版株式会社出版，1994年

○《住宅巡礼》中村好文著，新潮社出版，2000年

○《培养眼光锻炼手法》宫肋坛塾讲师室编著，彰国社出版，2003年

○《集合住宅从单元开始考虑》渡边真理、木下庸子著，新建筑社出版，2006年

○《从剖面图解读住宅的舒适性》山本圭介、堀越英嗣、堀启二编著，彰国社出版，2010年

○《超实践性【住宅照明】手册》福多佳子著，Xknowlege出版，2011年

○《现代集合住宅》Roger Sherwood编辑，A+U临时增刊，1975年

○《20世纪的现代住房：实现理想I & II》Ken Tadashi Ooshima & 木下寿子著，A+U的临时增刊，2000年

○《建筑设计资料集成 建筑——生活》日本建筑学会编著，丸善出版

ARCHITECTURAL TERMINOLOGY
建筑术语

途径	从用地门口到建筑门口的部分总称为途径
坡道	倾斜的路。通常是为骑自行车或坐轮椅的人通行方便而设
底层架空柱	去掉建筑一层部分的墙，只留下柱子，周围架空的建筑结构。一层这部分成为以二层楼板作为屋顶的半室外空间
取景窗	以眺望外景为目的的建筑开口部分
平台	向屋外延伸出去的地板
露台	从建筑外墙伸出去的带屋顶和栏杆的走廊
天窗	为换气或采光在屋顶上打开的窗户
高位侧光源	与天花板垂直，离天花板较近的高处打开的窗户
天井	两层以上建筑中，上下连续的天井空间
分区，划分区域	在都市规划中代表划分区域的意思
停车场	停车场
车库	收容少数车的车库
大门口	入口，玄关
分层，层次	通过阶段性的层形成秩序
私人空间	个人的空间。以街道为单位时指的是私人住宅用地空间
公共空间	公共的空间
客房	来客留宿的房，与正房分开的建筑
中间领域	外部与内部之间的空间
行人道	行人专用道路
格栅	有一定间隔的格子
悬臂梁	在一端固定或支撑楼板与梁的结构。也叫“简支梁”
屋顶平台	在建筑屋顶上设计的庭院。屋顶花园
踢脚面	一个踏脚的高度
踏步面	脚踩的踏步板一面
楼梯转弯处	楼梯中间用于换方向、休息、防止危险的地方，稍宽敞的平面
质感	指材料的质感
比例尺	也叫缩尺
房主	委托建筑施工者
施工单位	建筑的实际施工者
人体尺寸	适合人的身体及动作的空间规模或物品的体积大小
原浆面混凝土	混凝土表面不再用其他材料做饰面，一次抹面的混凝土
头枕 headrest	椅子或坐席等支撑头部的部分
洛可可风格	1720~1760年前后流行的美术风格。特征是具有纤细、轻巧、华丽和繁琐的装饰性
草原式住宅	融入周围草原的自然环境，强调了水平的建筑样式。也叫“草原样式”
高背椅	椅背很高的椅子

画廊	长廊或回廊形式，以建筑内部的步行为主的空间
通用空间	不限用途、可自由使用的内部空间
卫生设备	厕所、洗脸等用水处的设备
胶合板	将木段旋切成单板或由木方刨切成薄木，再用胶粘剂胶合，放在模具中制成各种形状的板状材料
技艺	手艺人的技能、技巧，工力
自建	自己施工建筑
预制	先在工厂生产加工配件，然后运到施工现场组装的建筑工艺
推拉门	通过左右滑动开合的门或窗
平开门	合页（铰链）装于门侧面、向内或向外开启的门。有单开门、双开门，也有单向开启和双向开启
滑开窗	合页滑动，旋转打开的窗户。有纵向（合页为纵向）和横向（合页为横向）
隔热	防止热传导
遮光	遮挡光源
玻璃砖	将两张方盘子状的玻璃焊接在一起成为中空的建筑砖。有采光、隔热、隔音的优点，主要用于墙、地板、天花板
遮阳	指遮挡直射阳光，或用于遮挡直射阳光的遮篷、遮帘
人工照明	相对于白天照明的日光，使用人工的光源
卷尺	钢尺，用于测量长度
低成本	不过多使用费用、经费
框架	骨架
主层	主要使用的楼层
小升降机	送饭菜的小升降机（Dumbwaiter）
公共空间	公共空间，在住宅内主要指客厅等家人共用的空间
私人空间	个人空间，在住宅内主要指需要隐私的卧室等空间
联排住宅 联排式住宅	低层联排式住宅，通常各住户入口都在地面层，有专用小院
集资合作建房	需要入住的几户人家一起集资共同建起的集合住宅
町家	（日本平安、镰仓、室町时代的）商店住宅，沿街店铺
社区	常是集中在固定地域内的家庭间相互作用所形成的社会网络
半公共区域	公共区域与私人区域之间的空间
旋转楼梯	旋转上升的楼梯。从顶部看中心呈圆状，沿着中央的柱子一边旋转一边上升或下降
活百叶挡板	由细长的板子平行组成。用于需要将风、光、人的视线选择性地遮挡或透过时

WORKS LIST
作品清单

建：建筑 品：产品		施工／ 作品发表时间	页
阿尔瓦·阿尔托			
品	阿代克41号	1932	15
品	阿代克402号	1933	41
品	阿代克112号	1933	41
建	帕伊米奥结核病疗养院	1933	86
品	阿代克400号	1935	40
建	维堡图书馆	1935	87
品	Goldbell	1937	82
建	玛丽亚住宅	1938	114
品	Beehive	1950	40
品	子X800	1950	40
建	夏季别墅	1953	15、102、148
建	自宅	1954	41
品	大门门把手	1955	40
品	楼梯扶手	1956	40
建	路易·卡雷住宅	1959	100
建	不莱梅的公寓住宅	1962	15、122、127、131、132
建	赫尔辛基理工大学图书馆	1969	80
品	阿代克BILBERRY	20世纪50年代后期	82
建	沃斯堡教区中心	1962	40
阿纳·雅各布森			
建	未来之家	1929	17、102、155
建	苏赫姆集合住宅	1950	17、119、134
品	蚂蚁椅	1952	46
品	3000系列	1956	44
品	AJ皇家	1957	83
品	蛋椅	1958	17、44、51
品	天鹅椅	1958	44
品	AJ桌灯	1958	83
品	AJ大堂灯	1958	83
建	SAS皇家酒店	1960	45
品	钟	-	44
品	AJ台灯	-	44
品	把手	-	44
品	刀叉	-	45
品	玻璃器皿	-	45
品	客房化妆台	-	45

建：建筑 品：产品		施工／ 作品发表时间	页
简·普鲁威			
品	西黛-扶手椅	1933	42
品	接待椅	1942	42
品	餐椅	1950	16
品	秋千吊灯	1950	42、85
品	餐桌	1950	43
建	莫顿的集合住宅	1952	16、121
建	医疗保险局	1952	43
建	南锡私宅	1954	16、43、78、94
品	圆规脚办公桌	1958	43
品	咖啡桌	1940-1945	42
弗兰克·劳埃德·赖特			
建	苏珊·劳伦斯·达纳别墅	1902	32
建	CE罗伯茨的四栋集合住宅	1903	144
建	罗比住宅	1906	11、142
品	餐椅	1908	11
品	塔里埃森1	1925	84
品	塔里埃森2	1925	84
建	Suntop Homes	1931	11、121、132
建	雅各布住宅	1936	104、106、110、141、153
建	洛伦·波普住宅	1939	54
建	流水别墅	1935	60
建	旧东京帝国饭店	1922	88
格里特·托马斯·里特维尔德			
品	吊灯	1920	38、84
品	红蓝椅	1923	14、38、54、70
品	柏林椅	1923	38
品	军用野营椅	1923	39
品	军用野营桌	1923	39
建	施罗德住宅	1924	14、38、70、76、99、105、111
建	伊拉斯谟线低层集合住宅	1931	14、119、125、133

建：建筑 品：产品		施工／ 作品发表时间	页
密斯·凡·德·罗			
建	魏森霍夫住宅区	1927	12、126
品	巴塞罗那椅	1929	12
品	可调节躺椅	1930	34
品	沙发床	1930	34
品	图根哈特椅	1930	34
品	咖啡桌	1930	35
建	图根哈特别墅	1930	154
品	吸顶灯	1930	85
品	克劳斯公寓	1930	101
建	范斯沃斯住宅	1951	12、35
建	湖滨公寓	1951	117、129
勒·柯布西耶			
建	拉罗歇别墅	1925	22
建	母亲之家	1925	74、90、97、107、146、149
建	产权式独幢住宅	1925	120
建	嘎尔什之家	1927	22
建	雪铁龙住宅	1927	60
建	斯坦别墅	1927	75
品	LC4躺椅	1928	13
品	LC2沙发	1928	36
品	法国秋季艺术沙龙的“生活用品展”	1929	30、37
品	LC1扶手椅	1929	36
品	LC6餐桌	1929	36
品	LC7转椅	1929	36
建	萨伏伊别墅	1931	13、20、62、66、68、77、85、113、150、152
建	马赛公寓大楼	1952	13、79、105、123、128、135、136
建	卡普马丹度假小屋	1952	24、56、58
建	朗香教堂	1955	26
品	卡杰·斯丹达（储物柜）	-	36
建	迦太基别墅	（第一方案）	22、112
建	勒·柯布西耶中心	1967	24
建	昌迪加尔城市规划	1965	25

AUTHOR RESUME
作者简历

铃木敏彦（Suzuki Toshihiko）

工学院大学建筑系研究生毕业。在黑川纪章建筑都市设计事务所、法国新都市开发公社EPA marne工作后，攻读早稻田大学建筑系博士。1999-2007年任东北艺术工科大学助教，2007-2010年任首都大学东京系统设计学副教授，2010-2011年任工学院大学建筑都市设计系教授。

现任工学院大学建筑学教授，首都大学东京系统设计学工业艺术系客座教授。

与人共同成立株式会社ATELIER OPA。

（负责本书第一章，第二章，第三章）

松下希和（Matsushita Kiwa）

毕业于哈佛大学大学院设计学校的建筑系。在槙综合计划事务所工作后，经营KMKa一级建筑师事务所。兼任工学院大学建筑系讲师。

（负责本书第五章，第六章，第七章）

中山繁信（Nakayama Shigenobu）

法政大学大学院工学研究系建设工学博士。在宫肋坛建筑研究室、工学院大学伊藤呈二研究室工作后，2000-2010年任工学院大学建筑系教授。

现经营有限公司TESS计划研究所。兼任工学院大学建筑系讲师。日本大学生产工学系建筑学科的讲师。

（负责本书第四章，第八章）

SEKAI DE ICHIBAN UTSUKUSHII KENCHIKUDESIGN NO KYOUKASHO by Toshihiko Suzuki, Kiwa Matsushita, Shigenobu Nakayama
Copyright © 2011 Toshihiko Suzuki, Kiwa Matsushita, Shigenobu Nakayama
All rights reserved.
First original Japanese edition published by X-Knowledge Co., Ltd. Japan.
Chinese (in simplified character only) translation rights arranged with X-Knowledge Co., Ltd. Japan.
through CREEK & RIVER Co., Ltd. and CREEK & RIVER SHANGHAI Co., Ltd.

律师声明

北京市邦信阳律师事务所谢青律师代表中国青年出版社郑重声明：本书 X-Knowledge 出版社授权中国青年出版社独家出版发行。未经版权所有人和中国青年出版社书面许可，任何组织机构、个人不得以任何形式擅自复制、改编或传播本书全部或部分内容。凡有侵权行为，必须承担法律责任。中国青年出版社将配合版权执法机关大力打击盗印、盗版等任何形式的侵权行为。敬请广大读者协助举报，对经查实的侵权案件给予举报人重奖。

侵权举报电话

全国"扫黄打非"工作小组办公室
010-65233456 65212870
http://www.shdf.gov.cn

中国青年出版社
010-59521012
E-mail: cyplaw@cypmedia.com
MSN: cyp_law@hotmail.com

版权登记号: 01-2013-4879

图书在版编目（CIP）数据

住宅设计 /（日）铃木敏彦，（日）松下希和，（日）中山繁信编著；朱波等译 .
— 北京：中国青年出版社，2013.11
国际环境设计精品教程
ISBN 978-7-5153-2001-4
I. ①住… II. ①铃… ②松… ③中… ④朱… III. ①住宅 – 建筑设计 – 教材
IV. ① TU241
中国版本图书馆 CIP 数据核字（2013）第 251178 号

国际环境设计精品教程

住宅设计

[日]铃木敏彦 [日]松下希和 [日]中山繁信 / 编著
朱波 李娇 夏霖 沈宏 / 译

出版发行：中国青年出版社
地　　址：北京市东四十二条 21 号
邮政编码：100708
电　　话：（010）59521188 / 59521189
传　　真：（010）59521111
企　　划：北京中青雄狮数码传媒科技有限公司

策划编辑：张　军　马珊珊
责任编辑：刘稚清　张　军
助理编辑：马珊珊
封面设计：DIT_design
封面制作：孙素锦

印　　刷：北京建宏印刷有限公司
开　　本：787 × 1092　1/16
印　　张：10
版　　次：2013 年 12 月北京第 1 版
印　　次：2017 年 1 月第 3 次印刷
书　　号：ISBN 978-7-5153-2001-4
定　　价：59.80 元

本书如有印装质量等问题，请与本社联系
电话：（010）59521188 / 59521189
读者来信：reader@cypmedia.com
如有其他问题请访问我们的网站：http://www.cypmedia.com